拉 L A 瓦 W A 锡 X I

名师推荐

学生课外阅读经典

化学基础论

[法] 安托万－洛朗·拉瓦锡／著　许群珍／译

长江出版传媒｜长江文艺出版社

图书在版编目（CIP）数据

化学基础论 /（法）安托万-洛朗·拉瓦锡著 ；许群珍译. -- 武汉 ：长江文艺出版社，2023.4
ISBN 978-7-5702-2886-7

Ⅰ. ①化… Ⅱ. ①安… ②许… Ⅲ. ①化学—青少年读物 Ⅳ. ①06-49

中国版本图书馆 CIP 数据核字(2022)第 165416 号

化学基础论
HUAXUE JICHU LUN

责任编辑：张 贝　　责任校对：毛季慧
设计制作：格林图书　　责任印制：邱 莉 杨 帆

出版：长江出版传媒 | 长江文艺出版社
地址：武汉市雄楚大街 268 号　　邮编：430070
发行：长江文艺出版社
http://www.cjlap.com
印刷：湖北新华印务有限公司

开本：700 毫米×980 毫米　1/16　印张：22.75　插页：1 页
版次：2023 年 4 月第 1 版　2023 年 4 月第 1 次印刷
字数：316 千字

定价：48.00 元

前 言

在我着手撰写这部作品的时候，没有别的目的，仅仅想就我于 1787 年 4 月在法兰西科学院的公众会议上宣读的一篇关于改革和完善化学命名法必要性的学术论文进行展开论述。

在我投入到这项工作的时候，我前所未有地、更好地感受到，阿贝德孔迪亚克在其《逻辑学》和他的一些作品中提出的原则的明见性。他写道："我们仅仅通过言词来进行思考；语言是真正的分析方法；代数在每一种陈述方式中都以一种最简单、最准确、最好的方式与其目的相契合，同时它也是一种语言和一种分析方式；最后，推理的艺术简化为一种精心设计的语言。"因此，尽管我想到的仅仅是制定一种命名法，尽管我的目的只是完善化学的语言，但令我无可奈何的是，我的作品自身已经逐渐变成了关于化学的基本论述了。

一门科学的命名法和该门科学，这两者是无法分离的，因为所有的物理科学都由三个部分组成：构成这门科学的一系列事实，阐述这些事实的观点，以及表达这些观点的语言。词语需催生观点，观点需描述事实：这就如同同一枚印章的三个印记一样；正因为言词用以传达观点，所以如果我们不完善科学就没办法完善语言，反之亦然。且不管一门科学的事实有多么确切，其催生的观点多么准确，如果我们缺少准确表达这些观点的语言，那么我们只会传达出一些虚假的信息。

这本论著的第一部分将针对以上言论的真实性为那些非常想要思考研究这本书的人提供事实的常见论据；但是，由于我不得已在这本论著中采用了与至今所有化学著作完全不同的排列顺序，我需要解释一下我这样做的动机。

在探索的过程中，我们只能从已知事实导入到未知的事实，这是在数学界乃至所有学科中普遍认同的准则。在我们幼年时，我们的观念来自需求；需求感滋生客体的观念以满足需求，渐渐地，通过感觉、观察和分析形成了一系列连续的观念，这些观念相互关联，一些细心的观察者甚至能够在某一个确切的点上找到构成人类知识总和的秩序和联系。

当我们第一次投入到一门科学的研究中时，身处这门科学中，我们的状态与小孩子的状态如此相似，我们探索科学的进程也恰恰与他们在观念形成过程中所自然遵循的进程一致。在孩子身上，观念只是感觉产生的一个结果，正是感觉滋生了观念；同时，对于开始置身一门物理科学研究的人，观念仅仅是一种结果，是一次经历或者观察的即时反馈。

请允许我再加说明，进入科学生涯的人，其所处的境遇甚至还不比孩子刚刚形成他的第一个观点时的处境更为有利；如果一个孩子误解了其周围物品有益还是有害，自然赋予了他各种纠正的方法。他所得出的判断每时每刻都被经验纠正。损失或者痛苦都由错误的判断导致；满足和快乐则由正确的判断而产生。在这样的感觉中，我们快速地变得富有逻辑思维，当我们没办法用其他的方式推理时，在损失和痛苦的刺激下，我们就学会了准确地推理。

但在科学研究和实践中，情况却不尽相同。我们所做出的错误的判断既不影响我们的生存，也不影响我们的幸福，而且也没有任何物理上的必然性逼迫我们去纠正它：欲将我们拉出真理之外的与事实相反的想象、我们的自尊和自信，煽动着我们，促使我们得出一些并非从事实中直接引出的结论，以至于我们变得有几分自欺欺人。因此，在一般的物理科学中，人们经常提出推测而不给出结论，这一点也不奇怪；这些推测代代相传并在权威人士的支持中变得越来越重要，最后，甚至是天才人物都把它当作基本的事实来看待并采用。

防止这类错误的唯一方法就是摒弃或者至少尽可能地简化我们的推理。这取决于我们，忽略这一点便是我们陷入歧途的唯一根源；让我们的推理持续地接受实践的考验；只相信自然给我们提供的事实，这些事实不会诓骗我们；只在实验和观察的自然之路中，用与数学家解决问题采用的同样的方法去追求真理，要知道，数学家通过对资料的简单整理，将他们的推理简化成简单的步骤和简短的结论，从而得出了问题的解决方法，这是因为他们从来没有忽视引导他们得出结论的证据。

我坚信着这些真理，因此我强制自己除了从已知事实到未知事实之外，绝不任意行进，绝不给出任何不是由实践和观察得出的结论，将化学事实和真理引至最恰当的秩序中以使它们能够为刚开始从事化学研究的人所理解。要使自己遵循这一信念，我就必须要走一条跟别人不同的道路。事实上，从一开始就向学生或读者灌输一些他们现阶段并不懂、在后期课程中才会学到的概念，这是所有化学课程和化学论著的通病。几乎在所有的情况下，这些课程和论著都是从论述物质的起源和解释亲和力表开始的，而并未考虑到他们这么做从一开始就必须把化学的重要现象放入视界中，而不是使用尚未定义的术语并假定他们要教授的人懂得科学。同时还需考虑到在基础的化学课中，他们只能学到很少的知识；一年的课程还不足以让人耳语化学语言，眼熟化学仪器，而且没有三四年，根本不可能成为一个化学家。

与其说这些弊病是由学科的本质造成的，不如说是由教学的形式导致的，这使得我决心要赋予化学一个在我看来更符合自然秩序的安排。不过我承认，在我极力避免一种困难的时候，我掉进了另一种困难当中，而且我根本不可能战胜所有的这些困难；但我相信，诸如此类的困难并不是由我制定的次序所造成的，而是化学所处的不完善状态导致的结果。这门科学有着诸多的空缺，它们打断了事实的连续性，使得事实的衔接变得困难从而陷入困境。它不像几何学基础那样具有完整科学的优点，而完整科学的每一个部分都互相紧密相连，但同时，化学学科的实际发展进程是如此的迅速，事实在现代学说的指导下又安排得如此巧妙，以使我们能够期待，即使在我们的时代，都能看见它大大地接近它可能达到的完美程度。

绝不形成未经实验检验过的结论，绝不对事实保持沉默，我从不背离这条严格的法则，因此，根据这条法则，我并未把论述化学亲和力或者有择亲和势的部分放到本书中，即使将来它很有可能会成为一门精确的科学。若弗鲁瓦、盖勒特、伯格曼、舍勒、德·莫尔沃、柯万诸位先生以及其他许多人收集了大量的化学事实，这些事实唯一等待的是一个恰当的位置，但缺少主要的资料，至少我们至今掌握的资料既不够精确也不够准确，不能使其成为构筑化学如此重要的一个分支的基础。此外，这门亲和力化学在普通化学中所处的地位相当于高等几何在基础几何学中所处的位置。我认为没有必要借由如此晦涩的理论使简单易懂的基础化学复杂化，我希望它能够被广大的读者所接受。

或许，在我没有意识到的情况下，某种出于自尊的心理已经给这些思考增加了一些额外的分量。德·莫尔沃先生正准备着发表《方法全书》中的《亲和力》一目，这样我就更有理由拒绝从事跟他一样的工作了。

在一部化学基础论述的著作中竟没有论述物质的组成和基础部分的篇章，这真是再惊奇不过的事情了，但是，在这里我需要指出，把自然界的一切物质都归结为由三种或四种元素组成的意图出自一种偏见，这种偏见源自希腊哲学家并传到我们这里。我们已知的所有物质都由四种元素组成，每种物质的组成元素比例不一，这种看法是一个纯粹的假设，这个假设在我们第一次有实验物理和化学的概念很久以前就被人们设想出来了。当时，人们还没掌握事实就开始构建体系，现如今我们收集了事实，但似乎当这些事实与我们的偏见不一致时，我们就要竭尽全力摒弃它们。事实上这些人类哲学之父的权威仍旧很有分量，而且毫无疑问，这种权威还会对后代施以重迫。

有一件非常值得注意的事情，就是在四元素说的教授过程中，没有任何一个化学家出于事实的证据而承认有更多的元素。在文艺复兴后开始从事写作的首批化学家将硫和盐看作组成大量物体的基本物质，因此他们认为存在六种元素，而不是四种。贝歇尔假定有三种土质，按照他的观点，土质的组合和不同的组成比例导致了金属物质之间的不同。斯塔尔对该体系做出了修正，而在他之后的化学家们则贸然地对该体系做出了甚至是设想出了其他的一些改变，所有这些化学家都被他们所处时代的思潮冲昏了头脑，这种思潮使人满足于不加论证地做出判断，或者至少认为论证的可能性微不足道。

在我看来，对于元素的数量和性质，我们能够说的一切，都局限于一种纯粹的形而上学的讨论。这是很含糊的问题，我们企图去解决，但有可能有千百种解决办法，亦有可能没有任何一种特别的解决方法与自然相一致。因而，对于这个问题我只能说，如果我们所听到的"元素"这个术语只是描述组成物质的简单且不可分的分子，那么很有可能我们对它们一无所知；相反地，如果我们在"元素"或者"物体的要素"上加诸分析所能达到的终点的这一观念，所有我们仍未能够通过任何方式来分解的物质，就是我们所说的元素。但这并不是说我们能够确保我们看起来很简单的物体并不是由两种或者是大量的要素组成的，而是说，这些要素从来没有发生过分离，或者更准确地说，我们至今没有任何方法将它们分离开来，因而它们在我们眼中就相当于是简单物质，在没有通过实验和观察来证明它是由多种物质结合而成之前，我们不应把它假设成结合物质。

对于化学观念进步的看法，自然应当与被选择来表达这些观念的言词相适应。在德·莫尔沃先生、贝多莱先生、德·弗洛克伊先生和我于1787年共同出版的《化学命名法》的指导下，我已尽我所能用简单的术语来描述简单的物质，而且我也不得不首先给它们命名。人们将来会发现，所有这些我们曾经不得已保留了其在社会中通称的物质名称，我们仅在两种情况下将其做出改变：第一种情况是对于新发现的仍未被命名的物质，或者至少是那些虽已被命名但时间不长且名字依旧很新仍未被大众承认的物质；第二种情况是，无论是那些被古人还是被现代人所采纳的名称，当它们在我们看来传导出一些很明显错误的观念，当它们可能会把其对应描述的物质与其他性质不同或性质相反的物质混淆时。然后，我们毫不费力地代之以其他名称，这些名称大多是从希腊语中借用而来。我们以这样的方式命名，是为了使这些名称能够表达物质最普遍最具特征的性质，同时这种方式有更多的优点，既能帮助那些很难记住一个绝对无意义的新词的初学者减轻记忆的困难度，同时使他们更早地习惯拒绝任何没有与明确观念相关联的言词。

对于那些由几种简单物质结合而成的物体，我们按照这些简单物质自身结合的方式用合成的名称给其命名，但正如二元化合物的数量已经极为庞大，如果我们不对它们进行分类，那么这些化合物就会杂乱无章且极易混淆。按照自然的观念秩序，类和属的名称描述大量个体的共有性质；相反地，种的名称则表示某些个体的特殊性质。

正如人们想象的那样，这些区别不仅仅是由形而上学决定的，也是由自然决定的。阿贝·德·孔迪亚克说："指给孩子看第一棵树并告诉他这棵树的名称是'树'，接下来他看到第二棵树，他就产生了相同的概念并赋予第二棵树同样的名称，第三棵，第四棵也是同样的。'树'这个词首先被赋予一个个体，对他来说'树'这个抽象的概念，已经成了一个类或者属的名称，可适用于所有一般的树木。但当他意识到所有的树木可以用作不同的用途，并不是所有的树都结出同样的果实时，他便很快学会了用特定的和特别的名称将它们区分开来。"这是所有科学的逻辑，自然适用于化学。

例如，酸由两种我们看来很简单的物质构成，其中一种物质构成酸性，为一切酸所共有，因而我们用类或属的名称来命名这种物质；另一种物质为每一种酸独有，各不相同，因此我们用特定的名称来命名这种物质。

但在大多数酸中，两个组成要素，即酸化的要素和被酸化的要素，可以按照不同的比例存在，所有这些比例组成了平衡点或者饱和点。在硫酸和亚硫酸中就发现了这一点，因而我们通过特定名称的不同词尾来表达同一种酸的两种不同的状态。

经受了空气和火共同作用的金属物质失去了它的金属光泽，重量增加，呈现出土灰色的外观；在这种状态下，它们就像酸一样，由一种所有金属物质共有的要素和一种各自独有的特殊要素结合而成。按照同样的方式，我们将其归类在共有要素衍生的属名之下，因此我们采用了“氧化物”这个名称，然后用它们所属的特殊金属名称将它们互相区分开。

酸和金属氧化物中的可燃物质是一种特定的和特殊的要素，但也有可能会变成很多物质的共有要素。长期以来，亚硫结合物是唯一一个已知的属于这种类型的结合物，但如今，根据范德尔蒙特、蒙日和贝多莱诸位先生的实验证明，碳可以与铁，或许还可以与其他几个金属物质结合，按照不同的结合比例，可以化合成钢、石墨等。同样的，我们根据佩尔提埃先生的实验可以得出，磷可以与很多金属物质化合。我们已经把这些不同的化合物归类到从其共有物质衍生出的属名之下，并附上词尾，来表明这些化合物的相似性，再用化合物独有的物质衍生的另一个名称来明确它们。

由三种简单物质结合成的物体，为其命名颇为困难，因为数量巨大，尤其是因为如果我们不使用更复杂的名称，根本不能表达出其组成要素的性质。对于构成这一类的物体，比如中性盐，我们就需要考虑：第一，它们共有的酸化要素；第二，构成其独有的酸的可酸化要素；第三，决定盐的特殊种的含盐碱、土碱或者金属碱。我们借用了这类全部个体共有的可酸化要素的名称作为每一类盐的名称，接下来用含盐碱、土碱或者金属碱这些特殊名称将每个种区分开。

一种盐，虽然是由同样的三种要素组成，但是仅通过改变要素的比例，它就可以处于三种不同的状态。假如我们先前采用的命名法不能表达出这些不同的状态，那么它就是有缺陷的。我们主要通过改变我们统一用来表示不同盐的同一状态的词尾来实现这一点。

最终，我们到达了这样的程度，从一个单一的词语我们立刻就能知道参与了化合的可燃物质是什么；这种可燃物质是否与酸化要素化合，以什么比例化合；这种酸是什么状态；它与什么碱结合；是否有精确的饱和度；酸或碱是否过量。

人们明白，有时候一开始如果我们不打破既有的惯例，不采用一些看上去艰涩的不规范的名称，就不可能达到这些不同的目的。但我们发现，耳朵会很快地习惯新词，当这些新词与一个一般的合理的体系相关联时尤为如此。再者，在我们制定命名法之前就使用的名称，比如阿尔加罗托粉、阿勒姆布罗斯盐、庞弗利克斯、溃蚀性水、泻根矿、铁丹以及其他很多名称，既不规范也不常见且需要大量的练习和记忆去记住这些名称所表达的物质，要进一步辨认出它们所属的化合物的属，就更为困难了。潮解酒石油、矾油、砒霜酪和锑酪、锌之花等这些名称就更不恰当了，因为它们会引发一些错误的观念，确切地说，因为在矿物界，尤其是金属类，根本不存在酪、油、花之类的东西。简言之，被冠上这些错误名称的物质简直就是剧毒。

当我们出版了《化学命名法论述》之后，人们指责我们改变了大师们所讲的语言，这种语言已经被大师们诠释并流传给我们，但他们已经忘记，正是伯格曼和马凯他们自己促使我们进行这次改革的。博学的乌普萨尔大学教授伯格曼先生，在其去世前写给德·莫尔沃先生的一封信中写道："不要吝啬任何不恰当的名称，博学的人总会明白的，无知的人用不了多久也会明白的。"

或许人们更加理直气壮地指责我没有在展现给大众的作品中给出任何前人的看法，也没有讨论其他人的看法，仅仅呈现了我自己的观点。这就导致我总是不能公平地对待我的同行，尤其是外国化学家，尽管我想要公平对待他们。但读者们，请你们想想，如果我们在一本基础性著作中堆砌专家们的语录，如果我们对科学史以及研究科学史的著作进行冗长的讨论，那么我们就会忘记创作这本书的真正目的，写出来的书也将会让初学者觉得十分枯燥无味。

在一本基础论述著作中，不应该有科学史，也不应该有人类精神史，我们追求的只是浅显流畅，清晰明了。我们需要小心翼翼地避开那些试图分散读者注意力的东西。这是一条需要不断去铺平的道路，为此我们需排除一切可能造成延迟的障碍。就其本身而言，各门科学已经展现出了足够多的困难，即使我们没有给它们带来更多外来的困难。此外，化学家们将很容易地觉察到在本书的第一部分，除了我自己做的实验，我并没有利用其他实验。如果有时候我采用了贝多莱先生、德·弗克洛伊先生、德·拉普拉斯先生、蒙日先生和其他总体上和我采用了同样的原则的化学家的实验或者观点，而又未言明的话，那是因为我们在一起生活，互相交流想法、观察结果、看待事物的方法所形成的习惯让我们相互之间形成了共通的想法和观点，在这种共通性中，甚至我们自己经常都很难区分哪个观点是独属于我们自己的。

所有我根据自己在证据和观念的发展中所必须遵循的顺序所发表的看法仅适用于本书的第一部分，它是唯一一个涵盖了我所采用的学说全部要点的部分，也只有这一部分我想赋予其一个真真正正基础的形式。

第二部分主要是由中性盐的命名表组成，在这部分中，我仅仅附上了一些非常简要的说明，目的是让读者了解获得已知的不同种类的酸最简单的过程。第二部分中没有任何属于我自己的观点，它仅仅是展示了从不同的著作中选录出来的非常简洁的摘要。

最后，在第三部分中，我详细地描述了与现代化学相关的所有操作。我很早就想撰写这种类型的著作了，而且我认为将来它肯定会有某些用处。总体来说，实施实验的方法，特别是实施现代实验的方法，还不够普遍。可能如果我在交给法兰西科学院的学术论文中更加详细地描述我的实验操作的话，那么我的著作就更容易被人理解了，科学也将取得更快速的进步。第三部分的内容次序在我看来几乎是很随意的，我只是致力于在组成第三部分的每个章节中把最相似的操作归类到仪器。人们将会很容易发现第三部分没有任何选录自其他著作的内容，而且在主要的条目中，我仅仅是借用了我自己的实验来论述。

我将通过逐字抄录阿贝·德·孔迪亚克的著作中的一些语录来结束这篇前言，在我看来，这些语录非常真实地描述了化学在离我们的时代不远的时期所处的状态。这些语录绝不是为了某种目的而故意编造出来的，如果运用得当，将会使我的著作更有说服力。

“对于我们想要知道的东西，我们不是去观察它们，而是更愿意去想象它们，从错误的假设到错误的假设，最后我们在一大堆的错误中偏离了正轨。渐渐地，这些错误变成了偏见，我们故而把这些错误当成了原理来采纳，我们便愈发地偏离正轨了。而那时我们只会用我们先前养成的坏习惯来进行推理，滥用我们未能很好地理解的词语，却称之为推理的艺术……当事情行进到这个地步、错误堆积成山的时候，只有一种办法能让思考能力回归到正常的秩序，那就是忘记我们学到的一切，追溯我们思想的源头，沿着思想形成的路线行进，并像培根说的那样，重塑人类理解力的框架。

这种方法会随着我们自认为更加博学而变得愈发困难，那些用极为清晰、极为精确、极有秩序的语言论述的科学著作也未必能为所有人理解吧？然而事实上，那些没有做过任何研究的人比那些做过伟大研究，特别是那些写过很多科学著作的人理解得更好。”

阿贝·德·孔迪亚克先生在第五章末补充说道：

“然而科学最后还是进步了，因为哲学家们更善于观察，精确而准确地观察并以同样精确且准确的语言来表达，在纠正语言的过程中，他们就能更好地推理。”

于巴黎塞尔庞町街

目 录
CONTENTS

第二部分　酸与可成盐基的化合以及中性盐的形成

第三部分　化学仪器和人工操作描述

附　录　供化学家们使用的表格

第一部分

气态流体的形成与分解，简单物体的燃烧以及酸的形成

第一章　热素的化合以及弹性气态流体的形成

任何物体，无论是固体抑或流体，当我们加热该物体，其在各个方向上的体积增加，这是自然中的一种恒定的现象，这种现象的普遍性已被波尔哈夫（Boerhaave）完全确立。那些曾经被人们作为依据来限制该原理的普遍性的事实只是一些虚假的、让人引起错觉的结果，或者至少在这些事实中，强加的无关情况变得非常复杂，以至于判断出错。但当人们成功地纠正了这些结果并将其与对应的造成这种结果的原因联系起来时，人们就会发现，热导致的分子间的分离，乃是自然界一条普遍且恒定的规律。

如果我们把一个固体加热到一定程度，使其所有分子分离得越来越远，之后我们让其冷却下来，这些分子以加热时分子彼此分离的相同比例互相靠近；该物体也以它曾经膨胀时相同的膨胀程度恢复原状；且如果我们将它的温度降到它开始加热时的温度，它就会完全恢复到它原先的体积。但因为我们远远不能达到绝对零度，也不知道任何我们难以推测的是否能够进一步达到的冷却程度，因而导致我们仍旧未能使物体的分子尽可能地互相靠近，也因此在自然界中没有任何一个物体的分子互相触碰。这虽然是一个非常奇特的结论，然而它也不可能被推翻。

假定物体的分子就这样持续地受热推动而互相分离，那它们之间就没有任何的联系，那么自然界中就没有固体了，除非有另外一种能够将它们结合起来的力量，将它们束缚起来。这种力量，不管是由什么原因导致的，我们称之为“吸引力”。

因此物体的分子可以被看作是屈服于两种力，一种是斥力，另外一种是吸引力，两种力达到平衡。如果第二种力，也就是吸引力，比斥力强，那么物体保持在固态；相反地，如果吸引力比斥力弱，热使得分子互相之间远远地分离，以至于分子脱离了引力的作用范围，那么分子间便失去了黏性，物体变成了流态。

水就是这些现象的一个例子：在0°①（32°）以下，水为固态，被称为冰；在0°以上时，分子不再由于互相之间的吸引力而束缚在一起，它变成了人们所说的流体；最后，在80°（112°）以上时，分子屈服于热产生的斥力，水变成蒸气态或气态，因而它转变成气态流体。

可以认为，自然界的所有物体都与此相同，根据物体分子内在吸引力和作用在分子上的热斥力之间的比例不同，它们可以是固态，是液态或是弹性气态，或者说，根据它们的受热程度，结果也是一样的。

如果不承认这些现象是一种真实而有形的物质与渗入所有物体分子之间使其分离的非常灵敏的流体相互作用的结果，就会很难理解这些现象。即使猜想该流体的存在是一个假想，我们接下来也将看到，这个假想非常贴切地解释了自然界中的这些现象。

无论这种物质是什么，都是由热造成的，或者换言之，我们称之为“热”的感觉，是由该物质的积聚引起的，所以严格来说，我们不能用“热”这个名称来描述它，因为同一个名称不能同时表示原因和结果。正因为如此我下定决心，在我于1777年发表的学术论文（《法兰西科学院文集》第420页）中将其命名为“火流体”和“热质”。自此，我和德·莫尔沃先生、贝多莱先生、德·弗克洛伊先生在我们共同出版的关于化学语言改革的著作中，我们认为应该消除拐弯抹角的说话方式，这种方式拖长了推理，使得推理的进程缓慢、更加不明确、更加不清晰，

① 本书中所出现的温度是作者以列氏温度计量的，括号中为相应的华氏温度。

甚至常常没有一些站得住脚的想法。因此我们用“热素”这个名称来描述热的原因，即产生热的极富弹性的流体。这种表达方式除了在我们采用的体系中达到了我们的目的之外，它还有一个优点，就是能够适用于所有观点，因为严格来说，我们不是一定要假设热素是一种真实的物质，这种表达方式是充分的，无论是什么东西，都是斥力的原因，斥力使得物质分子分离，因此我们可以用一种抽象的数学的方式去预测结果。在本书的后面部分我们会更好地感受到这一点。

光是热素的变体，抑或热素是光的变体？就我们现今的知识状态我们还不能下结论。能够确定的是，在只能接受事实，尽量避免设想这些事实不能表达的规律的体系中，我们应暂时用不同的名称来描述产生不同结果的东西。因此我们将把光和热素区分开来，但我们并不因此而否认光和热素两者之间有着共同的性质以及在某些情况下，它们以几乎相同的方式与其他物体化合并产生一部分相同的结果。

我刚刚说的这些话已经足以确定我们应该赋予“热素”这个词的内涵，但我还有一项更艰难的任务需要完成，就是对热素作用于物体的方式做出恰当的解释。因为这种方式使得热素能够灵活渗入所有已知物质的细孔，因为不存在它无法穿透的容器，因而没有任何容器能够容纳它，我们只能通过大部分稍纵即逝且很难明白的结果去了解它的性质。对于那些我们看不见摸不着的东西，我们尤其需要防止想象的误差，想象总是企图跳出真理的范围之外且极难被限制在事实为其限定的狭小范围内。

因此我们明白，同一个物体变成固体或流体或气态流体，取决于渗透该物体的热素数量，或者更严格地来说，取决于热素的斥力是否等于分子的吸引力，抑或是大于或小于分子的吸引力。

然而如果只存在这两种力，那么物体只能在极小的温度区间内保持液体的状态，它们会突然从固体变成弹性气态流体。因此，举个例子，水在它不再是冰的一瞬间，便开始沸腾，它会变成一种气态流体，水分子在空间中无限扩散。如果不是这样，则存在第三种力，即大气的压力阻止了水分子的扩散，也正因此水在列式温度 0°—80°（32°—112°）保持流态，这个时候水吸收的热素数量不足以战胜大气压。

因此我们得出，如果没有大气压，我们就不会有稳定的流体，并且只能在物体融化的特定瞬间看到这一状态。接下来，热量哪怕只是增加一点，它们的粒子便会立即分离直至消散。而且，准确地说，如果没有大气压，我们便不会有气态流体。事实上，在热素斥力强于吸引力的时候，分子间无限远离，没有任何东西限制它们的扩散，除非它们自身的重力将它们聚集起来，从而形成大气。

简单地思考一下最广为人知的实验，便足以发现我刚刚所说规律的真实性了。而且该真实性被接下来的实验尤为明显地证实了，实验的细节我已经在 1777 年的《法兰西科学院文集》中说明。（详见《学术论文》第 426 页）

往一个小而严密的玻璃瓶 A（图版 Ⅶ，图 17）盛满硫醚，瓶脚 P 离地。瓶子直径不得超过 12—15 法分①，大约两法寸②高。用湿润的囊袋覆盖瓶子，用大量绑扎紧实的粗线圈环绕瓶颈以固定囊袋。为了更加保险，在第一层囊袋上再放置一个囊袋，并用同样的方式固定。瓶子需盛满硫醚以保证没有任何空气灌进液体或囊袋。接下来将瓶子放置在气泵的 BCD 容器下面，其中气泵上部的 B 容器需配置一个皮质盖子并用金属丝 EF 穿过，其中 F 端头为非常尖利的尖头或薄片；并且在该容器中需设置一个气压计 GH。

所有设备齐全后，将容器抽空，然后将金属丝 EF 往下按，戳穿囊袋，硫醚立即以惊人的速度开始沸腾，进而蒸发变成弹性气态流体，充满整个容器。如果硫醚的量足够大以使蒸发结束后玻璃瓶内仍剩下几滴，那么产生的弹性流体能使安装在气泵中气压计的汞柱在冬天里维持在 8—10 法寸并在高温的夏天维持在 20—25 法寸。为了使这次实验更加完整，我们可以在含硫醚的 A 玻璃瓶里放入一个小小的温度计，然后我们会发

---

① 法分：法国古长度单位，等于 1/12 法寸。

② 法寸：法国古长度单位，相当于 1/12 法尺，约合 27.07 毫米。

现蒸发的整个过程中温度都是在降低的。

在这次实验中，我们只能忽略大气的重量，然而，在正常情况下，大气会对硫醚表面施加压力，所产生的结果很明显能证明两件事情：第一，在我们生存的环境温度中，如果消除大气气压的影响，硫醚会稳定地以气态流体的状态存在；第二，硫醚从流态转变成气态的过程中伴随着大量的放热，因为在蒸发过程中，一部分热素处于游离状态，或者至少在周围的物体中达到平衡的状态，该部分热素与醚化合使其转变成气态流体。

在所有可蒸发的流体中，该实验也成功了，如“酒魂”或酒精，水甚至是水银。然而不同的是，在容器下方形成的酒蒸气，只能使气泵中的气压计的汞柱维持在冬天 1 法寸，夏天 4—5 法寸；而水只能维持几法分，水银只能维持不到一法分。因而我们在用酒精做实验的时候，被蒸发的流体比硫醚的少；水被蒸发的流体比酒精的少，特别是水银，蒸发的流体比水的少。因此，作用的热素少，放热也少，这就使这些实验的结果完美地契合了。

另外一个实验更明显地证明，气态是物体的一种变体，这取决于物体所处的温度以及它们所经受的压力。

我和拉普拉斯先生在我们于 1777 年在法兰西科学院宣读的但没出版的一篇学术论文中论证了，当我们将醚置于与气压计 28 法寸相同的压力下，也就是大气的压力下时，它就会在 32°（104°）或 33°（106.25°）的温度下沸腾。德·吕克先生用“酒魂”或酒精做过一些类似的研究并发现后者仅仅在 67°（182.75°）的温度下就开始沸腾。最后，众人皆知水在 80°（212°）开始沸腾。沸腾，也就是指液体的气态化或者是物体由流态转变成弹性气态的瞬间。很明显地，把醚持续放置在 33°（106.25°）和正常的大气压下时，我们会得到气态的醚；将酒精放置在 67°（182.75°）以上，水在 80°（212°）以上，也会得到气态的酒精和水。这个规律已经被以下的实验完美地证实了。

在一个大的瓶子 ABCD（图版 Ⅶ，图 15）里盛满 35°（110.75°）或

36°（113°）的水，瓶子是透明的，以便更好地观察瓶子内部发生的变化，我们甚至可以把手长时间放置在这个温度的水中而没有任何不适。将两个细颈瓶 F、G 放到大瓶子中，瓶中灌满水，然后将其翻转使瓶颈置于容器底部并紧贴大瓶子。

所有设备齐全后，将硫醚导入一个非常小的长颈烧瓶中，烧瓶的瓶颈 ABC 有两个弯口；将该长颈烧瓶浸入灌满水的大瓶子 ABCD 中，并将瓶颈 ABC 端部插入细颈瓶 F 的瓶颈内，如图 15 所示：当醚开始感受到水的温度，它便开始沸腾，与其结合的热素将其转变成弹性气态流体，这些流体相继将 F、G 细颈瓶充满。

这绝对不是研究该气态流体的性质和属性的地方，因为它极其易燃。但在没有提前向读者阐明那些他们不清楚的知识的情况下，我将专注于我们现在进行的实验并讨论：根据这次实验，在我们生活的地球，醚只能以气态存在；如果大气重量只相当于气压计的 20 或 24 法寸而不是 28 法寸的话，至少在夏天，我们不可能得到流态的醚；在海拔较高的山上也因此不可能形成醚，因为在它形成的过程中它就转变成气态，除非我们用球形高压容器将其压缩并用压力使其冷却。最后，由于血液的温度接近醚从流态转变成气态时的温度，所以醚在接触到血液的第一时间就会蒸发。因此醚类药物的属性很可能取决于它的机械作用。

用亚硝醚做实验的话，这些实验会更加成功，因为亚硝醚蒸发所需的温度比硫醚低。至于酒精或“酒魂”，做气化实验则较为困难，因为酒精只有在 67°（182.75°）才能蒸发，也就是容纳酒精的瓶子所浸泡的水需要维持在沸腾的状态，在这个温度下，手就不可能浸泡在水中了。

很显然，如果上述实验对象是水，将其置于比能让它沸腾的温度更高的温度时，它就会变成气体。尽管确信这一点，然而我和拉普拉斯先生认为需要通过一个更直观的实验来证明，而这就是实验的结果：在一个玻璃广口瓶 A（图版 Ⅶ，图 5）中灌满水银，瓶口朝下放在一个同样盛满水银的盘子 B 中；往广口瓶中注入大约 1/4 盎司[①]水，直到水面升至水银表面上方 CD 处；接下来将整个装置浸入一个大的蒸煮器 EFGH 中，并将蒸煮器放在炉子 GHIK 上；蒸煮器中装满沸腾的盐水，海水温度超过了 85°（223. 25°）。果然，我们发现，含盐的水沸点可能比正常水沸点要高上几度。当放置在广口瓶或管子上部 CD 中的 1/4 盎司水温度达到 80°（212°）时，水开始沸腾，而且不像最初那样仅仅占据 ACD 这个小空间，在它变成气态后，它充满了整个广口瓶；水银甚至下降了一点。如果广口瓶不是很厚、很重而且被铁丝固定在盘子上，它肯定就翻倒了。当我们把广口瓶从蒸煮器中抽出，水蒸气立即凝结，水银回升；但当装置重新浸入盐水中几秒钟后，水又恢复成气态。

因此我们有一定数量的物质能够在与大气温度非常相近的温度中转变成气态。接下来我们还将发现其他的一些物质在大气温度和气压中能稳定地保持气态，如海酸或盐酸、挥发性碱或氨、碳酸或空气、亚硫酸等。

所有这些我很容易就能列举出的事实，使得我能够总结出与我在上面陈述的内容相关的一条基本原理，即自然界所有物体都可能存在三种不同的状态：固态、流态和气态，并且同一个物体的三种状态取决于与其化合的热素的数量。从今往后，我将用“气体”这个一般性的名称来描述这些气态流体，而且我将会在每一种气体中把热素与物质区分开来，热素在某种意义上来说充当了一种溶剂，与其化合的物质形成了气体的基。

对于这些仍旧不为人知的各种气体的基，我们不得已赋予其以名称。在我说明了几个伴随着物体发热和放热的现象并且给我们的大气组成以更精确的概念之后，我将会在本书的第五章指明这些基的名称。

我们已经知道，自然界中所有物体的分子都在吸引力（使分子互相靠近并聚集起来）和热素的斥力（使分子分离）之间达到平衡。因此，

---

① 盎司：法国古时度量衡单位，也称为“古量”，相当于现在的 28. 35 克。

热素不仅包围着物体的每一个部分，也充斥着物体分子间留下的所有空隙。如果我们设想在一个填满小铅球的瓶子中，倒入一种非常细的粉末物质，比如说细沙，我们会发现这种物质均匀地在铅球间的空隙中扩散并将空隙填满，我们就会对这些概念有更清晰的理解了。在这个例子中，铅球相当于物体的分子而细沙相当于热素。不同的是，在列举的例子中，铅球之间互相触碰，而物体的分子之间是不相互触碰的，而且分子互相之间由于热素的作用，始终保持着一个小小的距离。

如果我们用六面体、八面体或者任何一个形状规则的物体来代替形状为圆形的铅球，那么这些物体之间的空隙的容积也是不同的，我们也就不能往里灌入同样多的细沙。反观自然界的所有物体，并不是所有物体的分子间隙都是同样大小的，这些间隙的容积取决于分子的形状、大小和相互之间保持的距离以及分子间吸引力与热素产生的斥力之间的大小关系。

按照这种思路，我们必然能够理解在这方面提出最初概念的英国物理学家的说法——“物体容纳热质的能力”，这是一种极为贴切的说法。通过观察物体在水中发生的变化以及思考水浸湿并穿透物体的方式，便更容易理解这一说法了，因为通过可感知的客体的比较对于理解抽象事物是极有用的。

如果在水中放入一些体积相同材质不同的木块，比如每个木块体积是一立方法尺，水会逐渐渗入木块的孔隙中，于是木块膨胀，重量增加，但每一种木块孔隙中所含的水的数量是不同的，更轻、孔隙更多的木块中所含的水就更多，而对于结实紧致的木块，只有非常少量的水能够渗透进去。简言之，渗透进木块中水的比例将取决于木块组成分子的性质以及木块分子与水之间的亲和力大小。例如，富含树脂的木头，尽管它的孔隙非常多，但只能渗透非常少的水。因此我们可以说不同种类的木块渗透水的能力也是不同的。我们甚至可以通过木块增加的重量来判断其吸收的水的数量。但由于我们忽略了木块浸入水中之前木块中所含的水的数量，想要知道木块从水中取出后其所含水的绝对数量是不可能的。

对于浸在热素中的物体也是同样的情况。然而我们发现水是一种不可压缩的流体而热素具有非常大的弹性，这就意味着在另一方面，当无论任何一种力逼迫热素分子互相靠近时，这些分子会具有极大的互相分离趋向。因此我们认为，在这两种物质的实验中，这种情况势必会对实验的结果造成非常大的差异。

当这些规则变得清晰而简单，我便能更好地让读者理解这些词组所具有的内涵："游离热素"、"化合热素"、存在于不同物体中的"热素比数"；"物体容纳热素的能力"、"潜在热"、"敏感热"，就我刚才所展示的，所有词组并不是同义的，它们各自具有严格且明确的意义。我将通过几个定义来确定这些词组的意义。

"游离热素"：不参与任何化合作用的热素。由于我们生活在一个热素对于物体有黏着力的体系中，因此我们永不可能获得绝对游离状态的热素。

"化合热素"：在亲和力或吸引力的作用下被固定在物体内的热素，因而它组成了物质的一部分，甚至是物质坚固性的一部分。

我们用物体的"热素比数"来表示将重量相同的几个物体的温度升高相同度数所分别需要的热素数量，它取决于物体分子相互之间的距离以及热素的黏着力大小。这种距离，或者说由它形成的空间，我们将其命名为，正如我已经说明的，"容纳热素的能力"。

"热"或者用另外一种方式称为"敏感热"，被认为是一种感觉，它只是由热素周围的物体所释放的热素的流通作用于我们的感觉器官所产生的一种结果。总的来说，我们只有在热素运动的时候才会有这种感觉，或许我们可以把它确立为一条公理：没有运动，就没有感觉。这条普遍的原则自然地适用于冷和热的感觉：当我们触碰一个冷的物体，寻求在一切物体中达到平衡的热素就会从我们的手转移到我们触碰的物体中，因而我们感觉到冷；相反地，当我们触碰一个热的物体，热素从物体转移到我们的手，我们便会感觉到热。如果手与物体的温度相同，或几乎相同，那么我们不会有任何感觉，既不会觉得冷也不会觉得热，因为这其中没有热素的运动，也没有热素的转移。因此，再重申一遍，没有造成感觉的运动，也就没有感觉。

当温度计温度升高，就证明有游离热素进入周围的物体。每一个物体的温度计都会获得与其质量和容纳热素的能力相应的热素。因此发生在温度计上的变化只能说明热素在移动且其组成的物体体系发生了变化，同时温度计也只能表明它接收的热素份额，并不能测量热素释放、转移和被吸收的总数量。弄清楚这个数量的最简单最准确的方法便是拉普拉斯先生设想的方法，他在 1780 年《科学院文集》第 364 页对这种方法进行了描述。同时我也会在本书的末尾对此进行简单的说明。这种方法旨在将一个物体，或热素由之释放的若干个物体的组合放置在中空的冰球中间，融化的冰的量也就是热素释放的准确数量。在根据这个想法而构造出来的装置的帮助下，我们得到的不是物体容纳热素的能力（我们的目的），而是被测定的温度所引起的容纳能力的增加或减少的比例。同样的，使用这个装置，通过各种不同的实验组合，很容易就能得出物体从固态转变成流态、从流态转变成气态所需吸收的热素的数量以及反过来，物体从气态恢复到液态，从液态恢复到固态所需释放的热素的数量。因此，终有一天，当实验的次数足够多时，我们将能够确定构成每一种气体的热素的比例。我也将在一个特别的章节中汇报我们从这种实验中所获得的主要结果。

在结束这一章之前，我还需要说明一下导致气体和气态流体具有弹性的原因。不难看出，这种弹性与热素的弹性相关，而热素似乎是自然界最完美的弹性物体。而更容易理解的是，一个物体在与另一个自带弹性属性的物体化合之后也具备了弹性。但必须承认，这只是用弹性来解释弹性，对于解决这个问题，我们仅仅是往前走了一步，我们仍需解释什么是弹性以及为什么热素具有弹性。抽象地说，弹性不过是物体的分子在受力逼迫相互靠近时想要互相远离从而恢复原状的一种属性。热素分子这种互相远离的倾向在即使分子间距离很远的情况下依旧很强烈。如果我们假设空气的可压缩程度高，也就是假设空气分子互相之间相隔很远，那么我们便会确信分子间互相靠近的可能性。这种可能性必须以分子间原本的距离至少与其相互靠近的程度相对应这一条件为前提，否则，这些本来已经相隔很远的空气分子互相之间仍旧想要更加远离。事实上，如果我们在一个大容器中制造波义耳真空（*Vide de Boyle*）。剩余在容器中的最后一点空气便会均匀地扩散在整个容器中，无论这个容器有多大，空气分子都会充满整个容器并挤压器壁。然而只能假设空气分子在各个方向上都有作用力，否则就无法解释这种效应。并且我们完全不知道分子间的距离达到何种程度时，这种现象才会停止。

因此，弹性流体的分子间真实存在斥力或者至少这种斥力作用时，物体会产生同一种反应。我们完全有理由断定，热素的分子间互相排斥。一旦承认了“斥力”这个说法，那么解释气态流体或气体如何形成就变得简单了。但同时也需承认，对于作用于距离非常远的微小分子间的斥力，是很难形成一个明确的概念的。

假设热素分子比物体分子具有更强的相互吸引力，而且只有在物体分子间的吸引力强迫分子互相靠近的时候，热素的吸引力才会作用于物体分子并使后者互相分离，这样可能会更加自然一点。当我们将一块干海绵浸在水中，就会发生类似的现象：海绵膨胀，海绵的分子互相远离，水填满了海绵分子间的所有空隙。很明显，在膨胀的过程中，这块海绵容纳水的能力增强，而在浸水之前它并没有这种能力。但我们是否能说渗入海绵分子间的水对分子产生斥力，这种斥力试图使分子互相远离？毫无疑问，不是。相反地，在这种情况下，只有吸引力产生作用，这些吸引力包括：1. 水的重量及其施加在所有方向上的作用力，就像所有的流体那样；2. 水分子相互间的吸引力；3. 海绵分子相互间的吸引力；4. 海绵分子和水分子之间的相互吸引力。这样一来就很容易断定，所有这些力的密度和比例是解释这一现象的关键。而且很有可能由于热素而导致的物体分子间的相互远离甚至与多种吸引力的组合有关。当我们说热素对一切物体的分子产生排斥力的时候，我们力图通过一种更加简洁、更加符合我们认知所处的不完善状态的方式去表达这些力作用的结果。

第二章 对于地球大气的形成和组成的一般看法

刚刚我在第一章就弹性气态流体或气体的形成发表的一些论述有助于从事物的源头来阐明各大行星，特别是地球的大气形成的方式。我们设想，地球必定是以下物质的混合物：1. 可以蒸发的所有物质，或者更准确地说是能够在我们生活的环境温度中以及在与气压计 27 法寸水银柱相同的压力下保持气体弹性状态的所有物质；2. 所有能够在各种气体的混合物中溶解的液态或固态物质。

为了更好地明确我们关于大气形成方式的想法，而在这之前我们仍未深入地思考过这种形成方式，我们设想一下，假如有一天地球的温度突然发生变化，组成地球的各种物质又会相应地发生什么变化呢？比如，我们假设地球突然被运送到太阳系中更热的区域，比如说水星，水星上的常温很有可能要比水沸腾时的温度要高得多。那么水以及所有在接近水沸腾的温度时都呈现气态的流体，甚至是水银，都会膨胀，然后变成气态流体或者气体，进而成为大气的一部分。这些新型空气与既有的空气混合，相互分解并重新组合，直至存在于这些新旧气态物质之间的有择亲和力达到平衡，组成这些空气或气体的要素停止运动。然而我们必须要注意这一点，即物质的气化是有限度的：实际上，随着气态流体的数量增加，大气的重量也成比例地增加，由于任何一点压力都会阻止气化，如果我们成比例地加压，就连最容易气化的物质都能够抵抗高温而不气化。最后，由于水本身和所有流体都能在帕平蒸煮器中保持炙热状态，我们必须承认，新的大气达到了某个重量而对水造成压力，以至于还没气化的水停止沸腾并保持流态。因此，在这种假设中，同类的其他所有物质也是一样的，大气的重量是有界限的，到了一定的极限之后就再也无法增加。我们可以进一步扩展这些想法，观察一下在这种情况下，石头、盐和组成地球的绝大部分易熔物质会发生什么变化。我们设想这些物质会软化、融化，进而变成流体。但这些设想已经偏离了我撰写本书的目的，我得赶快回归正题。

相反地，如果地球突然之间转移到了更冷的区域，那么组成我们现今的河流和海洋的水以及我们熟知的绝大部分流体都很有可能变成密实的山脉和非常坚硬的岩石，一开始它们是透明的、均匀的、白色的，如同钻石，但随着时间的推移，这些山脉和岩石与各种性质不同的物质混合，变成五颜六色的不透明岩石。

在这个假想下的空气，或者至少组成空气的一部分气态物质，毫无疑问的，由于缺乏其保持气态所需的温度，它们必定不再以弹性气态的状态存在，而是变回流态，从而形成一些新的、我们没有任何概念的流体。

这两种极端的设想清楚地证实了：1. 固态、流态、弹性气态是同一种物质的三种不同的状态或者说是三种特殊的变态，所有的物质都可能相继地经历这三种状态，而这三种存在状态只取决于物质所经受的温度，也可以说是取决于渗透到物质中的热素数量；2. 空气的自然状态极有可能就是气态流体，或者更准确地说，我们的大气本身就是一个由所有能够在我们生存的常温和压力下稳定地以弹性气态的状态存在的流体组成的混合体；3. 因此，我们的大气中不可能存在非常密实的物质，甚至是金属；比如说仅仅比水银更容易挥发一点的金属物质，就不可能存在于大气中。

在我们所知的流体中，有一些，比如水和酒精，能够以不同的比例相互混合；相反地，另一些，比如水银、水和油，只能瞬时结合，当它们被混合时，就会互相分离开来，并按照各自的重力排列。在大气中也应当如此，或者至少存在发生这种事情的可能性。可能，甚至是极有可能，大气中最初形成的气体以及每天新形成的气体都难以与大气混合，不断从中分离。如果这些气体质量比大气更轻，它们就会聚集在更高的区域并在这里形成气层，飘浮于大气层之上。火流星的大气现象使得我相信在大气层的上部存在着一层易燃流体，正是在空气层和易燃流体层两个气层之间产生了极光现象。我打算在一篇单独的学术论文中就我这些想法来展开论述。

第三章　对大气的分析，将其分解为两种气态流体，一种能被呼吸，另一种不能被呼吸

理论上来说，这两种气态流体组成了我们的大气。大气是由所有能够在我们生存的常温和常压下保持气态的物质聚集而成的。这些流体形成了性质几乎均一的气团，这些气团从地面上升至其能够达到的最大高度，在这个高度上，气团的密度由于受到气团本身的反向重力而降低。但就如我已经说过的，第一层气层很有可能被另外一层或另外几层性质非常不同的流体覆盖。

现在我们需要做的就是确定组成我们生存在其中的下层气层的弹性流体的数量和性质，而通过实验，我们便能弄清楚。现代科学在这个问题的研究上取得了重大的进步，而我将要在此书中阐述的细节将会证明，大气可能是这个范畴的所有物质中经过最精确、最严格的分析得出来的那一种物质。

一般来说，在化学上有两种方法来确定一个物体的组成成分的性质："组合"和"分解"。比如说，当我们将水和酒精或"酒魂"结合在一起，通过这种组合，我们得到了利口酒，在商业上我们称之为"生命之水"，因而我们有理由得出，生命之水是水和酒精的组合物。但通过分解我们也能得出同样的结论。总的来说，只有结合了"组合"和"分解"这两种证据，化学原理才算完整。

在大气空气的分析中我们就有这种有利条件，我们可以将其分解并重组。然而在这里我将只引证一些与这个问题相关的最具说服力的实验。然而这些实验中，几乎没有一个可以说是属于我自己的，要么是因为我只是做这些实验的第一人（其后也有别人做了），要么因为我只是用一个全新的、分析大气组成的角度来重复了他人的实验。

取一个容量大约为 36 立方法寸的长颈卵形瓶 A，其中瓶颈 BCDE 非常长，内径有 6—7 法分，如图版 *II*，图 14 所示。将瓶子弯曲，如图版 *IV*，图 2 所示，使其能够放置在炉子 MMNN 中；瓶颈的 E 端插入钟形罩 FG 中，并将钟形罩放在水银池 RRSS 中。往长颈卵形瓶中注入 4 盎司纯水银。接着用插在钟形罩 FG 下方的虹吸管吸取水银直至上升至 LL；我仔细地用可粘纸条标记水银的这个高度并观察气压计和温度计的初始状态。

所有事情都准备好之后，我点燃了 MMNN 炉子的火，并让火持续燃烧了十二天，以使水银被加热到沸腾所需的温度。

第一天没有什么特别的情况。水银虽然没有沸腾，但也在持续地气化并形成液滴覆盖在瓶子内表面，液滴一开始很小，但接下来就慢慢地增大了，当液体达到一定的大小后，便又掉落到瓶子底部并与剩下的水银融合。第二天，我开始发现有很多小块的红色物质漂浮在水银表面，四天或五天之后，这些物质在数量和体积上都增加了；然后，它们停止增大并绝对地维持在同一种状态。到了第十二天，在看到水银再也没有什么变化之后，我把火熄灭了并让器皿冷却。长颈卵形瓶瓶体和瓶颈以及钟形罩中的空气体积减少到气压计 28 法寸所对应的体积，温度降低到 10°（54. 5°），在煅烧前，这些空气的体积大约为 50 立方法寸。煅烧结束后，在同样的压力和温度下，这些空气只剩下 42—43 立方法寸，也就是说体积减小了大约六分之一。从另一方面来说，在仔细收集煅烧时形成的红色物质并尽可能地将其与水银分离后，发现它的重量为 45 格令①。

由于只用同一个实验很难收集实验中的空气以及煅烧过程中所形成的红色微粒和汞灰，我不得不用密封的容器多次重复这个实验。因此，在同一本论著中，我也常常混淆这些实验的结果。

实验结束后，空气的体积在水银煅烧的过程中减少到原来的六分之五，既不能呼吸也不能燃烧，因为置于这种空气中的动物在几秒钟内就窒息了，放进去的蜡烛立即熄灭，就像是把它泡在水中一样。

另一方面，我取 45 格令在实验过程中形成的红色物质，将其注入一个非常小的玻璃曲颈瓶中，并配置一个适当的装置用来接收可能会分离出来的流态和气态产物。点燃炉中的火，我发现随着红色物质被加热，它的颜色越来越深。当曲颈瓶接近炽热的时候，红色物质开始逐渐减少，几分钟后就完全消失了；同时在容器中凝结了 41 格令的流动水银，钟形罩下方收集到 7—8 立方法寸的弹性流体，这种流体比大气空气要干净得多且更易于燃烧和呼吸。

将一部分空气置于直径一法寸的玻璃管中，将一根蜡烛放进去，蜡烛点燃并发出耀眼的光芒；放进去的炭也不像其在普通空气中那样平静地燃烧，而是像磷燃烧那样燃起火焰，产生了强烈的烧爆作用，发出的光强烈得眼睛都不能忍受。我和普里斯特利先生、舍勒先生几乎是同时发现这种空气的，普里斯特利先生将其命名为“脱热素空气”，舍勒先生则称它为“火气”；一开始我称之为“特别适于呼吸的空气”，之后又命名为“生命空气”。我们很快就知道该如何看待这些名称。

通过对这次实验细节的思考，我们能够看出，水银在燃烧的时候会吸收一部分干净的能够呼吸的空气，或者更严格来说，是吸收这部分可呼吸空气的基；瓶中残留的空气是一种毒气，既不能燃烧也不能呼吸。因此，这说明大气空气是由两种性质不同甚至是性质相反的弹性流体组

---

① 格令：在法国是旧时重量单位，合 53 毫克。在英美等国现为最小重量单位，合 64.8 毫克。

成的。

能验证这条真理的证据就是，将我们分别收集到的两种弹性流体重新组合，即 42 立方法寸毒气或者说不能呼吸的空气以及 8 立方法寸可呼吸空气，重新组成一种空气，这种空气与大气空气相似，并与在大气空气中燃烧、煅烧金属或者动物在其中呼吸的程度几乎一样。

尽管这次实验为我们提供了一种无比简单的方法来分别获得组成大气的两种主要弹性流体，但它并不能准确地告诉我们这两种流体的比例。水银对于可呼吸的那部分空气，或者更准确地说是那部分空气的基的亲和力不足以完全克服阻止两种流体组合的障碍。这些障碍指组成大气空气的两种流体的黏着力以及促使将生命空气的基与热素结合的有择亲和力。因此当水银煅烧结束后，或者说在定量的空气中水银尽可能地煅烧完全后，仍然会剩下一部分可呼吸空气与毒气结合，而水银煅烧并不能使这部分空气与毒气分离，而这些毒气以 27∶73 的比例与可呼吸空气组成了我们能在其中生存的大气。同时，我将会讨论一些仍然会导致这个比例具有不确定性的诸多因素。

由于水银在煅烧时空气被分解，一部分可呼吸空气的基固定在水银中并与水银化合，因此产生了一些我在前面说过的要素，而且在这个过程中，毋庸置疑的，热素和光必定会被分离出来。但有两个原因导致在这个实验中我们并不能很好地感受到这一点。第一，由于煅烧持续了数天，热素和光的分离在很长的时间范围内进行，因而分配到每一个特定的时间点的热素和光就微乎其微；第二，由于实验是在一个点火的炉子中进行的，我们很容易混淆煅烧产生的热量与炉子产生的热量。在这里我还需补充说明，能呼吸的那部分空气，或者说空气的基，在与水银化合的时候，并没有释放所有的热素，其中一部分被用于新的化合反应中。但是关于这一点的讨论和实验依据并不是这一部分的主题。

如果能更加快速地促使空气分解，那就能更容易地感受到热和光的释放了。铁与空气可呼吸部分的亲和力要比水银的大，因此用铁来做实验，就会更快地使空气分解。如今，英格豪斯先生①关于铁的燃烧的完美试验为世人所熟知：取一根非常细的铁丝 BC 并弯成螺旋状，如图版Ⅳ，图 17 所示，将铁丝的其中一端 B 固定在软木塞 A 中，这个软木塞用来塞住瓶子 DEFG；将铁丝的另一端系上一小块引火木 C。所有东西准备好之后，让 DEFG 瓶子中充满分离了毒气（不可呼吸的空气）的空气。点燃引火木 C 并将其和 BC 铁丝迅速插入瓶中，并用塞子塞住瓶子，如上述的图版所示。

引火木放进“生命空气”的一瞬间便开始燃烧并伴随着耀眼的光芒，当烧到铁丝时，铁丝也迅速地燃烧起来并发出耀眼的火花，火花呈圆球状掉落在瓶底，冷却的时候变成黑色并保持着一定的金属光泽。已经燃烧的铁丝比玻璃更脆更容易碎成粉末，但仍旧可以被磁铁吸引，只是吸引力比燃烧前更弱了。

英格豪斯先生在这次实验中没有观察铁丝发生的变化，也没有观察空气发生了什么变化，因此我不得已在不同的条件下用在我看来更加适当的仪器重复了这次实验。实验如下：

在一个钟形罩 A 中灌入大约 6 品脱②的纯净空气，也就是极适宜呼吸的那部分空气，如图版Ⅳ，图 3 所示；用一个非常平的容器将钟形罩转移到水银槽 BC 中，之后用吸水纸小心翼翼地擦干钟形罩内外的水银表面。另一边，我取来一个平底、喇叭口的陶瓷圆底皿 D，然后在皿中放入一些拧成螺旋状的小铁片并按照我觉得最利于小铁片充分燃烧的方式摆放。在一个小铁片的一端系上一小块引火木并加入一块只有十六分之一格令的磷碎片。将钟形罩抬高一点以将圆底皿放在钟形罩下方。这个时候我并没有忽略一点，就是在这样操作的过程中，会有一小部分的普通空气混入钟形罩的纯净空气中。但混合的空气是非常少量的，如果我们能够敏捷灵活地操作，这根本不会影响这个实验的成功。

---

① 简·英格豪斯：荷兰生理学家、生物学家和化学家。

② 品脱：法国旧时液体容量单位，合 0.93 升；英国容量单位，合 0.568 升。

当圆底皿 D 被放置在钟形罩下方时，用弯管吸走钟形罩中的一部分空气以将罩中的气压计刻度上升至 EF；为了防止水银进入弯管，在管的一端用一个小纸片环绕着覆盖住。通过在钟形罩下方吸走空气使水银刻度上升，这是有技巧的：如果我们满足于用肺来呼吸，那气压计中的水银只能上升一点点，比如，上升一法寸或最多一法寸半，但如果我们利用口腔的肌肉，我们能够毫不费力地，或者至少口腔不会觉得不舒服，将水银提升 6—7 法寸。

在所有的东西准备好之后，用火将一块弯曲的专门用于这类实验的弯铁 MN 烧红，如图版 *Ⅳ*，图 14 所示；将弯铁放到钟形罩下方并在其冷却之前，将其靠近陶瓷圆底皿 D 中的磷碎片；磷被点燃之后，便立即烧到了引火木上，引火木再烧到铁片上。由于被摆放得非常好，所有的铁片完全燃烧直至最后一个铁粒迸发出白色耀眼的光芒，就像我们在中国的烟花中看到的那样。在这次燃烧中产生的巨大热量使铁片液化，铁片液化成大小不一的小圆珠且大部分小圆珠都停留在圆底皿中，一部分掉在皿外，漂浮在水银表面。

在燃烧开始的时候，由于燃烧放热产生的膨胀力，瓶中空气的体积略微增大，但紧接着又迅速减小，水银在钟形罩内上升。当铁片的数量足够多，实验中的空气足够纯净，最终空气能够被完全吸收。

在这里我需要提醒一点，除非是要做研究型的实验，否则最好还是用少量的铁片来燃烧。因为如果我们想要将实验进行到底而放入较多的铁片以耗尽所有的空气，水银上方的圆底皿 D 就会过于靠近钟形罩圆顶，强热的钟形罩由于与冷水银接触后突然冷却，玻璃罩就会破裂。钟形罩一旦出现裂缝，罩内气压降低，气压计的水银柱迅速下降，所产生的重力向下挤压，形成一股喷流，大部分水银喷射出槽外。为了避免这些麻烦并确保实验成功，我们在 8 品脱的钟形罩中最多燃烧一格罗斯[①]半铁片。这个钟形罩需足够坚固，以便能够承受水银的重量。

---

① 格罗斯：即八分之一盎司，为法国古代度量衡单位。

在这个实验中，不可能同时确定铁增加的重量和空气发生的变化。如果我们想要了解铁片增加的重量以及该重量与所吸收的空气的关系，我们就必须要非常准确地用金刚石在钟形罩上记录实验前后水银柱的高度；然后在钟形罩下方插入一根弯管 GH，如图版 *IV*，图 3 所示，并用纸片环绕覆盖住弯管一端以防止水银渗入。将拇指按压在弯管 G 端，稍稍抬起拇指控制让空气一点点进入弯管。当水银降至水准点，轻轻拿开钟形罩；将圆底皿中的小熔铁球拿出来并小心翼翼地收集那些可能溅落或者漂浮在水银上的小熔铁球，称出所有铁球的总重量。这时候的铁片所处的状态就是以前的化学家所说的“黑铁剂”的状态，它具有强烈的金属光泽并且非常脆、非常易碎，用锤子或捣杵一敲便能碎成粉末。如果实验很成功，100 格令的铁我们便会获得 135—136 格令的“黑铁剂”。因此我们可以算出，每担①铁在试验后增加的重量为 35 法斤②。

如果我们足够关注这个实验，就会发现空气减少的重量恰好就是铁增加的重量。因此，如果我们燃烧了 100 格令的铁而铁获得了 35 格令的额外重量，按照一立方法寸相当于半格令来算的话，空气减少的体积正好是 70 立方法寸。在接下来的论著中我们也将会发现，一立方法寸的生命空气也正好是半格令重，也就是说铁燃烧时消耗的是生命空气。

在这里我最后一次提醒，在这种类型的所有试验中，我们绝对不能忘记要将实验前后所测得的空气体积转换为温度为 10°（54. 5°），压力为 28 法寸时的空气体积。在本书的最后我会详细说明转换的方式。

如果我们想要做实验来确定钟形罩中剩余空气的性质，那么实验的方式就会与上面的有点不同。在铁燃烧完成，装置冷却下来之后，我们首先用手穿过水银到钟形罩下方将圆底皿和燃烧后的铁拿出来，然后注入一些水溶性草碱或苛性碱、硫化草碱，或者其他我们认为能够观察其与剩余空气的反应的物质。后文中，在我让读者了解到这些不同的物质

---

① 担：等于旧制 100 法斤。

② 法斤：巴黎约为 490 克，其他省为 380—550 克不等。

的性质之后（在这里我只是稍微提一下），我会返回来继续论述分析这部分剩余空气的方法。最后，往同一个钟形罩中注入足够量的水以排出所有水银，之后将一个底非常平的浅盘或圆底皿放到钟形罩下方，托着浅盘或圆底皿，将钟形罩转移到普通的水封气体化学装置中，在这个装置中我们就能更加直观更加方便地观察剩余空气所发生的反应。

如果我们使用的是非常柔软且非常纯净没有杂质的铁，而且用于铁燃烧的那部分空气中不含任何不能呼吸的空气，那么燃烧之后瓶中剩余的空气也会像燃烧之前的一样纯净。但罕见的是，铁中完全没有一点炭质物质，而钢中却一直有。同样地，我们也极难获得百分之百纯净的可呼吸空气，几乎所有情况下它都被混入了一小部分不可呼吸空气，但这种“毒气”（不可呼吸空气）完全不影响实验结果，而且实验前后，它的总量维持不变。

我前面说过，我们可以用两种方式来确定大气组成成分的性质：通过分解和组合。水银的燃烧就是这两种方式的一个例子，因为可呼吸的那部分空气的基被水银“夺走”后，我们将这部分基还回去，然后重新合成了一种与大气相似的空气，我们同样可以用不同界①中能够形成空气的材料来进行空气的组合实验。接下来我们将会看到，当我们用硝酸溶解动物物质的时候，会释放出大量能够熄灭火的空气，这种空气对动物有害而且与大气中不能呼吸的那部分空气非常相似。如果我们在 73 份这种弹性流体中加入 27 份在煅烧后的红色汞灰中提取的“极适宜呼吸的空气”，我们就能合成一种与大气完全相似的且具有大气所有属性的弹性流体。

有很多其他方法将不可呼吸空气与可呼吸空气分离，在这里我就不一一论述了，因为论述这些方法需要引用一些概念，而这些概念，按照获取知识循序渐进的顺序来说，属于下面的章节。此外，我已经详细叙述的实验对于一部基础论述著作来说，已经足够了。在化学这个学科中，

① 界：这里指动物、植物和矿物三界。

选择恰当的证据要比论据的数目更加重要。

我将以指出大气空气以及所有弹性流体或我们所知的气体普遍具有的属性，即能溶解在水中的属性，来结束这一章。根据德·索修尔先生的众多实验，一立方法尺①大气空气能够溶解的水的量为 12 格令；其他弹性流体，比如碳酸，似乎能溶解更多的水，但我们仍旧没有进行过确切的实验来确定这个数量。弹性气态流体所包含的这部分水，在很多实验中引发了一些值得注意的现象，这些现象经常导致一些化学家犯下很大的错误。

① 法尺：法国古长度单位，相当于 325 毫米。

第四章　大气不同组成部分的命名

到目前为止，我不得不采用一些迂回的说法来描述组成我们大气的不同物质的性质，我暂时使用了“空气可呼吸部分”“空气不可呼吸部分”这些表达方式。接下来我要论述的细节使我不得不加快脚步，且在试图给组成大气空气的不同物质赋予一些简单的概念之后，我也会用一些简单的言词来表达这些概念。

我们所生活的星球的温度非常接近水从流态转变成固态时的温度，反之亦然。且这种现象经常在我们眼皮子底下发生，因而在所有的语言中（至少在有冬季温度地带的语言中），人们给水变成固态这种现象赋予了“热素丢失”这个名字，这就不足为奇了。

但是不应该用同样的方法，即用“热素大量增加”来表述水变成气态这个现象。那些对这些现象没有做过特殊研究的人仍然忽略了一个事实，即当温度比水沸腾的温度高一点点的时候，水就会变成一种弹性气态流体，像所有气体一样，能够被接收或容纳到器皿中且只要它所处的温度高于 80°（212°）且压力等于水银气压计为 28 法寸时所对应的压力，它就能保持其气体状态。由于这种现象不为大部分人所知，因而没有任何一种语言用一个特殊的名称来描述这种状态的水；总的来说，对于所有流体以及所有在我们生存所处的常温和常压下也不会蒸发的物质，也是相同的情况。

出于同样的原因，大部分处于流态或固态的气态流体，人们也没有给它们赋予名称；人们忽略了这些流体是气体的基与热素化合的结果，但由于人们从来没见过它们处于流体状态或者固体状态，因而这两种形态的存在也就不为人们甚至是物理学家所知了。

我们并没有妄想着要去改变一些自古以来就约定俗成且被社会接受的名称，因而我们在通俗的词义上为“水”赋予了“冰”这个名称；同样地，我们用“空气”这个词来表达组成我们大气的弹性流体的集合；但是我们并不认为我们有必要采用那些由物理学家们新近提出的非常现代的名称，而且我们认为我们有权利抛弃它们并用一些更加适当且不会导致错误的名称来代替，甚至当我们下定决心要抛弃它们的时候，我们毫不费力便将它们修正并赋予其更加明确且更加精准的概念。

这些新词主要是从希腊语中提取出来的，这样做是为了让它们的词源能够与我们想要表明的一些事物的概念相对应，而且我们尤其致力于尽可能地采用简短的词汇并使其具有形容词和动词的特性。

根据这些原则，我们效仿马凯先生的做法，保留了范荷尔蒙特所采用的“气体”这个名称并将大量的弹性气态流体归类到这个名称之下，但大气除外。因此，“气体”这个词对我们来说就是一个统称，它表示任何一种物质被热素饱和的最大程度，这是表达物体存在方式的一个名称。接下来就是要明确区分每一种气体，我们采用了由基的名称衍生出来的另外一个名称。因此我们将水与热素结合所形成的弹性气态流体称为“水气”；醚与热素结合，为“醚气”；酒精与热素结合，为“酒气”；我们还有“盐酸气”，“氨气”，以及所有其他的气。等到需要给不同的基命名的时候，我将会继续展开这个问题的论述。

我们已经知道大气主要是由两种气态流体或气体组成，一种可以呼吸，能够维持动物的生命，金属可以在其中煅烧，易燃物质也可以在其中燃烧；另一种有着绝对相反的属性，动物们不能在其中呼吸，也不能燃烧。我们已经赋予可呼吸部分气体的基以“氧气”的名称，这个名称由希腊语“όξύς”（酸）和“γείνομαι”（产生）衍生而来，因为事实上，这种基最普遍的属性之一就是与大部分的物质化合形成酸。因此，我们将这种基与热素的化合叫作“氧气”：这种状态下的气体在10°(54.5°）和气压计为27法寸的压力条件下，重量正好是每立方法寸半格令（马克[①]重量）或者每立方法尺一盎司半。

大气不可呼吸部分的化学属性仍旧不是特别为人所知，因而我们已经满足于根据这种气体具有的能够杀死呼吸了这种气体的动物的属性，而推断出它的基的名称：我们将其命名为“氮”，这是根据希腊语的否定前缀“α”和“ζωὴ”（法语为“*vie*”，即生命）结合而来，因此大气不可呼吸部分为“氮气”。它的重量为每立方法尺1盎司2格罗斯48格令或者每立方法寸0.444格令。

我们并不否认这个名称看上去非常奇怪，但这是所有新名词的命运，我们只有通过不停地使用进而对其达到熟悉的程度。长时间以来，我们一直在寻找一个更恰当的名称，但并没有成功。最初我们试图将其命名为“碱气”，因为贝多莱先生的多次实验证明了，就如我们之后看到的那样，这种气体是挥发碱或者氨的组成部分；但另一方面，我们还没有证据证明它是组成其他碱的要素之一且有证据显示它也是硝酸的组成成分，这就为之前人们将它命名为“硝[②]”提供了依据。由此，我们必须要抛弃这个包含了刻板印象的名字，而且采用“氮”和“氮气”这些名称，我们没有犯错误的风险，这两个名称表达的只是一个事实，或者说是一个属性，一个会将呼吸了这种气体的动物杀死的属性。

如果我在这里展开论述不同种气体的命名法，那么我就必须提前论述那些更适合在后面的章节中论述的一些概念。在这部分中，给出命名所有气体的方法，对我来说就足够了，我不需要对所有气体进行命名。我们所采用的命名法的优点主要在于赋予了基础物质以名称之后，就可以从这个“第一”名称导出所有化合物的名称。

---

① 马克：古时金、银的重量单位，约等于8盎司。

② 硝（*Nitrigène*）：由硝酸衍生而来。

第五章 用硫、磷和碳分解氧气以及一般酸的形成

在进行实验的过程中，我们绝不应丢掉的原则之一就是尽可能地简化实验并远离所有可能会使实验结果变得复杂的情况。因此在本章的实验中，我们不会用大气进行实验，因为它绝不是一种简单的物质。的确，构成其混合物的一部分的氮气看起来在煅烧和燃烧中完全是钝化的，但是，正因它减缓了煅烧和燃烧的速度，并且在一些情况下可能会改变实验的结果，这使我觉得有必要避免这个不确定因素。

因此，在我即将要论述的实验中，我将阐述在纯净的“生命空气”或“氧气”中进行的燃烧实验的结果，而且我也只会探讨当氧气中混进了不同比例的氮气时导致的实验结果的差异。

取一个容量为5—6品脱的水晶钟形罩A，如图版Ⅳ，图3所示，使里面充满氧气，用水密封，接着将其置于一个玻璃圆底皿上面，通过圆底皿将钟形罩转移到水银槽；接下来干燥水银表面，导入61 $\frac{1}{4}$格令的孔克尔磷，其中磷分开装在两个小瓷盘中，如图3中的D所示，放在钟形罩下方；为了能够分别点燃这两份磷且为了防止其中一个盘子的磷点燃另一个盘子，我用一个玻璃方片盖住其中一个小瓷盘。当所有东西准备就绪，在钟形罩下方导入一根玻璃弯管GHI（图版Ⅳ，图3），用弯管吸出一份氧气，使水银高度上升到钟形罩EF处，为了使弯管在穿过水银的

过程中弯管中不会充满水银，我们将弯管I段用小纸片环绕覆盖住。然后用一根烧红的弯铁丝（图16)，相继点燃两份磷（先点燃没有玻璃方片覆盖的那份)。

燃烧极为迅速并伴有明亮的火焰且释放出大量的热和光。产生的强热导致气体最初极速膨胀；但很快水银上升到原来的位置上方，气体被大量吸收。同时，玻璃钟形罩内壁被白色的轻盈的絮状物覆盖，这不是别的，就是固化了的磷酸。

在实验开始时，所使用的氧气的总量（转换为普通标准）为162立方法寸，实验最后只剩下23 $\frac{1}{4}$立方法寸，因此被吸收的氧气的总量为138 $\frac{3}{4}$立方法寸或者69.375格令。

磷并没有完全燃烧，在小瓷盘中仍剩下一小部分，洗干净，以将其与磷酸分开，并干燥，得出的重量大约为16 $\frac{1}{4}$格令，燃烧的时候大约减少了45格令，我说大约，是因为在称燃烧后的磷的重量的时候，有一两格令的误差也不是不可能的。

因此，在该实验中45格令的磷与69.375格令的氧气化合，因为没有什么有重量的东西能穿过玻璃逃逸出来，所以我们有权断定，在这次化合中产生的白色絮状物必定等于氧气的重量和磷的重量的总和，也就是114.375格令。我们很快就能发现这些白色絮状物并不是别的东西，而是一种固化的酸。将这些量转换为担时，我们发现100份磷需要154份氧来饱和，然后产生254份白色絮状物或者固态磷酸。

这个实验显然证明了在某个温度下，氧对磷的亲和力比氧对热素的亲和力大；因此，磷分解氧气使其脱离热素并夺取氧气的基，被分离出来的游离热素逃逸并分散在周围的物体中。

但即使这个实验有几分说服力，但它还是不够严密。事实上，在我所使用的且我刚刚描述过的仪器中是不可能验证所形成的白色絮状物或固态酸的重量的，我们只能假设它等于氧气的重量和磷的重量的总和，然后通过计算来得出结论。然而，无论这个结论多么地显而易见，但在物理学和化学中，要假设一些我们明明可以直接从实验中确定的东西，这是绝对不允许的。因此我认为需要用不同的仪器重做一个规模更大一点的实验。

取一个大的玻璃球形瓶 A，如图版 *IV*，图 4 所示，球形瓶开口 EF 的直径为 3 法寸并用金刚砂磨过的水晶板盖住瓶口，在水晶板上打两个孔以穿过管子 *yyy*、*xxx*。

在用水晶板封住球形瓶之前，在瓶中放入一个支座 BC，支座上方放置一个小瓷盘 D，盘中含有 150 格令的磷。所有准备就绪后，将水晶板盖住球形瓶口，用厚厚的密封胶泥封住，并用浸透了石灰和蛋清的布条覆盖。等密封胶泥完全干燥，我将整个装置悬挂在秤上并确定装置的重量为一格令或一格令半左右。接下来将 *xxx* 管子接到一个小的气泵上并将玻璃球空气抽空；然后打开装配在 *yyy* 管子上的阀门将氧气导入玻璃球。我发现使用“水气机”能够极容易且极精确地完成这种实验。对于这种水气机，我和莫斯尼埃先生在 1782 年的《科学院文集》第 466 页中进行过描述，由于莫斯尼埃先生曾对它做过一些增补和更正，因此在本书的最后一个部分我也将对它加以解释。在这个装置的帮助下，我们能够以一种严密的方式得出导入玻璃球中的氧气的总量以及在实验过程中消耗掉的量。

当所有的东西都准备就绪之后，我用一面取火镜点燃了磷。燃烧极度快速，伴随着强烈的火焰以及大量的热；随着实验的进行，玻璃球内壁黏附了大量的白色絮状物并使玻璃球变得完全不透光。这些白色絮状物是如此之多，以至于即使我们一直不停地灌入新的氧气来维持燃烧，磷还是很快就熄灭了。等整个装置完全冷却后，在打开球形瓶之前，我首先通过称量球形瓶的重量来确定实验过程使用的氧气的量，接着，清洗，干燥剩余在小瓷盘中的小部分磷（此时的磷已经呈现赭石黄色）并称量它的重量以便确定实验中消耗的磷的量。显然，依靠这些不同的预防措施，我很容易地得出：1. 燃烧的磷的重量；2. 通过燃烧得到的白色絮状物的重量；3. 与磷化合的氧气的重量。这次实验所得出的结果几乎跟先前的实验一样。它同样也得出，在燃烧的过程中，磷所吸收的氧气的重量只是它本身重量的 1.5 倍多一点点，且我更加能够确信产生的新物质的重量等于燃烧的磷的重量与其吸收的氧气的重量之和。这的确更容易理性地确定。

如果我们在这次实验中所使用的氧气是纯净的，那么燃烧后剩余的氧气同样也是纯净的，这就证明从磷中没有释放出任何能够污染氧气的东西且磷的唯一作用就是将之前与热素结合的氧和热素分离开来。

我在上面提到，如果我们在一个中空冰球或者其他按照同样的原则构造的任何一个燃烧装置中进行燃烧实验时，燃烧过程中融化的冰的量就正是被释放出来的热素的量。对于这一点我们可以查阅我和拉普拉斯先生于 1780 年一起提交给科学院的学术论文的第 355 页。在对磷的燃烧进行了此次实验后，我们发现 1 古斤的磷燃烧，融化的冰的质量为 100 古斤多一点。

磷同样也可以在大气中燃烧，但只有这些不同：1. 燃烧速度慢很多，因为混合在氧气中的大比例氮气减缓了燃烧过程；2. 只有五分之一的空气被吸收，因为燃烧中只吸收氧气，在实验后期氮气的比例如此之大以至于燃烧不能再进行下去。

磷通过燃烧，无论是在普通空气中还是在氧气中，正如我所说的，会转变成一种非常轻盈的白色絮状物，这种絮状物有着完全“新”的属性：在水中的时候会溶解；它不仅可溶解，而且它还会以惊人的速度吸收空气中的水分，进而变成一种比水稠、比水的比重更大的液体。在磷的状态下，在燃烧前，它几乎没有任何味道；在与氧气化合之后，便散发出一种异常酸且刺鼻的味道；最终，它从一种可燃物质变成了不可燃物质，它成为一种我们叫作“酸”的东西。

很快我们就会发现，可燃物质由于加氧而被转化成酸的这种性质为大多数物体所共有：然而按照严密的逻辑来说，我们要试着用一个共同的名称去描述所有呈现出相似的结果的实验；这是简化科学研究的唯一方法，如果我们不对它们进行分类，我们就不可能记住所有的细节。仅此我们将磷转换成酸以及任何一种可燃物质与氧化合的过程命名为“氧合作用”（*oxygénation*，名词）。我们也将采用“氧化”（*oxygéner*，动词）这个表达方式，因此我将会说，通过将磷氧化，我们将其转变成一种酸。

硫也是一种可燃物体，也就是说它有能够分解氧、将氧气的基和热素分离开的属性。我们可以通过一些与我刚刚陈述的磷燃烧的实验相似的实验很轻松地确认这一点；但我必须提醒，如果用同样的方法对硫进行实验，是不可能得到与磷一样准确的结果的，因为通过硫燃烧而形成的酸很难凝结而且硫本身就非常难燃烧，再加上在不同的气体中它有可能会溶解。但根据我的实验，我可以肯定的是硫在燃烧的时候会吸收空气，形成的酸会比硫要重得多，而且酸的重量等于硫的重量和硫吸收的空气质量之和；最后，该酸很重，不可燃烧，能与水按照任何比例结合。唯一不确定的是组成该酸的硫和氧气的量。

至今仍被看成是一种简单的可燃物质的炭同样也具有能够分解氧气、将氧气的基和热素分离的属性，但炭燃烧得到的酸在我们生存的温度和压力下不能凝结，因此它保持在气体的状态而且需要大量的水才能将其吸收。此外，该酸具有酸的所有共同属性，但程度比较弱；它与其他酸一样，能够与所有基化合形成中性盐。

我们可以像燃烧磷一样在置于水银上方的充满氧气的玻璃钟形罩 A 中燃烧炭，如图版 *Ⅳ*，图 3 所示。但由于热铁甚至是烧红的铁的热量无法将其点燃，我们在炭上面加了一小块引火木和一点磷粉。我们用烧红的铁很容易就将磷粉点燃了，磷粉的火焰点燃了引火木，接着引火木点燃了炭。

在 1781 年的《科学院文集》第 448 页中我们能找到这次实验的详细说明。在上面我们将会了解到，要饱和 28 份的炭，需要 72 份的氧气且燃烧产生的气态酸的重量正好是形成酸的炭的重量和氧气的重量的总和。该气态酸被最先发现它的化学家们命名为“固定空气”或者“被固定的空气”，但他们不确定这种气体是否就是被燃烧污染了或腐蚀了的大气和其他弹性流体相似的气体。但是因为今天我们已经弄清这是一种酸，它与所有其他酸一样由基的氧合作用而形成，那我们就能明白“固定空气”这个名称一点也不适合它。

我和拉普拉斯先生在尝试了用一个适当的仪器燃烧炭以确定释放的热素的量之后，发现一古斤炭燃烧能融化 96 古斤 6 盎司的冰：2 古斤 9 盎司 10 格令氧气在这次实验中与炭化合形成了 3 古斤 9 盎司 1 格罗斯 10 格令的酸气，该气体每立方法尺重 0. 695 格令，因此燃烧一古斤炭总共能够得到 34. 242 立方法寸酸气。

我可以列举更多这种例子并可以通过一个接一个的大量的事实让大家知道，酸都是由任意一种物质通过氧合作用形成的。但我承诺要遵守的原则，即只从已知的事实到未知的东西，只给读者呈现从先前已经得到解释的事物中引出的例子，阻止我在这里这么做。刚刚我所论述的三个例子足以对酸的形成方式给出一个清晰明确的概念。我们知道氧是所有酸的共有要素，正是氧组成了酸的酸性；由于酸化物质的性质不同而导致各种酸之间互不相同。因此，在所有酸中，需区分它的可酸化基(基莫尔沃先生已经为其赋予了“根”这个名称) 和酸化要素，也就是“氧”。

第六章　一般酸的命名，特别是从硝石和海盐中提取的酸的命名

根据上一章提出的原则，没有什么比制定酸的系统命名法更简单的了：“酸”这个词为统称，每一种酸由于其在自然界中所呈现的不同，因而在语言上的表达就要按照其“基”或其“根”加以区分。因而总的来说，我们所命名的“酸”表示燃烧的结果或者是磷、硫和碳的氧合作用的结果。第一个结果我们命名为“磷酸”；第二个命名为“硫酸”；第三个命名为“碳酸”。按照同样的方法，在以后所有可能发生的情况中，我们将使用基的名称作为每一种酸的特殊描述词。

但是，在可燃物体燃烧以及一般来说只有部分可燃物体燃烧形成酸的过程中，有一种值得注意的情况，就是它们可能会有不同的饱和度，而且所形成的酸虽然是由相同的两种物质化合而成，但根据不同的比例，会有非常不同的属性。磷酸，尤其是硫酸，就是这样的例子。如果硫只是跟少量的氧气结合，那么在这种程度最轻的氧合作用中就形成一种易挥发的酸，该酸有刺激性的气味并具有非常特殊的属性。如果是与更大比例的氧气结合就会形成一种没有气味的固定重酸，而且它和其他物体化合得到的产物与第一种易挥发酸和其他物体化合得到的产物极其不同。在这种情况下，我们制定的命名法似乎是有缺陷的，如果不使用迂回的说法和代用语，似乎就很难从可酸化基的名称中提取出能够清楚表达这

两种不同的饱和度或氧化度的名称来。但通过我们的思考，或者更准确地说是出于区分这两种饱和度的必要性，我们找到了新的对策，我们认为可以通过简单地改变这些特殊名称的词尾来表示酸在氧合作用中的不同变体。之前斯塔尔先生已经把硫氧化成的易挥发酸命名为“亚硫酸”，我们保留了这个名称用以表示硫在氧未饱和时形成的酸而且赋予了硫在氧完全饱和时形成的酸以“硫酸”的名称。因此，用这种新的化学语言，我们可以说，硫在与氧化合的过程中，有两种饱和程度：第一种程度形成亚硫酸，有刺激性气味并且易挥发；第二种程度形成硫酸，没有气味且不挥发。对于所有具有几种饱和度的酸，我们都采用这种改变词尾的方法为其命名；因而我们就有“亚磷酸”和“磷酸”，“亚醋酸”和“醋酸”以及其他酸。

如果在发现每一种酸的时候，我们都能知道它的可酸化根或基，那么化学学科的这一整个部分就会极其简单了，酸的命名法就不会像现在那样受到那么多阻碍了。譬如，磷酸是在发现磷之后才被发现的，因此赋予它的名字是从形成它的可酸化基的名称衍生而来的。但如果反过来，酸在我们发现基之前就被发现了，或者说在酸被发现的那个时代，形成这个酸的可酸化基尚不为人所知时，那么人们就会赋予这种酸一个跟它完全没有任何关系的名称，这样一来，我们不仅要记忆大量无用的名称，也会给化学初学者甚至是经验丰富的化学家脑袋里塞进一些错误的概念，而这些概念完全经不起时间和思考的考验。

我们将列举一个硫酸的例子。在化学的最初阶段，这种酸是从“铁矾”中提取出来的，因此化学家们借用了提取这种酸的物质的名称，将它命名为“矾酸”。但他们忽略了这种酸跟我们通过燃烧磷而得到的酸是同一种东西。

对于一开始人们将其命名为“固定空气”的气态酸也是同样的情况，人们也忽略了这种酸是碳与氧化合的结果。它被赋予了种种名称，但没有任何一个名称能够传递关于其本质或来源的正确概念。我们要做的很简单，就是要纠正和更改这些酸的旧语言：我们将“矾酸”改成了“硫酸”；将“固定空气”改成了“碳酸”；但对于那些我们仍未了解其基的酸，我们还不能根据相同的方案来修改名称。因此我们不得已采取了相反的方案，不是由基的名称推断出酸的名称，而是相反，我们从已知酸的名称来推断未知基的名称。对于从海盐或食用盐中提取的酸，情况就是如此。为了提取这种酸，只需要把硫酸倒在海盐上，混合物立即强烈沸腾，一些味道非常刺激的白色蒸气出现，只要稍微加热，所有的这种酸就被释放出来。由于它在我们生存的常温和常压下自然地处于气态状态，我们需要采取特别的方法将其保留在适当的容器中。对于这些小型试验，最方便最易于操作的容器是一个小蒸馏甑 G，如图版 *V*，图 5 所示，在炉中加入很干的海盐，在海盐上倒高浓度硫酸，然后立即将炉子的曲嘴放到一个小广口瓶或者钟形罩 A 下方（图版 *V*，图 5)，广口瓶或钟形罩中提前灌满水银。释放出来的酸性气体进入广口瓶，爬升到水银顶部，将水银取代。当酸性气体释放变慢，稍微加热炉子，然后逐渐加热直至广口瓶中没有任何气体进入。这种酸对水的亲和力极强，水能够吸收大量的这种酸。我们可以通过往盛着这种酸的玻璃广口瓶中导入少量的水来印证这一点，不一会儿酸就与水结合并且完全消失了。利用这一特点，我们在实验室和工厂中获得了液态的海盐酸。为此，我们要利用一个装置（图版 *Ⅳ*，图 1)。这个装置的各组成部分如下：1. 在一个蒸馏甑 A 中放入一些海盐，并通过短管 H 将硫酸倒入炉中；2. 用于接收释放出来的少量液体的球形烧瓶 CB；3. 在一系列双口瓶 L、L′、L″、L‴中加入半瓶水，这些水用于吸收蒸馏过程中释放出来的酸性气体。本书的最后一个部分将对这个装置进行更加详细的描述。

尽管仍未能够合成和分解我们从海盐中提取出来的酸，但我们却不能怀疑它像其他所有酸一样是由可酸化基与氧的氧合作用而形成的这个事实。我们仿照伯格曼先生和莫尔沃先生，根据以前用来表示海盐的拉丁词“*muria*”（海盐）衍生出这个名称，将这种未知的基命名为“盐基”“盐根”。因此，在未能准确确定“盐酸”的组成成分的情况下，我们就用这个名称来描述这种易挥发酸，这种酸在我们生存的常温常压下的自然状态为气态，极易与大量的水结合；简言之，这种酸中的可酸化基与氧的黏附力极强，迄今仍未有任何方法将它们分开。

如果有一天我们发现盐基与我们所知的某种物质之间有联系，那么我们就需要更改它的名称并在了解其对应基的性质之后赋予它一个与其基相近的名称。

此外，盐酸也有一个非常值得注意的情况。与硫酸和其他一些酸一样，盐酸也有不同的氧化程度；但过量的氧产生的盐酸与过量的氧产生的硫酸的效果完全相反。轻度的氧合作用将硫转化成一种易挥发的气体酸，这种酸只能与少量的水混合：这就是斯塔尔和我们用“亚硫酸”这个名称描述的酸。而大量的氧则将它转化成“硫酸”，它所呈现出的酸的性质更加明显、更加稳定，只在高温的情况下才会以气态存在，没有一点味道且能与大量的水结合。但盐酸则完全相反：氧的增加使得它更容易挥发，气味更加刺鼻，更不易溶于水且酸的性质减弱。一开始我们尝试着像硫的酸那样，用不同的词尾来表达这两种不同的饱和程度。我们将氧饱和度更低的酸命名为“亚盐酸”，氧饱和度更高的酸命名为“盐酸”；但我们认为这种酸在与其他物质化合后产生了非常特殊的结果，在化学科学中仍未发现其他的例子，因此需要一个例外的名称来表述。于是我们将其命名为“氧化盐酸”。

还有另一种我们需要像盐酸那样定义的酸，尽管它的基还不是特别为人所知：这就是科学家们至今都用“亚硝酸”这个名称来描述的酸。这种酸通过与我们提取盐酸类似的方法从硝石或火药中提取出来。同样我们也是通过硫酸将它从形成它的基中驱赶出来，为了实现这一点，我们同样使用如图版 *IV*，图 1 所示的装置。随着酸被释放出来，一部分在球形瓶烧瓶中凝结，另一部分与 L、L′、L″、L‴双口瓶中的水结合，瓶中的液体颜色随着酸的浓度的增加而发生变化，从一开始的绿色变为蓝色，到最后变成了黄色，在这次实验中有大量的氧气混合着少量的氮气被释放出来。

我们从火药中提取出来的酸，像其他酸一样，由氧和可酸化基组成，而它恰恰就是第一种能够证明氧存在于其中的酸。组成这种酸的两个要素之间黏着力很小，我们通过往酸里添加一种其可酸化基与氧的亲和力比组成硝酸的可酸化基与氧的亲和力更强的物质便能轻易地将它们分离。正是通过这种类型的实验，我们成功地了解到氮或毒气的基构成了它的可酸化基。因此氮的确是“硝根”或者说硝石的酸是真正的“硝酸”①。因此我们发现，为了与我们的本心以及原则保持一致，我们本应用这些物质中的一个或者另一个来为这种酸命名（即“氮酸”），然而我们被一些不同的理由改变了想法：一方面，我们似乎很难改变“硝”这个已经普遍被制造业、社会和化学界接受的名称；另一方面，我们并不认为应该赋予“氮”以“硝根”的名称，因为根据贝多莱先生的发现，这个物质同时也是挥发性碱或氨的基。因此我们继续用“氨”这个名称来描述大气不可呼吸部分的基，它同时是“硝根”和“氨根”。从硝石中提取出来的酸我们也保留了“亚硝酸”和“硝酸”的名称。极有声望的化学家并不赞同我们对这些旧名称如此“心慈手软”，他们更希望我们丝毫不要考虑古代用词，这些用词会渐渐随着时间被淡忘，希望我们把精力专注于命名法的改善上并从根源处重建化学语言这栋“大楼”。处于革新派与保守派的中间，我们同时承受着这两个对立党派的批评和状告。

根据氧合作用程度，也就是组成酸的氮和氧气的比例，硝石的酸可能会呈现很多状态。氮的轻度氧合会形成一种特殊的气体，我们继续用“亚硝气”这个名称来描述这种特殊气体：它大约由两份氧气和一份氮气组成，在这种状态下它不溶于水。氮在这种气体中远远没有被氧饱和，但它对氧仍然有很大的亲和力，它如此活跃地吸引氧气以至于它一与大气接触就将其从中提取出来。因此亚硝气与氧气的化合作用也成为我们用来确定大气中的氧气含量以及大气饱和度的方法之一。往亚硝气中增加氧气，亚硝气就转变成一种与水有很大亲和力的强酸，而且这种强酸

---

① 硝酸：此处的“硝酸”与上面的“亚硝酸”或“硝酸”不同，在法语中，上面的硝酸由“硝石”一词衍生而来，而此处的“硝酸”却由“氮”一词推导出来，因此说明硝酸的产生与“氮”有关。

本身也可能有着不同的氧合度。如果氧气和氮的比例小于 3∶1，产生的酸是红色的而且散发出酸雾，在这种状态下，我们将这种酸命名为“亚硝酸”；我们可以稍微加热这种酸，便会有亚硝气释放出来。四份氧气与一份氮结合形成一种清澈无色，在火中比亚硝酸更稳定、味道更刺鼻的酸，在这种酸中，两种组成要素更加稳固地结合。根据上述的因素，我们将其命名为“硝酸”。

因此硝酸是氧负荷更大的硝石的酸，而亚硝酸是氮负荷更大的硝石的酸。简言之，亚硝气是氧饱和度不足以使其具备酸的属性的氮。在下面我们将会赋予它“氧化物”的名称。

第七章　用金属分解氧气以及金属氧化物的形成

当金属物质在某个温度下被加热的时候，氧与这些物质的亲和力比它与热素的亲和力强，因此所有的金属物质（金、银和铂除外）有分解氧气、夺取氧气的基并将其和热素分离的属性。在上面我们已经了解了怎样观察水银和铁分解空气，我们发现水银的燃烧只能被看作是缓慢的燃烧；而铁与之相反，燃烧得非常迅速而且伴有明亮的火焰。如果在这些实验中有必要使用一定的热度，那是为了将金属分子互相分离开来并减少它们的聚集亲和力或者它们互相之间的吸引力，两者为同一个东西。

金属物质在燃烧的过程中重量与它们吸收的氧的重量成比例增加，同时它们会失去金属光泽并变成一种土状粉末物质。这种状态下的金属绝对不能被看作氧完全饱和，因为它们对这种元素的作用被热素施加于其上的吸引力所抵消。因此，金属煅烧中的氧气实际上承受着两种力，一种是热素施加于其上的吸引力，另一种是金属施加的力。只有在这两种力之间存在差异，即金属的吸引力大于热素的吸引力的时候，氧才会与金属结合，但通常来说，两种力之间的差异不会特别大。同样，金属物质在空气和氧气中氧化，并不会像硫、磷和炭那样转化成酸；它形成了一些开始接近于盐的中间物质，但仍未获得盐的所有属性。古人赋予这种金属“石灰”的名称，不仅用于被煅烧至这种形态的金属，也用于所有长时间暴露在火中但并未融化的物质。因此他们将“石灰”这个名称作为一个统称，在这个名称下，他们混淆了在煅烧前是一种中性盐、在火中转化成一种土状碱且重量减少一半的“石灰石”和在煅烧中变成一种新物质、新物质的质量往往超过其重量一半而且接近酸的状态的金属。如果我们将如此不相同的物质归类到一个名称之下，尤其是为这些金属保留这个容易产生错误观念的名称，这将会违背我们的宗旨。因此我们摒弃了“金属石灰”这一表达方法并用源自希腊语 όξ ὺς 的“氧化物”一词来代替。

由此可以看出，我们采用的语言是多么丰富且有表达能力；第一程度的氧合作用形成“氧化物”；第二程度的氧合作用形成了以“*eux*”（中文为“亚”）为词尾的酸，如亚硝酸、亚硫酸；第三程度的氧合作用形成了以“*ique*”为词尾的酸，如硝酸、硫酸；最后，我们可以将物质第四程度的氧合作用用修饰语“*oxygéné*”（被氧化的）来表达，正如我们已经采纳的“氧化盐酸”一词。

我们并不满足于用“氧化物”这个名称来描述金属和氧的化合作用。我们毫不费力地将它扩展，表达所有物质的第一程度氧合作用，第一程度氧合作用不能将物质转变成酸，而是使其接近盐的状态。因此我们把燃烧开始时变软的硫叫作“氧化硫”；把磷燃烧时剩下的物质叫作“氧化磷”。

同样，我们称氮第一程度燃烧产生的硝气为“氧化氮”。简言之，植物界和动物界都有其氧化物。接下来我将会讲述这种新语言将如何应用于人为操作和大自然的造化之中。

正如我们让大家看到的，几乎所有金属氧化物都有独特的颜色，这些颜色不仅因金属种类的不同而不同，而且也依据同种物质氧合作用程度的不同而不同。因此我们不得不为每一种氧化物增加了两个形容语，一个表示被氧化的金属，另一个表示该氧化物独有的颜色；因此我们可以说“黑色氧化铁”“红色氧化铁”“黄色氧化铁”，这些表述词语分别与马尔斯黑剂、铁丹、铁锈或赭石这些旧的没有意义的名称相对应。

同样我们还有“灰色氧化铅”“黄色氧化铅”“红色氧化铅”，这些表述词语分别与铅灰、黄丹、红丹这些同样毫无意义的名称相对应。

这些名称有时候会有点长，尤其是当我们想要表达铁是否在空气中被氧化，是否由于与硝石一起爆炸而被氧化或者是由于酸的作用被氧化的时候；虽然这些名称有点长，但是至少它们是准确的，能够为与它对应的物体提供精确的概念。

附在本书中的一些表格会让这一点更加清楚明晰。

第八章　水的基本要素以及用炭和铁分解水

直至前不久，水都被认为是一种简单的物质，以至于较老的科学家们赋予了它“元素”的名称：毫无疑问的，对于他们来说这是一种基本物质，因为他们一直未能成功地将它分解或至少因为他们并没有去观察水的分解，而这种分解每天都在他们眼皮子底下发生。但我们将会看到，水对于我们来说不再是一种元素。在这里，我不会陈述这一发现的历史，这一发现迄今仍饱受争议。对于这个问题我们可以查阅 1781 年的《科学院文集》。

我仅详细讲述能够证明水分解和重组的主要证据，我敢说，这些证据对于那些想要公正地对待他们的人来说是有说服力的。

第一个实验

准备

取一根直径 8—12 法分的玻璃管 EF，如图版 Ⅶ，图 11 所示，将玻璃管穿过炉子固定，E 端稍微向 F 端倾斜。将这根管子较高的一端 E 与装有一定量蒸馏水的玻璃蒸馏甑接合；较低的一端 F 接上螺旋管 SS′，其中螺旋管 S′端插入双颈瓶 H 的一个瓶颈内；最后将双颈瓶的另一个瓶颈接到一个弯曲的玻璃管 KK 上，这根玻璃管用来将气态流体或气体导入一个适当的仪器内以确定质量和数量。

为了保证这次实验的成功，EF 玻璃管必须是经过很好的退火处理且由难熔的绿色玻璃制作而成；另外用黏土与粉末状粗陶泥混合而成的封泥涂刷管子表面；由于担心它因软化而变弯，我们在管子中间用一根穿过炉子的铁棒支撑住。其实陶瓷管要比玻璃管好，但是很难弄到完全没有孔隙的陶瓷管，几乎每次实验中我们都发现陶瓷管上有几个孔，导致空气或蒸气通过这些孔逃逸出来。

所有的东西都准备好之后，在炉子 EFCD 中点火，火的强度维持在能让玻璃管烧红但又不至于融化的程度；同时在炉子 VVXX 中点燃足够的火，以维持蒸馏甑中水的沸腾状态。

结果

随着蒸馏甑中的水由于沸腾而蒸发，水蒸气填满了 EF 管子内部并通过弯管 KK 将其中所含的普通空气全部排出；蒸发出来的水汽在螺旋管 SS′中由于遇冷而凝结，然后水一滴一滴地落在了有管口的瓶子 H 中。

继续进行此操作直至蒸馏甑 A 中的水完全蒸发并将所有装置中的水沥干，我们发现在双颈瓶 H 中水的质量完全等于蒸馏甑 A 中的水的质量，其中没有任何的气体被释放出来。所以这次实验就变成了简单的普通蒸馏，而且如果水从中间管 EF 通过而没有变成白热状态，那么结果会是完全一样的。

第二个实验

准备

准备跟前一个实验一样的所有装置，唯一的不同就是我们在 EF 管中导入 28 格令的被压碎成普通大小的块状炭，这些炭事先在一些封闭器皿中经过长时间的炽热。然后像前一个实验那样，使蒸馏甑 A 中的水沸腾直至完全蒸发。

结果

在这次实验中，蒸馏甑 A 中的水像前一个实验那样被蒸馏出来并在螺旋管中凝结，然后一滴一滴地流到双颈瓶 H 中；但同时它释放出大量的气体，这种气体通过 KK 管逃逸出来，我们将其收集在一个适当的容器中。

实验结束后，我们在 EF 管中没有找到别的东西，只有少量的灰烬，28 格令的炭完全消失。

我们小心翼翼地检查被释放出来的气体，发现它的重量为 113. 7 格令①。这是两种气体，其中一种是 144 立方法寸的碳酸气，重 100 格令；另一种是 380 立方法寸极轻的气体，重 13. 7 格令，当它与空气接触，靠近一个燃烧着的物体时就能点燃。接下来如果我们检验双颈瓶中的水的重量，我们会发现水减少了 85. 7 格令。

因此在这个实验中，85. 7 格令的水加上 28 格令炭形成了 100 格令的碳酸和 13. 7 格令的能够燃烧的特殊气体。

在上面我已经说明，为形成 100 格令碳酸气，需要 72 格令氧气和 28 格令炭，因此玻璃管中的 28 格令炭从水中获得了 72 格令氧气，也就是说 85. 7 格令水由 72 格令氧气和 13. 7 格令可燃烧的气体组成。很快我们便能知道，这种气体绝对不是从炭中释放出来的，而必定是水的产物。

在这次实验的陈述中我删掉了几个细节，这些细节只会让这个实验变得复杂，且只会让读者觉得云里雾里：比如，这种易燃气体溶解少量的炭，借此其重量会略微增加，而反过来碳酸的重量会略微减少；尽管由这种情况产生的重量的改变无足轻重，但我依然认为必须通过计算来

① 作者注：在本书的最后一部分，将会找到对于分离不同种类的气体以及确定其重量所必需的方法说明。

还原这些量，尽可能简单地呈现这次实验，就像这种情况从来没发生过一样。再者，如果对我从这次实验中得出的结果的真实性还有疑虑的话，那么我将以其他实验作为支撑来打消疑虑。

第三个实验

准备

采用跟前一个试验同样的装置，唯一的不同是，这次不是放 28 格令的炭，而是在 EF 管（图版 Ⅶ，图 11）中放入 274 格令卷成螺旋状的软铁薄片。接下来像前一次实验那样烧红管子，在蒸馏甑下方点火，保持火势以使水一直处于沸腾状态直至它完全被蒸发，水蒸气全部通过 EF 管并在双颈瓶 H 中凝结。

结果

在这次实验中，完全没有碳酸气体释放出来，只有比大气轻 13 倍的易燃气体：总重量为 15 格令，体积大约为 416 立方法寸。如果我们将最初使用的水的重量与留在双颈瓶 H 中的水的重量做比较，我们会发现少了 100 格令。另一方面，放置在 EF 管中的 274 格令软铁薄片比我们一开始放进去的时候重了 85 格令且它的体积大大增加；这种铁片基本不再能够被磁铁吸引且在酸中溶解时不再产生气泡。简单来说，它变成了一种黑色氧化物，与在氧气中燃烧的产物完全相似。

思考

这次实验的结果显示，水使铁发生了真正的氧化；这种氧化跟铁在强热的辅助下在空气中发生的氧化完全相似。100 格令的水被分解；85 格令氧气与铁结合形成了黑色氧化铁，有 15 格令特殊的易燃气体被释放出来：因此水是由氧和易燃气体的基组成的，氧和易燃气体的比例为

85∶15。

因此，除了氧这种与其他物质共有的要素外，水还包含了另外一种它自己独有的要素，这个要素是它的组成根，我们必须要赋予它一个名称。看起来没有什么比“氢”这个名称更合适的了，它表示产生水的要素，取自ὕδωρ（*eau*，“水”）和γεἱνομαι（*j'engendre*，“产生”）。我们将这种要素与热素的化合物叫作“氢气”，“氢”这个单独的词将表示这种气体的基和水的根。①

那么我们就有一个新的易燃物体了，也就是一个与氧有很大的亲和力、能够将氧和热素分离且能够分解空气或氧气的新物体。该新物体自身与热素有如此大的亲和力以至于它在我们生活的常温常压下一直处于气态或气体状态，除非它参与化合作用。在这种气体状态下，它大约比体积相同的大气轻13倍且不能被水吸收，但它能少量地溶解于水；最后，它不能被动物呼吸。

这种能够燃烧的属性为这种气体和其他易燃物质所共有，它不过是一种分解空气将氧从热素手中抢过来的属性，因此我们设想它只有在与空气或氧气接触的情况下才会燃烧。所以当我们往一个瓶子中灌入这种气体并点燃，一开始它只是安静地在瓶颈处燃烧，然后随着外部空气往里灌入，燃烧逐渐延伸到瓶子内部；但这种燃烧是渐进式的，很缓慢而且只在两种气体的接触面处燃烧。如果我们在点燃前就把两种气体混合在一起，那情况就会有所不同。比如，如果在一个长颈烧瓶中导入一份氧气和两份氢气之后，我们将一个燃烧的物体（譬如蜡烛或者一小片点燃的纸片）靠近瓶子开口处，两种气体瞬间燃烧起来并发生强烈的爆炸。因此我们只能在一个容积不超过一品脱、用棉麻布包裹着的且非常坚固的绿色玻璃瓶中进行这个实验，否则我们将会面临由于瓶子破裂而产生

① 作者注：“氢”这个表达已经受到一些人极为严厉的批评，因为他们觉得这个词表达的是由水产生而不是产生水。但如果这个表达在两个方向上都是正确的话（在本章中详细描述的实验证明水分解能得到氢和氧，而氢和氧结合能形成水），这又有什么重要的呢。因此我们同样可以说水产生氢，氢产生水。

的致命事故，瓶子的碎片也会以极大的力量飞溅到很远的地方。

如果上面关于水分解所述的一切都是准确且真实存在的，如果这种物质正如我想要尽力去证明的那样，由它自己独有的要素，即“氢”和“氧”化合组成，那么通过将这两种要素组合在一起，我们就会重组出水。下面的实验就为这个事实提供了证明。

第四个实验：水重组

准备

取一个有大口、容量大约为 30 品脱的水晶球形瓶 A，如图版 *IV*，图 5所示，在瓶口粘上一块铜板 BC，铜板上穿四个孔，孔上连接四根管子。第一根管子 H*h* 的 *h* 端与一个抽气泵连接，通过这样我们可以将球形瓶中的空气抽光。第二根管子 *gg* 通过其 MM 端与一个氧气储蓄器相连，将氧气输送到球形瓶。第三根管子 *d*D*d′*的 *d*NN 端与一个氢气储蓄器相连且 D 端的开口非常小，小得只能通过一根非常细的针。氢气储蓄器中的氢气通过这个毛细口输出并且在一法寸或两法寸的压力下以适当的速度输入球形瓶。最后，铜板 BC 的第四个口接一根玻璃管，并用油灰黏合，管中穿过一根金属丝 GL，其中 L 端接一个圆球，以将电火花从 L 端传至第三根管子的 *d′*端以给氢气点火之用，我们很快便会看到了。玻璃管中的铁丝是可移动的，以便我们能够使圆球 L 远离调整管 D*d′*的 *d′*端。三根管子 *d*D*d′*、*gg* 和 *Hh* 都分别设置了旋塞。

为了使氢气和氧气在分别经过将它们运送至球形瓶 A 的管子时尽量干燥并且尽可能地剥离水分，我们在它们通往球形瓶 A 的途中增加了直径大约为一法寸的管子 MM、NN，管子中放入非常易潮解的盐，也就是能够非常充分地吸收空气中的水分的盐，比如说醋酸草碱、盐酸石灰或者硝酸石灰。你们将会在本书的第二部分了解到这些盐的组成成分。这些盐必须是粗粉末状以免它们结块并使气体能够轻松地通过盐块间的空隙。

我们必须提前准备足够量的纯净氧气；为了保证它不含任何碳酸，我们应将其长时间与溶在水中的草碱溶液接触并用石灰将草碱溶液中的碳酸除去。后面我将给出几个获取这种草碱的方法的细节。

用同样的方法准备两份氢气。获得不含任何混合物的纯氢最稳妥的方法是通过极纯的软铁分解水从而提取氢气。（前面的实验有详细方法。）

当两种气体都准备好之后，我们将抽气泵接到 H*h* 管，将大球形瓶中的空气抽空；接下来导入两种空气中的一种，但最好是先通过 *gg* 管导入氧气，然后用一定的压力迫使氢气通过 *d*D*d′*管进入球形瓶，其中 *d*D*d′*管的 *d′*端是尖头。最后我们用电火花点燃这种气体。通过在两边同时缓缓地加入两种气体，我们成功地将实验维持了很长的时间。我在另一个地方详细描述了我在这次实验中使用的仪器，我也解释了如何准确测量被消耗的两种气体的量。详情请看本书的第三个部分。

结果

随着实验的进行，球形瓶或卵形瓶的内壁出现水：这种水的量逐渐增加并凝聚成大水滴，积聚在球形瓶底部。

通过称量球形瓶实验前后的质量，我们很容易就能得到聚集在球形瓶底部的水的质量。因此我们对这次实验进行了双重验证：一方面是消耗的气体的量，另一方面是形成的水的量；这两个量必须是相等的。正是通过这样的实验，我和莫斯尼埃先生认识到，要形成 100 份的水，需要 85 份重量的氧气和 15 份重量的氢气。这次实验是当着科学院许多委员的面做的，迄今仍未发表。在这个实验中，我们一丝不苟、集中精力以保证实验的准确性，因此我们有理由相信上述比例与真实数值的偏差不会超过 2%。

因此，无论是通过水的分解还是水的重组，我们都已经尽可能肯定地、尽可能有理有据地在化学方面和物理方面弄清了：水并不是一种简单物质，它由“氧”和“氢”两种要素组成；两种要素互相分离时，它们与热素的亲和力是如此之大以至于它们在我们生存的常温常压下只能以气态存在。

这种水的分解和重组现象在大气的温度下，靠着复合亲和力持续地在我们的眼前无休止地进行。之后我们将会看到，酒的发酵、腐烂甚至是植物生长至少在一定程度上是由水的分解而产生的。非常奇怪的是，物理学家们和化学家们至今对此视若无睹，因此我们可以断言，在科学学科中，就如在道德哲学中一样，很难去战胜那些最初就浸透在人们脑海中的偏见，也很难沿着一条与我们惯于遵循的道路不同的路径去追求真理。

我将通过一个实验来结束这一章，这个实验的说服力远不及之前我所陈述的实验，但在我看来似乎比任何其他实验都能给更多的人留下更深的印象。如果我们选择一个适当的、能够收集在燃烧过程中产生的水的装置①，并在其中点燃一古斤或 16 盎司的“酒魂”或酒精，我们将会得到 17—18 盎司的水。由于没有哪一种物质能在实验中得到比它原来更多的东西，因此在“酒魂”燃烧的过程中必定要加入另外一种物质。我已经指出，另外一种物质必定是空气的基，也就是氧。因此“酒魂”中必定含有水的其中一个要素，也就是氢；而大气提供了另外一个要素，即氧。这就是能够证明水是一种化合物质的新证据。

① 作者注：该装置的详细描述请看本书的第三部分。

第九章　从不同种燃料中释放的热素的量

我们已经知道，在一个中空的冰球中燃烧任何一个物质，并加入维持燃烧的空气，冰球中融化的冰的质量，不说绝对是，至少与释放出来的热素的量有关。我和拉普拉斯先生已经给出了进行这种实验所用装置的详细描述，详情请看 1780 年《科学院文集》第 355 页。本书的第三部分也有描述。在尝试了去确定四种简单的易燃物质之中的三个（即磷、炭和氢气）在燃烧过程中所融化的冰的质量之后，我们得到了以下的结果：

燃烧一古斤的磷，融化了 100 古斤的冰；

燃烧一古斤的炭，融化了 96 古斤 8 盎司的冰；

燃烧一古斤氢气，融化了 295 古斤 9 盎司 3 格罗斯半的冰。

磷燃烧形成的物质是一种固态酸，所以很有可能这种酸中剩下的热素已经非常少，因此这种燃烧为我们提供了一种方法以计算出氧气中所含的热素的量。即使我们假设磷酸中仍然含有大量的热素，就像磷在燃烧前也含有一部分热素那样，但燃烧前后磷与磷酸中所含热素差异不大，不会导致太大误差，因此意义不大。

在本书第五章，我已经说明，一古斤磷在燃烧过程中会吸收一古斤 8 盎司的氧气，同时有 100 古斤的冰被融化，因此一古斤氧气中所含的热素的量能够融化 66 古斤 10 盎司 5 格罗斯的冰。

一古斤的炭燃烧只能融化 96 古斤 8 盎司的冰，但同时它会吸收 2 古斤 9 盎司 1 格罗斯 10 格令的氧气。然而，通过分析磷燃烧实验的结果，2 古斤 9 盎司 1 格罗斯 10 格令的氧气需要放出足够的热素来融化 171 古斤 6 盎司 5 格罗斯的冰。因此在这个实验中有一定量的热素消失，这部分热素足够用来融化 74 古斤 14 盎司 5 格罗斯的冰；但由于碳酸在燃烧后并不像磷酸那样处于固体状态，而是处于气态状态，因此必须要大量的热素使其达到这个状态，上面说到的燃烧中损失的热素正是这个量。将这个量除以一古斤炭燃烧形成的碳酸的古斤数，我们发现将一古斤碳酸从固态转变成气态所需的热素能够融化 20 古斤 15 盎司 5 格罗斯的冰。

对于氢气的燃烧和水的形成，我们也可以做类似的计算；一古斤的这种弹性流体燃烧时吸收 5 古斤 10 盎司 5 格罗斯 24 格令的氧气，释放出来的热素使 295 古斤 9 盎司 3 格罗斯半的冰融化。

然而，根据磷燃烧得到的结果，5 古斤 10 盎司 5 格罗斯 24 格令的氧气从气态转变成固态需要放出足够的热素，这些热素能够融化 377 古斤 12 盎司 3 格罗斯的冰；氢气燃烧过程中释放的热素量仅仅为 295 古斤 2 盎司$\frac{1}{2}$格罗斯。因此在形成的水中剩余的热素在气压计处于 0 时的量为 82 古斤 9 盎司$\frac{1}{2}$格罗斯。

但是，由于一古斤氢气燃烧的过程中形成了 6 古斤 10 盎司 5 格罗斯 24 格令的水，因此在每古斤的水中，在气压计为 0 的情况下，剩下的热素的量等于将 12 古斤 5 盎司 2 格罗斯 48 格令的冰融化所需的热素的量，还没算上氢气中的热素含量，但氢气的这部分热素不可能在这个实验中考虑进去，因为我们不知道具体的量。从这里我们可以看出，水即使在冰的状态下仍然含有很多热素而且氧气在合成水的时候也会保留大量的热素。

综合这些不同的因素，我们可以总结出以下结果。

磷的燃烧

	古斤	盎司	格罗斯	格令
燃烧的磷的质量	1	0	0	0
燃烧所需的氧气的质量	1	8	0	0
所得到的磷酸的质量	2	8	0	0

一古斤磷燃烧释放的热素的量，按照它能够融化的冰的古斤量来计算	100. 00000
磷燃烧过程中每古斤氧释放的热素的量	66. 66667
一古斤磷酸形成过程中释放的热素的量	40. 00000
每古斤磷酸中剩余的热素的量	0. 00000

在这里我们假设磷酸中不含任何热素，严格来说这是不正确的。但就如我们上面所观察到的那样，这部分的热素量很有可能非常小；而且由于我们没有办法评估这部分量，我们只能假设它不存在。

炭的燃烧

	古斤	盎司	格罗斯	格令
燃烧的炭的质量	1	0	0	0
燃烧所需的氧气的质量	2	9	1	10
所得到的碳酸的质量	3	9	1	10

一古斤炭燃烧释放的热素的量，按照它能够融化的冰的古斤量来计算	96. 50000
炭燃烧过程中每古斤氧释放的热素的量	32. 52823
一古斤碳酸气体形成过程中释放的热素的量	27. 02024
在这次燃烧中每古斤氧保留的热素的量	29. 13844
将一古斤碳酸转变成气态所需的热素的量	20. 97960

氢的燃烧

	古斤	盎司	格罗斯	格令
燃烧的氢的质量	1	0	0	0
燃烧所需的氧气的质量	5	10	5	24
所得到的水的质量	6	10	5	24

一古斤氢气燃烧释放的热素的量	295. 58950
炭燃烧过程中每古斤氧释放的热素的量	52. 16280
一古斤水形成过程中释放的热素的量	44. 33840
在与氢燃烧中每古斤氧保留的热素的量	14. 50386
0 压力状态下一古斤水保留的热素的量	12. 32823

硝酸的形成

当我们将硝气和氧气结合形成硝酸或亚硝酸的时候，产生了轻微的热量，但它远远比其他在氧气中发生的化合作用产生的热量少；由此得出的必然结果是，为了牢牢附着在硝酸中，氧气扣留了大量它在气体状态时与之结合的热素。因此毫无疑问地，我们根本不可能确定两种气体结合过程中所释放的热素的量，而接下来我们却很容易推断出在化合过程中仍然保留着的热素的量。通过将硝气和氧气放到一个被冰包裹的仪器中进行化合作用，我们能成功地得到第一个数据（即释放的热素的量）。但由于在这次化合过程中只有少量的热素被释放出来，除非使用一些繁重且复杂的装置进行超大规模的实验，否则我们根本不能成功地确定它的量；因为这个原因，我和拉普拉斯先生只能止步于此，停止了尝试。在等待新的解决方法的过程中，我们已经能够通过计算来补充这些缺失的数据，这些数据不会与真实情况相差太远。

我和拉普拉斯先生在一个由冰做成的装置中引爆了适量的火药和炭，我们发现一古斤火药在爆炸过程中能够融化 12 古斤的冰。

但一古斤的火药，如我们在下面看到的，包含：

	盎司	格罗斯	格令	格令
草碱	7	6	51. 84 =	4515. 84
干性酸	8	1	20. 16 =	4700. 16

以及 8 盎司 1 格罗斯 20. 16 格令的酸的组成成分为：

	盎司	格罗斯	格令	格令
氧	6	3	66. 34 =	3738. 34
毒气	1	5	25. 82 =	961. 82

因此在这次实验中我们燃烧了 2 格罗斯 1 $\frac{1}{3}$格令的炭并佐以 3738. 34 格令或者 6 盎司 3 格罗斯 66. 34 格令的氧气；因为在这次燃烧中融化的冰的质量为 12 古斤，因此：

一古斤氧气以同样的方式燃烧，融化的冰的质量为：	29. 58320
再加上一古斤氧气与炭燃烧的过程中保留的将碳酸转化为气态的热素的量，按照我们在上面的计算方法，热素的量为：	29. 13844
因此在形成硝酸的化合作用中，一古斤氧气所包含的热素总量为：	58. 72164
通过磷燃烧的结果，我们已经知道在氧气的状态下，它包含的热素量至少为：	66. 66667
因此在与氮结合形成硝酸的过程中，丢失的热素的量仅为：	7. 94502

在之后的实验中我们将会知道这个通过计算推断出来的结果与那些

通过实验直接测量出来的结果是否一致。

氧在硝酸中携带的这部分巨量的热素解释了为什么在硝石的所有爆炸中，或者更准确地说，在硝酸分解的所有情况中，有极大量的热素被释放出来。

蜡烛的燃烧

在观察了一些简单燃烧的情况之后，我将给出一些更为复杂的燃烧的例子；我们先从蜡开始吧。

一古斤该物质，在一个冰做成的装置中安静地燃烧，该装置主要用于测量热素的量，燃烧过后，133 古斤 2 盎司 5 $\frac{1}{3}$格罗斯的冰被融化。

根据我之前在 1784 年的《科学院文集》第 606 页详细描述的实验，一公斤蜡烛包含：

	盎司	格罗斯	格令
炭	13	1	23
氢	2	6	49

	古斤冰
13 盎司 1 格罗斯 23 格令炭，根据我在上面陈述的实验，应融化：	79. 39390
2 盎司 6 格罗斯 49 格令氢，应融化：	52. 37605
	总计：131. 76995

根据这些结果，我们可以看到，蜡烛燃烧所释放出来的热素的量正好等于我们将组合成蜡烛的那部分炭和氢分别燃烧得到的热素之和。我重复做了几次蜡烛的燃烧实验，因此我可以断定这个结论是正确的。

橄榄油的燃烧

我们在一个普通的装置中放入一个装有一定量橄榄油的燃着的灯；实验完成后，我们准确地确定了消耗的橄榄油的质量以及后续过程中融化的冰的质量。结果是：一古斤橄榄油燃烧，能够融化 148 古斤 14 盎司 1 格罗斯的冰。

但根据我已经在 1784 年的《科学院文集》中描述过的实验，一古斤橄榄油包含（在下面的章节中我们将会看到关于这些实验的节段）：

	盎司	格罗斯	格令
炭	12	5	5
氢	3	2	67

	古斤冰
12 盎司 5 格罗斯 5 格令炭，只能融化：	76. 18723
3 盎司 2 格罗斯 47 格令氢，只能融化：	62. 15053
	总计：138. 33776
一古斤橄榄油融化的冰的量为：	148. 88330
释放的热素的量比它本应释放的量要大，多出来的量为：	10. 54554

这种并不是非常大的差异可能是由于这种实验中的一些不可避免的错误所导致的，抑或是由于橄榄油的组成还不完全为人所知。但已经有很多关于燃烧和热素释放的实验能够说明我刚才得出的结论了。

这个时候我们剩下要做的，也是我们正在做的，就是确定氧气在与金属化合将金属变成氧化物的过程中，氧气保留的热素的量和氢气在其能够存在的不同状态下所含的热素的量，以及更准确地知道水在形成过程中所释放的热素的量。在这个任务当中，有太多的不确定因素，我们急需通过新的实验来去除这些不确定因素。在目前进行的研究中，我们希望很快能弄清楚这些不确定因素，我们可能会发现自己有必要对我刚才介绍的大多数结果进行校正，这些校正甚至可能是相当大的。但是我不认为这是推脱着不去帮助那些可能想要对同一主题进行研究的人的原因。当人们在寻找一门新科学的要素时，很难不从近似开始。很少有一开始投入就能达到完善状态的情况。

第十章　可燃物质的相互化合

一般来说，可燃物质即是极嗜氧的物质，因此它们相互之间应有亲和力，这种亲和力使得它们有相互结合的倾向：*quæ sunt eadem uni tertio sunt eadem inter se*[①]。这正是我们所观察到的。譬如，几乎所有金属，都能够相互化合，因此形成了一系列的我们在社会中所使用的称之为“合金”的化合物。没有什么阻碍我们采用这种表达方式，我们会说大多数金属彼此熔合；那么像所有化合作用一样，合金可能会有一个或多个饱和度，这种状态下的金属物质一般都会比纯金属更脆，当熔合在一起的金属的熔融度差异很大的时候尤其如此；最后，我们要补充一点，正是这种金属熔融度的差异性导致了合金的一部分特殊现象，比如，某些种类的铁遇热变脆的属性。这些铁可以被认为是纯铁（几乎不熔的金属）与少量其他金属（在比纯铁熔点低得多的温度下就能融化的金属）化合的合金。只要这种金属的合金是冷的，且两种金属都是固态，那结合而成的合金就是有延展性的；但如果我们在能够熔化两种金属中易熔的那种金属的温度下加热这种合金，那么液态分子就会介入两种固态金属分子之间，就必定会破坏它们的连续性，因而这种铁合金就变得易碎了。

对于汞和金属结合而成的合金，人们习惯称之为“汞齐”，我们认为

① 拉丁文，意为“与第三者相同者，彼此亦相同”。

保留这个名字并没有什么不妥。

硫、磷和炭也能够与金属化合；硫与金属的化合物一般被叫作“黄铁矿”；其他的还没有被命名或者至少它们的名字是近来才获得的，因此我们可以毫无顾忌地更正这些名称。

上面三种物质与金属的化合物中，我们将第一种命名为“硫化物”，第二种命名为“磷化物”，第三种命名为“碳化物”。因此被氧化的硫、磷、炭能够形成氧化物或者酸，但如果它们在没有被氧化的时候就与金属化合，那么就会形成硫化物、磷化物和碳化物。我们将这些命名方式扩展到碱性化合物上，因此对于硫和草碱或者固定碱结合形成的化合物，我们就有了“硫化草碱”的名称。

氢这种极易燃烧的物质也能与大量的易燃物质化合。在气体的状态下，它能溶解炭、硫、磷和一些金属。我们用“碳化氢气”“硫化氢气”“磷化氢气”来描述氢和这些物质结合成的化合物。这些气体的第二种，即硫化氢气，就是之前一些化学家们所说的“肝气”以及舍勒先生命名的“硫臭气”；一些矿物质水的效能以及动物排泄物的臭气，都主要归因于这种气体的存在。至于硫化氢气，它有一个值得注意的属性，它在与空气接触，或者更准确地说，与氧气接触的时候，就会自燃，让热布雷先生通过实验发现了它的这一属性。这种带有鱼腐烂的臭味的气体很有可能就是从腐烂了的鱼尸体上散发出来的真正的磷化氢气。

当没有热素的介入使处于气体状态的氢与碳结合在一起，就会产生一种众所周知的名为“油”的特殊化合物，根据氢和碳的化合比例，这种油可以是固定的或者挥发性的。在这里，仅仅通过观察就能够区分从植物中提取的固定油与挥发性油的特征并不是毫无用处的：前者中含有过量的碳，为我们用比水沸腾更高的温度加热它们的时候，它们就会被离析出来；相反，挥发性油中碳和氢的组合比例要比植物固定油的更加恰当，因此在比水沸腾更高的温度下并不会被分解，而组成这种油的两种要素依然结合在一起，它们与热素结合形成一种气体，油在蒸馏的过程中形成的正是这种气体。

我已经在一篇关于酒精与氧气和油与氧气化合的科学论文中给出了能够证明油是由氢和碳组成的证据，这篇科学论文已经被印录在 1784 年《科学院文集》的第 593 页。在上面我们将会看到，固定油在氧气中燃烧的时候会转化为水和碳酸，根据实验计算，这些固定油由 21 份氢和 79 份碳组成。或许，固态油性物质，比如蜡，能够保持固态，是因为它们含有一小部分的氧。目前我正忙于做一系列的实验，这些实验将会对这个理论展开更加详细的论述。

氢在固体的状态中能否与硫、磷甚至是金属化合，这是值得讨论的问题。毫无疑问地，从理论上来说，没有什么能表明这些化合作用不可能发生；因为一般来说可燃物体都能够相互化合，我们并不认为氢气是例外。但同时仍没有任何直接的实验能够证明这种化合作用的可能性以及不可能性。在所有的金属中，铁和锌是我们认为最有可能与氢结合的；但同时这两种金属有能够分解水的属性；由于在化学实验中很难去清除最后剩下的水残留物，因此很难确定我们在这些金属的实验中所获得的一点点氢气是在实验之前就已经与金属化合成固体状态，还是来自水的分解。能够确定的是，我们越是防止水在这种实验中存在，所得到的氢气的量就越少。防水措施极其精密的时候，产生的氢气几乎就觉察不到了。

不管可燃物体，尤其是硫、磷和金属，是否能够吸收氢气，我们至少能够确定，即使能够吸收，那吸收的量也是极其微小的，而且这种与氢气的化合作用远远不能影响它们的组成，只能被认为是污染它们纯度的异物。这就需要拥护这个体系的辩护者们①去证明这种能与可燃物体化合的氢气的存在了，但迄今为止，他们只给出了一些基于假设的推测。

---

① 辩护者们：即燃素理论的支持者，他们认为氢，即易燃空气的基，就是著名的斯塔尔燃素。

第十一章　关于具有几种碱的氧化物和酸的观察，关于动物物质和植物物质组成材料的观察

我们已经在第五章和第八章论述了四种简单易燃物质（磷、硫、炭和氢）的燃烧和氧化作用的结果；在第十章中，我们让大家了解到简单易燃物质能够相互化合从而形成复合可燃物体，并且也已经注意到，一般来说油类物质，主要是植物固定油，也属于这一类型，它们都是由氢和碳组成。因此，在此描述复合可燃物体氧化作用的章节中，我要做的就是让大家知道，在自然界中存在双基和三基的酸和氧化物并且在每一步的论述中，大自然都给我们提供了很多的例子；而正是通过这种化合作用，大自然能够用如此少的元素或简单物质组合成各种各样的化合物。

在之前的章节中，我们就已经注意到，将盐酸和硝酸混合到一起时，就会形成一种混合酸，这种混合酸的属性与组成它的两种酸的属性极其不同。这种酸最著名的属性就是它能够溶解金子（在炼金术中被称为“金属之王”），正是因为它的这种特殊性质使它被赋予了一个辉煌的名称——“王水”。正如贝多莱先生所证明的那样，这种混合酸的特殊属性正是由它的两个可酸化基的化合作用而引起的，因此我们认为需要赋予它一个同样特殊的名称。于我们而言，“硝化盐酸”这个名称就是最合适不过的了，因为它同时描述了组成这种混合酸的两种物质的性质。

但这种以前仅仅在硝化盐酸中发现的一酸多基的现象却在植物界经

常发生：简单酸，也就是只由一种可酸化基组成的酸，在植物界中就极为少见。植物界中的所有酸基本都含有氢和碳组成的基，有时候会有氢、碳和磷组成的基，所有这些基都多多少少和氧化合。植物界中也有一些由同样的双基和三基组成的氧化物，但含氧量更小。

动物界的酸和氧化物更加复杂，大部分的化合物中含有四种可酸化基：氢、碳、磷和氮。

由于我只是最近才对这方面有了一些清晰的、有条理的概念，因此在这里我就不展开论述了。我将会在我要为科学院准备的科学论文中进行更透彻的讨论。我的大多数实验都已经完成，但为了能够得到各种量的精确的结果，我有必要反复多次进行这些实验。因此我只简略地列举一些植物的氧化物和酸，并通过对植物和动物物体组成做出的一些思考来结束这一章。

植物的二基氧化物有糖类以及不同种类的树胶，我们将这些树胶合并归于“淀粉”和“黏液”的统称下。这三种物质都由氢和碳组成，氢和碳按照一定的比例化合成一种单一的基，并与一定量的氧结合形成氧化物；它们之间唯一的不同就是组成它们的基的要素比例不同。在这些氧化物中继续加入一定量的氧，它们就会由氧化物变成酸，因此，根据氧化程度、氢和碳的比例，我们就可以形成不同的植物酸。

在植物酸和氧化物的命名法中，我们可以使用先前为矿物质酸和氧化物制定的命名原则，这种原则是以组成酸基和氧化物基的两种物质的属性的相关名称来命名。因此，植物氧化物和酸就是亚碳氢氧化物和亚碳氢酸：在这种方法中，不需要使用迂回说法，我们就能知道哪一种元素过量存在，正如鲁埃尔先生在他的植物提取实验中所设想的那样；当提取物在植物组成中占绝对优势时，就叫它“提取-树脂物”，当树脂物质占更大比例时，就叫它“树脂-提取物”。

根据相同的原则，通过改变词尾，我们可以扩展这种化学语言，因此对于植物酸和植物氧化物，我们就有了以下的名称：

氢-亚碳氧化物；

氢-碳氧化物；

碳-亚氢氧化物；

碳-氢氧化物；

氢-亚碳酸；

氢-碳酸；

氧化氢-碳酸；

碳-亚氢酸；

碳-氢酸；

氧化碳-氢酸。

很有可能这些名称足以描述自然界中所有种类的物质，而且随着植物酸渐渐为人熟知，它们将自然而然地归类到我们刚刚所介绍的框架之中。但我们仍未能对这些物质进行一个系统性的分类；我们知道组成这些物质的要素，这个是毫无疑问的；但我们仍不清楚这些组成要素的比例。出于这方面的考虑，我们决定暂时保留旧名称；现在在这项研究中我已经比我们刚开始发表命名法论著的时候有所进步了，但我也会指责自己从尚不够精确的实验中引出一些过于果断的推论：在承认化学的这部分仍有待阐明的同时，我需表达出我的期待，期望这一部分很快就会变得清晰明了。

更加迫切的是，对于在动物界大量存在甚至植物界有时也会碰见的三基和四基氧化物和酸的命名，我需要采取同样的方法。比如，氮是氢氰酸的组成成分；它与氢和碳结合形成氢氰酸的三基；我们有理由相信，棓酸也是同样的情况。简言之，几乎所有的动物酸都含有氮、磷、氢和碳组成的基。一个能够同时描述这四种基的命名法无疑是很有条理的，它能够清楚明确地表达一些概念，但如果用这一大堆仍未被化学家们普遍承认用法的希腊语和拉丁语名词和形容词来命名的话，看起来就会非常粗俗不规范，很难记忆且很难发音。此外，这门科学的完善应先于其语言的完善，化学的这一部分尚未达其必须达到的精确性。因此必须保留，至少是保留一段时间，动物氧化物和动物酸的旧名称。而我们只是对这些旧名称做些微的改动；比如，对于那些我们怀疑可酸化要素过量的物质，我们用“*eux*”作为词尾；相反地，对于那些我们有理由认为氧过量的物质，我们就用“*ique*”结尾。

至今我们所了解到的植物酸一共有 13 种，分别是：

1. 亚醋酸	6. 柠檬酸	11. 安息香酸
2. 醋酸	7. 苹果酸	12. 樟脑酸
3. 草酸	8. 焦亚粘酸	13. 琥珀酸
4. 酒石酸	9. 焦木酸	
5. 焦酒石酸	10. 棓酸	

正如我所说，尽管所有这些酸几乎都是由氢、碳和氧组成，但是严格来说，它们既不含水、碳酸，也不含油，所含的仅仅是形成这些酸本身所需的要素。在这些酸中，氢、碳和氧相互施加的吸引力处于平衡状态，且这种平衡状态只存在于我们生活的常温下：只要我们将其加热超过水沸腾的温度，这种平衡状态就会被打破；氧和氢结合形成水；一部分碳与氢结合形成油；通过碳和氧的结合也形成碳酸；到最后，几乎总是会有一部分过量的碳处于游离状态。对于这个我将会在下一章展开论述。

动物界中的氧化物比植物界中的氧化物更不为人所知，而且其数目至今尚未确定。血液的红色部分、淋巴甚至大多数分泌物都是真正的氧化物，基于这种观点，对它们加以研究是极为重要的。

至于动物酸，迄今我们所知道的仅限于六种；而且很有可能这些酸中的一些相互融合，或者至少它们的差别极其微小。这些酸是：

1. 乳酸	3. 蚕酸	5. 皮脂酸
2. 乳糖酸	4. 蚁酸	6. 氰酸

我没有将磷酸放到动物酸的行列中，因为磷酸是三界所共有的酸。

组成动物酸和氧化物的要素之间的联系不比植物酸和氧化物的强，因此只需稍稍改变温度就能破坏这些要素之间所建立的联系。我希望能通过下一章的实验观察让这一点更加直观。

第十二章　通过火的作用分解动物物质和植物物质

为了更好地了解植物物质在被火分解的过程中发生了什么，不应只考虑组成这些物质的要素的性质，也应考虑这些要素分子之间相互施加的不同的吸引力以及热素施加于这些分子的亲和力。

真正组成植物物质的要素有三种，正如我在上一章所陈述的，有氢、氧和碳。我将它们称为“构成要素”，因为它们为所有植物物质所共有，如果没有它们，就不会有植物的存在；只有在特殊的植物中发现并且不属于所有一般植物的那些物质的组成中，才会有其他要素的存在。

这三种要素中的两个——氢和氧都有与热素结合而变成气态的极大倾向；而碳则是一种稳定的要素，它与热素之间仅有极小的亲和力。

另一方面，在我们生活的常温下，氧气趋向于与氢或碳结合的亲和力大致相等；但在“炽热”的条件下，氧与碳的亲和力更大。因此在这种温度下，氧会离开氢，与碳结合形成碳酸。

虽然“炽热”这个表达方式不能表示一个绝对明确的温度，但有时候我用它来描述比水沸腾要高得多的温度。

虽然我们远远不知道所有这些亲和力的数值，也不能用数字来表示它们的能量，但通过那些每天都在我们的眼前发生的现象，我们至少可以确定，在不同的温度中，或者说，与之结合的热素的数量不同时，无论它们是多么的变化无常，但在我们生存的常温下，它们几乎都是处于平衡状态的。因此，植物中既不含油、水，也不含碳酸①，但它们含有所有这些物质的元素。氢既不与氧化合，也不与碳化合，反之亦然；但这三种物质的分子形成一种三元化合物，以达到平衡状态。

该化合物只要不受热素干扰就能保持平衡状态，但只要稍微改变一下温度，就足以将这种化合物的结构毁灭。如果植物经受的温度不超过水沸腾的温度，氢和氧就会结合形成蒸馏水；一部分氢和碳结合形成挥发性油，而剩下的那部分碳则处于游离状态，作为最稳定的要素存留在蒸馏器皿中。但是，如果我们不是使用接近水沸腾的温度，而是用"炽热"的温度来蒸馏植物物质，那么就不会有水形成，或者说靠最初的炽热所形成的水已经分解；这时候，与碳有更大亲和力的氧与之结合形成碳酸，变成游离状态的氢与热素结合变成气体逃逸出来。在这个温度下，不仅没有油形成，即使实验开始温度较低的时候有油形成，它最后也在高温下被分解了。

因此，我们可以知道，在这个温度中，在双重和三重亲和力的作用下，植物物质就会发生分解，分解出来的碳吸引氧形成碳酸，热素吸引氢形成氢气。

每一种植物物质的蒸馏都能为这个理论的真实性提供证据，只要我们能够将该名称称为一种简单的事实描述。我们在蒸馏糖的时候，只要糖所经受的温度比水沸腾的温度低，它就只是失去其结晶水；它仍是糖，仍保留着糖的所有属性。但只要我们一将其置于比水沸腾温度高一点点的温度之下，它就会变黑；一部分碳从糖中分离出来，同时有弱酸性的水析出并伴有少许油；剩余在蒸馏器皿中的炭差不多是糖原有重量的三分之一。

在那些含氮的植物中（如十字花科植物）以及那些含磷的植物中，亲和力的运作就更为复杂了；但由于这些物质只是小部分参与了化合，

---

① 作者注：需理解，在这里我假设植物处于全干状态，至于油，我讨论的并不是那些在较冷的状态下，或者温度不超过水沸腾的温度下能从植物中提取的油。我是指在超过水沸腾的温度下用露火蒸馏得到的焦臭油。它是唯一一个我宣称通过实验得到的油。可以查阅我就这个问题发表在1786年《科学院文集》上的文章。

因此在蒸馏的过程中并不会产生太大的变化，至少在外表上来看不会有大的变化：磷似乎与碳化合，并从这种化合中获得了稳定性而留在蒸馏器皿中。至于氮，它与氢结合形成氨或挥发性碱。

动物物质的组成要素基本上和十字花科植物的相同，因此蒸馏得出来的结果也一样；但由于这些动物物质含有更多的氢和氮，因此到最后会产生更多的油和氨。为了让大家了解到这个理论能够多大程度上解释动物物质蒸馏过程中所发生的所有现象，我将只列举一个事实；这个事实就是通常被称为“迪佩尔油”即动物挥发性油的精馏和完全分解。当用露火经过初次蒸馏得到这些油时，这些油呈褐色，因为油中含有少量几乎是游离状态的碳；但经过精馏之后，它们就会变成白色。碳与这些化合物之间的联系非常微弱，以至于简单地将它暴露在空气中，它就能被离析出来。如果我们将一种经过完全精馏而变成白色的、清澈透明的动物挥发性油置于一个充满氧气的钟形罩下，不一会儿，氧气就会被油吸收从而体积减小。氧与油中的氢结合形成水掉落在器皿底部；同时，先前在油中与氢结合的一部分碳变成游离状态而呈现出它原来的黑色。正因为这个原因，当我们将这些油放置在密封完全的烧瓶中时（与空气隔绝），它们就是白色且清澈的，一旦它们与空气接触，就会变黑。

连续精馏同样的这些油，产生的结果也能印证这个理论。每一次我们蒸馏这些油，总会有很少量的炭被离析到瓶底，同时器皿里的空气中的氧与油中的氢结合形成少量水。由于同一种油的每次蒸馏都产生了同样的现象，因此在大量的连续精馏的最后，特别是如果我们使用更猛烈的火以及容量更大的容器时，所有的油都会被分解从而完全转变成水和炭。对于这种通过重复性的精馏对油进行完全分解的实验，如果我们在一个容积很小的器皿中操作，特别是如果火的温度很低，仅比水沸腾的温度高一点点时，那么这个过程就会非常漫长且非常艰难。我将会在提交给科学院的学术论文单行本中详细描述我对油的这种分解所做的一系列实验；但在我看来，我刚刚所说的这些足以给出关于植物和动物物质的组成部分通过火的作用将它们进行分解以建立有关这些物质的清晰概念。

第十三章　通过酒的发酵分解植物氧化物

所有人都知道如何生产葡萄酒、苹果酒、蜂蜜酒以及所有通过发酵形成的酒精饮料。榨出葡萄汁和苹果汁，用水将它们稀释，然后将这些稀释溶液放到一个大桶中，将大桶放到一个周围温度小于列氏温度10°(54.5°)的地方。迅速的内部运动，也就是发酵很快就发生了，大量的气泡涌上表面，当发酵达到顶峰时，涌上来的气泡是如此之多，释放出来的气体的量是如此之大，以至于我们以为这些液体就像被放在了炽热的火堆上方在剧烈沸腾。发酵过程中释放出来的气体就是碳酸气，当我们小心翼翼地将它收集到容器中时，它是完全纯净的，没有任何其他种类的空气或气体的混合物。

发酵前，葡萄汁是又香又甜的；发酵完全之后，它变成了一种不再含糖的葡萄酒，通过蒸馏这种葡萄酒，我们能得到一种易燃液体，这种液体在商业和制造工业中被称为“酒魂”。我们认为这种葡萄酒是一种被水充分稀释的甜性物质发酵产生的结果，因此把它叫作“葡萄酒魂”而不是“苹果酒魂”或“发酵糖魂”显然就会违背我们的命名原则。因此我们不得已采用了一个更具概括性的名称，“酒精”这个来自阿拉伯语的名称看起来就非常符合我们的目的。

发酵这种现象是化学所呈现给我们的所有现象中最能给人以强烈印象的、最特别的现象之一。我们需了解释放出来的碳酸气体以及形成的易燃液体从哪里来，一个有甜味的植物氧化物是如何转化成两种如此不同的物质的，其中一种是易燃的，另一种是极其不易燃的。为了找到这两个问题的解决方法，首先必须很好地了解能够发酵的物体以及发酵后的产物的性质以及对其进行分析的方法；因为在人工操作和自然造化中，没有任何物质是凭空产生的，即在所有的操作中，操作前后物质的数量是相等的且要素的质量和数量也是相等的，只是要素的化合作用发生了一些变化和变更，我们可以将它作为所有操作的公理。

所有的化学实验都基于这个公理：在所有的实验中我们必须假定被观察物体的要素与其析出产物的要素绝对相等。因此，由于葡萄汁发酵之后产生了碳酸气和酒精，我可以说“葡萄汁=碳酸+酒精”。因而我们就有两种方法弄清楚酒精在发酵过程中到底发生了什么：第一，确定可发酵物体的性质及其组成要素；第二，观察发酵产物。显然，只要我们了解了其中一种物质，就必定能够引出另一种物质的性质的精确结论，反之亦然。

根据这种想法，我必须清楚地了解可发酵物体的组成要素。为了达到这个目的，我并没有使用复合果汁，因为要对这些复合果汁进行严格的分析很困难，几乎不可能。因此我选用了所有糖类中最简单的、其糖分很容易分析且我先前就已经了解其性质的可发酵物体。这种物质是由两个基组成的真正的植物氧化物，其基由氧和碳组成，并通过与一定量的氧气化合形成氧化物；这三种要素在氧化物中达到平衡状态，但只需要很小的力就能把这种平衡打破：通过以不同的方法重复进行的一系列实验，我了解到组成糖的三种要素的比例大约是：8 份氢、64 份氧和 28 份碳形成 100 份糖。

为了使这种糖发酵，首先需要用大约 4 份的水将其稀释。但水与糖不管以哪一种比例混合，它们都不会独自发酵，因为该混合物中的各种要素之间都处于平衡状态，如果我们不加入一种物质将这种平衡打破，发酵永远也不会发生。这个时候，只需要一丁点的啤酒酵母就能产生这种效果并使发酵开始。发酵一旦被触发，就会自动进行直至结束。我将会在另一个地方汇报酵母和其他酵素在发酵过程中产生的作用。对于一担的糖，我一般使用10古斤的糊状酵母来发酵，并用四倍于糖重量的水来稀释，因此可发酵液体的组成成分如下：在这里我给出的是从实验中获得的原样的结果，甚至加减运算中产生的小数也予以保留。

表1　一担糖发酵所需的物质

		古斤	盎司	格罗斯	格令
水		400	0	0	0
糖		100	0	0	0
10古斤糊状啤酒酵母组成成分	水	7	3	6	44
	干酵母	2	12	1	28
总计		510	0	0	0

表2　发酵材料的组成要素

		古斤	盎司	格罗斯	格令
407古斤3盎司6格罗斯44格令的水组成成分	氢	61	1	2	71.40
	氧	346	2	3	44.60
100古斤糖组成成分	氢	8	0	0	0
	氧	64	0	0	0
	碳	28	0	0	0
2古斤12盎司1格罗斯28格令的干酵母组成成分	碳	0	12	4	59.00
	氮	0	0	5	2.94
	氢	0	4	5	9.30
	氧	1	10	2	28.76
总计		510	0	0	0

表 3　发酵材料组成要素汇总

		古斤	盎司	格罗斯	格令	总量 古斤	盎司	格罗斯	格令
氧	水	340	0	0	0	411	12	6	1.36
	酵母中的水	6	2	3	44.6				
	糖	64	0	0	0				
	酵母	1	10	2	28.76				
氢	水	60	0	0	0	69	6	0	8.70
	酵母中的水	1	1	2	71.40				
	糖	8	0	0	0				
	酵母	0	4	5	9.30				
碳	糖	28	0	0	0	28	12	4	59.00
	酵母	0	12	4	59.00				
氮	酵母					0	0	5	2.94
总计						510	0	0	0

在明确确定了发酵材料组成要素的性质和数量之后，接下来就要检验发酵过程中的产物。为此目的，我将 510 古斤上述可发酵液体放到一个适当的装置中，通过这个装置，我不仅可以确定发酵过程中释放出来的各种气体的质量，也可以在我认为适当的任何时候分别称量每一种产物。要描述这个装置，需要很长的篇幅，因此我就不在这里展开叙述了，在本书的第三部分将会有该装置的描述，因而在这里我仅汇报实验得到的结果。

在各种材料混合的一个或两个小时之后，特别是当操作温度为 15°—18°（65. 75°—72. 5°）时，我们开始观察到发酵的第一个信号：可发酵液体开始起泡沫，气泡离析出来上升到液体表面就破裂了；很快这些泡沫的量不断增加，大量的碳酸气体伴随着泡沫一起被释放出来，这些泡沫不是别的，正是离析出来的酵母。几天之后，在同样的温度下，可发酵液体的运动减弱，释放出来的气体减少，但发酵还没有完全停止；经过了一段相当长的时间间隔之后，发酵才完成。

在这次实验中释放出来的干性碳酸的重量为35古斤5盎司4格罗斯19格令。

此外，这种气体释放的时候由于其溶解在水中，因而携带了大量的水，水的质量大约为13古斤14盎司5格罗斯。

在我们进行实验的器皿中残留了一种软酸性的酒精液体，一开始很浑浊，后来就变清澈了，液体中的一部分酵母被离析出来。这种液体总共重460古斤11盎司6格罗斯53格令。最后，通过分别分析所有的这些物质以及通过分解它们的组成成分，经过艰苦的工作之后，我们得到了一些结果，这些结果将会在科学院的学术论文中详细描述。

在这些结果中我已经将计算精确到格令，以确保这种类型的实验能够有足够的准确性；但由于我只是用了几古斤的糖来做实验，为了更容易对比，我不得已将其转化成担来计算，因此我认为有必要保留计算出来的小数。

通过思考上述表格所呈现的结果，我们很容易清晰地看到酒精在发酵的过程中究竟发生了什么。首先，我们来看用于实验的100古斤糖，实验最后剩余了4古斤1盎司4格罗斯3格令非复合糖，也就是有95古斤14盎司3格罗斯69格令的糖参与了实验；即是说，有61古斤6盎司45格令的氧、7古斤10盎司6格罗斯6格令的氢以及26古斤13盎司5格罗斯19格令的碳参与了实验。通过对比这些量，我们会看到它们足以形成所有的酒精、所有的碳酸以及所有由发酵作用产生的亚醋酸。因此完全没有必要假设水在这个实验中会分解：除非我们只考虑氧和氢在糖中以水的状态存在；但我并不相信，因为情况正好相反，我已经确定在一般的情况下植物物质的三种组成要素（氢、氧和碳）相互之间处于平衡的状态；只要没有受到温度改变或是双重亲和力的扰乱，这种平衡状态就会一直维持下去，而且只有当这些要素两两结合时才会形成水和碳酸。

表 4 发酵产物

古斤	盎司	格罗斯	格令			古斤	盎司	格罗斯	格令
35	5	4	19	碳酸	氧	25	7	1	34
					氢	9	14	2	57
408	15	5	4	复合水	氧	347	10	0	59
					氢	61	5	4	27
57	11	1	58		与氢结合的氧	31	6	1	64
					与氧结合的氢	5	8	5	3
				复合干酒精	与碳结合的氢	4	0	5	0
					碳	16	11	5	63
2	8	0	0	复合干亚醋酸	氢		2	4	0
					氧	1	11	4	0
					碳		10	0	0
4	1	4	3	复合含糖残留物	氢		5	1	67
					氧	2	9	7	27
					碳	1	2	2	53
1	6	0	50	复合干酵母	氢		2	2	41
					氧		13	1	14
					碳		6	2	30
					氮			2	37
510	0	0	0			510	0	0	0

表 5　发酵产物汇总

古斤	盎司	格罗斯	格令			古斤	盎司	格罗斯	格令
409	10	0	54	氧	水	347	10	0	59
					碳酸	25	7	1	34
					酒精	31	6	1	64
					亚醋酸	31	6	1	64
					含糖残留物	2	9	7	27
					酵母		13	1	14
28	12	5	59	碳	碳酸	9	14	2	57
					酒精	16	11	5	63
					亚醋酸		10	0	0
					含糖残留物	1	2	2	53
					酵母		6	2	30
71	8	6	66	氢	水	61	5	4	17
					酒精水	5	8	5	3
					酒精中与碳结合的酒精水	4	0	5	0
					亚醋酸		2	4	0
					含糖残留物		5	1	67
					酵母		2	2	41
		2	37	氮				2	37
510	0	0	0			510	0	0	0

因此，酒精发酵的作用本质上就是将本身是氧化物的糖分解成两个部分；通过牺牲第二部分来氧化第一部分从而形成碳酸；借助第一部分将第二部分脱氧从而形成一种易燃物质，也就是“酒精”：因而这两种物质，酒精和碳酸，有可能能够重新结合从而组合成糖。还需要注意一点，氢和碳在酒精中并不是以油的状态存在，它们与一部分氧结合之后就变得易溶于水；因此，氧、氢和碳三种要素在这里仍然是处于平衡状态；实际上，如果将它们通过一根被火烧红的玻璃管或陶瓷管，它们就会两两结合，从而形成水、氢气、碳酸和炭。

在我的最初几篇关于水形成的学术论文中，我就正式提出：这种曾经被看作是一种元素的物质在大量的化学实验中，特别是在酒精的发酵中，能够分解。因此我便假设在糖中存在完全成形的水，然而今天我坚信糖里面仅仅是含有形成水所需的物质而已。有人认为，摒弃我最初的那些概念需要付出很大的代价；也正是经过了几年的思考以及一系列对植物物质的实验和观察，我才能确定这一点。

我将以论述这种发酵如何为糖类以及所有能够发酵的植物物质提供了一种分析方法来结束我就酒发酵所必需谈论的观点。实际上，正如我在本章开头所表明的那样，我可以将投入发酵实验的物质以及发酵后得到的结果看作是一个代数方程；通过依次假设这个方程中的每个元素都是未知的，我能够从中提取一个数值，通过这个数值的计算来验证我们的实验并通过我们的实验来验证这个数值。我经常利用这种方法来校正我的很多实验的最初结果并据此方法采取相应的预防措施以重新进行实验。但现在不是详细描述这种方法的时候，我已经在提交给科学院的关于酒精发酵的学术论文中用一个很长的篇幅对其进行了论述，这篇论文将很快就印刷出版了。

第十四章　致腐发酵

在上一章我论述了糖类物质在被一定量的水稀释之后如何在一个温和的温度下进行分解，组成糖的三种要素处于平衡状态并且在糖中并没有形成水和油，也没有形成碳酸，这三种要素是如何互相分离又如何以另外一种顺序相互结合的，其中一部分碳如何与氧化合形成碳酸、另一部分碳如何与氢和水结合形成酒精。

腐败现象和酒发酵现象一样，都是由极复杂的亲和力作用而引起的。在这次实验中，在这些亲和力的作用下，腐败物体的三种组成要素的平衡状态就像在酒发酵的过程中一样被打破了：它并没有形成一种三元化合物，而是形成了一种二元化合物；但这些化合物与酒发酵产生的化合物完全不一样。在酒发酵中，一部分植物物质的要素与一部分水和碳结合形成酒精。相反地，在致腐发酵中，全部的氢都以氢气的形式消散了，同时氧和碳与热素结合以碳酸气的形式逃逸出来。最后，待实验完全结束，特别是有足够的水参与致腐发酵时，最后只剩下混有少量炭和铁的腐殖土质。

因此，植物的腐败不过是植物物质的完全分解而已，在这些植物物质中，所有的组成要素都以气体的形式被释放出来，最后残留的土质除外，我们将这种土质称为“腐殖土”。

我将会在本书的第三部分描述我们可用于这种实验的装置。

这就是腐败作用的结果：当我们放置在装置中的腐败物体只含氧、氢、碳和少量土质时，当然这种情况是很少见的，这些物质似乎在单独存在时很难发酵或发酵效果很差，而且需要很长的时间发酵才能完全结束。如果用于致腐发酵的物质中含有氮，那结果就不一样了；氮存在于所有动物物质甚至是大量的植物物质中。这种新成分极大地促进了这些物质的腐败：正因为这个原因，当我们想要加快腐败时，我们会将动物物质与植物物质混合；农业中的土壤改良和造肥技术正是利用了这种混合物的致腐作用。

但腐败物质中的氮所起的作用不仅仅是加快致腐发酵；通过与氢的结合，氮会转变成一种新的物质，这种物质以“挥发性碱”或“氨”的名称为人所熟知。我们以不同的方式分析动物物质所得到的结果毫无疑问地证实了组成氨气的要素的性质。每次我们事先将氮从这些物质中分离出来时，它们并没有释放出更多的氨，而都只是按它们所含氮的比例提供氨。氨的这种组成被贝多莱先生在1785年的《科学院文集》第316页的学术论文中详细描述的分析性实验证实；在论文中，他给出了种种分解这种物质并分别获得它的两种组成要素（氮和氢）的方法。

在上面的章节中（详看第十章）我已经提到，几乎所有的可燃物质都能够相互化合。具这种属性的典型物质就是氢气；它能够溶解炭、硫和磷，因此产生了我在上面称作“碳化氢气”“硫化氢气”和“磷化氢气”的化合物。最后这两种气体有一种特殊且非常难闻的味道：硫化氢气的味道跟腐烂变质的臭鸡蛋味道很接近；而磷化氢气的气味与烂鱼的气味绝对一样；简言之，氨也有极其特殊的气味，它的刺鼻程度和难闻程度丝毫不亚于前面那些气体的味道。动物物质腐烂所产生的恶臭便是由这几种不同的气味混合产生的。有时候，氨的气味会占优势，通过它对双眼的刺激我们便能感受到它的存在；有时候硫化氢气的气味会更加浓烈，比如说在粪便中；有时候，磷化氢气的味道最大，比如在腐烂的鲱鱼中。

我一直都假定，没有什么东西能够扰乱致腐发酵的进程，也没有东西能影响发酵的结果。但德克洛伊先生和图雷特先生在一些埋在一定的深度中、保存完好且极难与空气接触的尸体上观察到了一些奇怪的现象。他们指出，很多情况下，肌肉部分会转变为真正的动物脂肪。这种现象必定是由于动物物质中所含的氮在某个特殊的环境下被释放出来且只剩下氢和碳，也就是说仅剩下适合形成油脂所需的要素。这种对于动物物质转变成油脂的可能性的观察终有一天会引出对社会有用的重大发现。动物的排泄物，比如粪便物质，主要由碳和氢组成；因此它们非常接近油的状态，实际上它们在露火蒸馏中就离析出了非常多的油。但由于伴随着所有蒸馏产物释放出来的难以忍受的气味，我们除了把它制成肥料之外，在长时间内也没法指望它在其他方面有什么用处了。

在这一章中我只是对致腐发酵做一个简单的介绍，因为动物物质的组成成分仍未非常准确地为人所知。我们只知道它们由氢、碳、氮、磷和硫组成；且所有这些要素或多或少都会与氧气结合形成氧化物；但我们仍未准确地了解这些要素的组成比例。时间将会填补化学分析的这个部分的空缺，因为它已经解答了这个部分的其他几个问题了。

第十五章　亚醋发酵

亚醋的发酵不过就是在自由空气中通过吸收氧气而产生的酸化作用而已。发酵产生的酸就是亚醋酸，通常被称为“醋”：它由一部分我们尚未确定的要素、氢和碳化合而成，进而通过与氧结合达到酸的状态。

由于醋是一种酸，通过类比我们只可以断定它含有氧；但这个事实更多是通过直接实验证明的。第一，酒只有与空气接触且空气中含有氧气时才会转变成醋；第二，这个在空气中进行的实验在进展过程中会伴随着空气体积的减少，这种体积的减少是由于酒吸收了氧气而导致的；第三，我们可以通过其他任何方式将酒氧化从而将其转变成醋。

撇开这些能够证明亚醋酸是酒的氧化产物的事实不谈，蒙彼利埃①的化学教授夏普塔尔先生所做的一个实验能使我们清楚地看到亚醋形成的过程中所发生的事情。他收集啤酒发酵产生的碳酸气体并将其浸入水中直至饱和，水吸收了跟其体积差不多等量的碳酸气体；它将含有碳酸气体的水置于一个与空气相通的容器中，不一会儿，所有的水混合物便转变成了亚醋酸。啤酒发酵的地窖中的碳酸气体并不是完全纯净的，它混合了少量的酒精，因此在溶解了从酒精发酵中产生的碳酸气体的水中含有所有形成亚醋酸所必要的物质：酒精提供氢和一部分碳；碳酸提供碳

---

① 蒙彼利埃：法国南部城市。

和氧；最后空气补足氧以将混合物变成亚醋酸。

从这个实验中我们看到，为了形成亚醋酸或者更概括性地说，为了根据氧化程度的不同将碳酸转变成任何一种植物酸，只需往碳酸中加入氢就可以了；相反地，只需要把氢去除就能将植物酸转变成碳酸。

由于我们仍未对亚醋的发酵进行过具体的实验，因此在这里我就不对这个主题展开叙述了；主要的事实大家都知道，但缺少精确的数字来证明。此外，我们知道，醋化理论与所有植物酸和氧化物的形成理论有着密切的联系，只是我们仍未了解这些植物酸和氧化物所含要素的比例。但我们很容易观察到，化学的这个部分如同其他部分一样正在快速前进并逐渐完善，而且这个推进过程比我们想象的更加容易。

第十六章　中性盐的形成以及组成中性盐的不同碱的形成

在上面我们已经知道少量的简单物质，或者至少至今仍无法被分解的物质，如氮、硫、碳、盐酸根和氢，是如何与氧结合而形成植物界和动物界所有氧化物和酸的了：我们惊叹于大自然能够用如此简单的方式去增加物质的属性和形态，它要么按照不同的比例将各种要素结合到一起形成三种或四种可酸化基，要么通过改变用于酸化这些物质的氧的配量。按照我们现在论述的物体的顺序，这种方式依然是简单、多样且能够产生大量不同属性和形态的物质的。

通过与氧结合转变成酸，可酸化物质便获得了与其他物质进一步化合的更大的趋向性；它们变得能够与土质物质和金属物质化合；正是这种化合作用形成了中性盐。因此酸可以被看作是真正的盐化要素，与它们结合形成中性盐的物质就可以被看作是“可成盐基”：我们要在本章中讨论的正是盐化要素与可成盐基的化合作用。

这种看待酸的方式使得我不能将酸看作盐，即使它们之中的些许种类有着盐类物质的主要属性，比如水溶性。酸，正如我已经让大家看到的，是一级化合的结果；它们由两种简单要素结合而成，或者至少是由这两种要素以简单的方式作用组成的结果，因此，用斯塔尔的表达方式来说，我们可以用“混合物”的级别来排列它们。相反地，中性盐是化合物的另一种级别，它们由两种混合物结合而成，因此它们可以被归类为“复合物”这一类别。出于同样的原因，我将不会把碱①和土质物质如石灰、苦土等列入盐类之列，我将只用这个名称来描述一个简单的氧化物质与任何一种基结合形成的复合物。

在前面的章节中，我已经充分地描述了酸的形成，因此在这个问题上我将不会再做任何补充；但对那些能够与酸结合形成中性盐的各种基，我还没进行过任何的论述；这些我命名为“成盐基”的基是：

1. 草碱
2. 苏打
3. 氨
4. 石灰
5. 苦土
6. 重晶石
7. 黏土
8. 矾土
9. 所有金属物质

我将在本章简单地说明这些基的每一种基的来源和性质。

第一节　草碱

我们已经指出，植物物质是一种三元化合物，其组成要素氧、氢和碳处于平衡状态，当我们在一个蒸馏装置中加热一种植物物质时，三种要素便服从于与加热温度相一致的亲和力而两两结合。因此，在第一次加火时，一旦温度超过水沸腾的温度，氧和氢就结合形成水；接着一部分碳和剩下的氢很快就结合形成油。当随着蒸馏继续推动火的温度达到炽热时，先前形成的油和水被分解；氧和碳形成碳酸，大量变成游离状态的氢气被释放并逃逸出来；最后，除了炭，蒸馏器皿中什么也没剩下。

大部分的这些现象发生在植物物质在自由空气中燃烧的时候；但空气的存在为实验导入了三种新的要素，其中两种能够使实验的结果发生重大的变化。这些新要素是空气中的氧、氮和热素。植物物质的氢或者水分解得到的氢由于温度的升高而以氢气的形式释放出来。一旦它与空

---

① 作者注：可能我这样硬将碱从盐的行列中剔除，将来会被人们看作是我所采纳的方法的缺陷，我承认这个指责是恰当的；但在接受这个不便之处的同时，产生了如此多的优点来弥补这种不便，以至于我认为这种不便并不能阻止我往前走的脚步。

气接触便会燃烧起来，重新形成水，变成游离状态的两种气体的热素大部分产生了火焰。

当接下来所有的氢气被释放出来，燃烧，进而形成水，残留在蒸馏器皿中的炭紧接着燃烧起来，但没有火焰；炭变成了碳酸，携带着能够使它维持气体状态的一部分热素以气态逃逸出来；剩下那部分处于游离状态的热素释放出来并产生了我们在炭燃烧过程中所观察到的光和热。因此，整个植物物质就这样被还原成了水和碳酸，只剩下一点点被人们称为“灰”的灰色土质物质，这种土质物质中含有形成植物物质的唯一真正稳定的要素。

这种土质物质或灰的重量一般不超过植物物质重量的二十分之一，它含有一种种类非常特别的物质，该物质以“植物固定碱”或“草碱”的名称为人所知。

为了获得这种物质，我们往灰上面加水；水主要负责溶解易溶于水的草碱从而留下不可溶的灰。接下来，通过蒸发水，我们获得了稳定的处于凝结状态的白色草碱，即使是在非常高的温度下，这种草碱也能保持固有的形态。我的目的并不是在这里描述制备草碱的工艺，更不是要描述获得纯净草碱的方法：如果我在这里描述这些细节，那仅仅是为了遵从我为自己立下的“不采用任何尚未被定义的词汇”的原则。

我们通过这种方法得到的草碱总是或多或少地被碳酸饱和，其原因很容易理解：由于草碱不会自己形成，或者至少它只有在植物物质中的碳与氧（要么通过空气，要么通过水获得）结合形成碳酸的时候才会被离析出来，因此，在草碱形成的一瞬间，草碱的每一个分子都与碳酸分子接触且由于这两种物质之间有着极大的亲和力，这两种分子自然就结合起来了。虽然碳酸在所有酸中与草碱的亲和力是最小的，但依然很难将它们完完全全分离开来，总是会有一小部分碳酸和草碱结合在一起。将碳酸和草碱分离最常用的方法就是将草碱溶于水中并在其中加入相当于其重量两倍或三倍的生石灰，然后将混合溶液过滤并在密闭容器中蒸馏；最后我们所获得的含盐物质就是几乎完全剥离了碳酸的草碱。

在这种状态下，草碱不仅能溶于至少与它等重量的水中，而且还能吸引空气中的水分，其对水的亲和力极强。因此，它提供了一种干燥其所处环境中的空气或气体的方法。同样的，它也能溶于酒精之中，与被碳酸饱和的草碱不同，后者并不能溶于酒精这种溶剂中。草碱的这一特性使得贝多莱先生找到了一种获得完全纯净的草碱的方法。

所有的植物都能通过燃烧产生或多或少的草碱；但所获得的草碱纯净程度并不一样，一般来说，草碱中都会混有不同的盐，但这些盐与草碱的亲和力并不大，因此很容易就能将它们与草碱分离。

毫无疑问，那些灰，也就是植物燃烧时残留的土质物质，在植物燃烧之前已先存在于植物之中；这种土质物质如它呈现的那样，形成植物的骨质部分，也就是植物的骨架。但草碱的情况与之不同。我们只有在使用一些能够提供氧或氮的方法时，比如燃烧或与硝酸结合，才能将草碱从植物中分离出来；因此并没有证据证明该物质不是这些操作的产物。我已经就这个主题展开了一系列的实验，很快我就能够向大家汇报这些实验的结果了。

第二节　苏打

就像草碱一样，苏打也是从植物灰烬的浸滤作用中提取出来的一种碱，但这种碱只能从生长在海滨的植物，主要是一种叫作“蓼”的草本植物中获得，阿拉伯人给这种物质命名为“碱”便是由这个词派生而来。苏打与草碱有些许共同属性，但它也有其他能将它与草碱区分开来的属性。一般来说，这两种物质在所有的含盐化合作用中都表现出了各自的特性。比如我们从海洋植物的浸滤作用中获得的苏打，通常都会被碳酸完全饱和，但它不像草碱那样能够吸收空气中的湿气而变得湿润，相反地，它在空气中自身会变得更加干燥；它的结晶体被风化并转变成一种仍然含有苏打所有属性的白色粉末，除了失去了它的结晶水之外，它与风化之前没有任何不同。

迄今为止，我们对苏打组成要素的了解并不比草碱多，我们甚至都不能确定它是否在植物燃烧之前就已经形成并存在于植物之中。但通过类比法，我们可以相信氮是一般的碱的组成要素，这个结论在氨的身上得到证实，我即将在下面为大家展示相关证据。但对于草碱和苏打，我们只有一些简单的推测，而至今仍未有任何决定性的实验来证实这些推测。

第三节　氨

由于我们对苏打和草碱的组成成分没有任何清晰的了解，因此在前两段的描述中我们只能介绍能够提取苏打和草碱的物质以及提取的一些方法。但对于氨（古时的化学家将其称为“挥发性碱”）来说，情况则不相同。贝多莱先生在1784年的《科学院文集》第316页印录的一篇科学论文中，通过1000份重量的氨的分解实验证明了氨大约是由807份氮和193份氢组成。

我们主要通过动物物质的蒸馏来获取这种物质；氮作为这种物质的组成要素之一，与这种化合作用所必需的比例的氢结合形成氨。但在这种操作中我们根本没办法获得纯净的氨，它通常与水或油混合，且大部分都被碳酸饱和。为了将它从所有这些物质中分离出来，我们首先将其与一种酸结合，比如盐酸；接下来，通过往混合物中加入石灰或者草碱将氨“驱赶”出来。

当氨达到其最大的纯净度时，在我们生存的常温下，它只能以气态的状态存在；它具有极其刺激性的气味。水能够吸收极多的氨，特别是当我们借助压力将其冷却下来的时候，更多的氨将能被水吸收；因此，被氨饱和的水称作“挥发性碱”，而我们简单地称其为氨或液氨。对于这同一种物质，当其处于气态时，则称为氨气。

石灰、苦土、晶石和矾土

这四种土质的组成成分全属未知；由于我们仍然不能确定它们的组成成分和基本要素，因此，在等待新发现的同时，我们暂且将它们看作是简单物质。人造工艺仍未有任何办法合成这些土质，大自然将它们提供给我们的时候，它们已经是完全成形的了。但由于它们大部分，特别是前面三个，都有与其他物质化合的极大趋势，因此我们从来没有找到过纯净的这些物质。石灰几乎总是被碳酸饱和，在这种状态下，它能形成白垩、方解石以及一部分大理石等；有时候它会被硫酸饱和，比如生石膏和石膏石；还有些时候它会被氟酸饱和，比如氟或玻璃石。简言之，海水和含盐泉水就是它与盐酸结合的结果。在所有的成盐基中，它在自然界中的分布是最广的。我们能在很多矿物质水中发现苦土；在矿物质水中，它通常和硫酸结合；同时它也大量存在于海水之中，在海水里它与盐酸结合；最后，它也是不同种类石头的主要组成成分。

晶石的储量比前两种要少得多；它在矿物界中被发现并与硫酸结合而形成重晶土；有时候它也会和碳酸结合，但这种情况非常少见。

矾土或矾基与其他化合物结合的趋势没有前几种的强；而且我们找到的矾土通常都是处于纯矾土状态，并未与任何一种酸化合。它主要存在于黏土之中；更准确地说，它是黏土的基。

金属物质

除了金，有时候除了银之外，金属在矿物界中很少以金属状态存在；它们通常多多少少都被氧饱和着，或者与硫、砷、硫酸、盐酸、碳酸和磷酸结合。矿石分析术和冶金学所研究的就是如何将这些异物质与金属物质分离开来。因此对这一部分的论述，我们参考了描述化学该部分的书籍。

至今我们很有可能只认识自然界中存在的部分物质，比如所有那些与氧比与碳有着更大吸引力的金属，不会被还原成金属状态，它们在我们面前只以氧化物的形态出现，我们经常将它们与土质混淆。方才被我们排列在土质类别的晶石很有可能就是这种情况，因为在很多实验中，它所呈现出来的特征与金属物质非常接近。严格来说，有可能我们称为土质的所有物质不过是一些以我们至今所掌握的方法仍无法分解的金属氧化物。

无论如何，我们目前所知的并且能够被还原至金属状态的金属物质有十七种，它们是：

1. 砷
2. 钼
3. 钨
4. 锰
5. 镍
6. 钴
7. 铋
8. 锑
9. 锌
10. 铁
11. 锡
12. 铅
13. 铜
14. 汞
15. 银
16. 铂
17. 金

我只将这些金属看作可成盐基，并不打算对它们在工业制备和社会用途上相关的属性进行详细描述。每一种金属都需要一部完整的论著去论述，而这将远远超出我为这本书所规定的范围。

第十七章　可盐化碱和中性盐形成的后续思考

可成盐基能够与酸结合从而形成中性盐。但需要指出的是，碱和土质不需要其他外在条件即可组合成中性盐，而不需任何媒介将它们结合到一起。然而金属却是相反的，它们只有事先或多或少被氧化之后才能与酸结合。因此，严格来说，金属不能溶于酸，只是金属氧化物能溶于酸。因此当我们将一种金属物质置于一种酸中时，能使这种金属溶于酸的第一条件是这种金属能在酸中被氧化，而要做到这一点，它只能通过吸收酸中的氧或者吸收用来稀释酸的水中的氧；也就是说，只有当组成水或组成酸的氧与金属的亲和力比它与水中的氢或酸中的可成盐基的亲和力更强的时候，金属才能溶于酸；又或者说，只有水或酸发生分解的时候，金属才会被酸溶解。

我们用来解释金属溶解主要现象的正是这种简单的观察结果，这种观察结果甚至连著名的伯格曼先生都忽略了。

所有金属溶解首要的且最引人注目的现象便是泡腾，或者更明确地说，是溶解过程中气体的释放。金属被硝酸溶解时所产生的气体是亚硝气；被硫酸溶解时释放的气体要么是亚硫酸气，要么是氢气，这取决于使金属氧化的是硫酸还是水，如果是硫酸，那就是亚硫酸气；如果是水，则是氢气。

需要注意的是，由于组成硝酸和水的除了氧之外的要素在被离析时，分别只能以气体的状态存在，至少在我们生存的常温下是如此，因此我们只要将氧从硝酸或水中剥离出来，原先与氧结合的要素便立即膨胀并呈现为气体状态，泡腾就是由液体向气体的快速转化而引起的。金属在硫酸中溶解也是同样的情况。一般来说，尤其是采用湿法，金属并不能吸取酸中所有的氧使自身氧化，因此，被夺取氧的酸并不是被还原成硫，而是变成了在我们生存的常温和常压下只能以气体状态存在的亚硫酸。因而这种亚硫酸会以气体的形态被释放出来，泡腾的产生一部分也归因于这种气体酸的释放。

第二种现象是，如果金属在溶解前就已经被氧化，那么所有的金属物质溶解于酸中的时候便不会产生泡腾：显然，这个时候的金属已经是金属氧化物，不需要再被氧化，也不再需要分解酸或者水，不具备产生泡腾现象的条件，所以就不会出现泡腾。

第三种现象是，所有金属在氧化盐酸中溶解时不会产生泡腾：该过程中所发生的变化值得进行特别的思考。这种情况下的金属会夺取氧化盐酸中过量的氧形成金属氧化物，而氧化盐酸被还原成普通的盐酸。如果在这种溶解中没有出现泡腾，并不是因为盐酸在我们生存的常温下不以气体的状态存在，而是因为它在氧化盐酸中获得的水比它凝结并保持液态所需要的水更多；因此它不像亚硫酸那样以气体的状态被释放出来，它在最初阶段与水结合之后，便安安静静地与它所溶解的金属氧化物结合了。

第四种现象是，那些与氧只有很小的亲和力并且在与酸接触时并不会为了得到氧而强烈分解酸或者水的金属是绝对不能溶解的：正因为这个原因，当我们将金属状态下的银、汞和铅置于盐酸中时，这些金属不会溶解；但如果我们事先将其氧化，它们就会变得非常易溶，溶解时没有泡腾产生。

因此，氧是金属与酸之间的搭接桥梁；这种在所有的金属和酸中都发生过的情况使我们相信，所有物质都与含氧酸有着极大的亲和力。因此我们在上面提到的通过这种要素与酸结合的四种可成盐土质很有可能都含有氧。这种猜想为我先前在土质物质那一章提到的有关看法提供了有力的支撑，这些看法即是这些物质很有可能是金属氧化物，氧与它们的亲和力比氧与碳的亲和力更强，因此在这种情况下它们是不可能被还原成纯净的金属物质的。但不管怎样，这里只是一个猜测，而这个猜测的真实性只能通过日后的实验来证实或者推翻了。

下面列出了迄今所知的所有酸；我们会在第一栏描述这些酸的名称，同时在第二栏指出形成这些酸的可酸化基或根的名称及观察结果。

<table>
<tr><th>酸的名称</th><th colspan="2">可酸化基或根的名称及观察结果</th></tr>
<tr><td>1. 亚硫酸</td><td rowspan="2">硫</td><td></td></tr>
<tr><td>2. 硫酸</td><td></td></tr>
<tr><td>3. 亚磷酸</td><td rowspan="2">磷</td><td></td></tr>
<tr><td>4. 磷酸</td><td></td></tr>
<tr><td>5. 盐酸</td><td rowspan="2">盐酸根</td><td></td></tr>
<tr><td>6. 氧化盐酸</td><td></td></tr>
<tr><td>7. 亚硝酸</td><td rowspan="3">氮</td><td></td></tr>
<tr><td>8. 硝酸</td><td></td></tr>
<tr><td>9. 氧化硝酸</td><td></td></tr>
<tr><td>10. 碳酸</td><td>碳</td><td></td></tr>
<tr><td>11. 亚醋酸</td><td></td><td rowspan="9">所有这些酸似乎是由氢和氧这两种可酸化基结合成的化合物形成的，我们仅仅是通过这两种基的组合比例和氧在酸化中的比例来区分它们；在这一方面，我们仍未进行过一系列相关的精确实验。</td></tr>
<tr><td>12. 醋酸</td><td></td></tr>
<tr><td>13. 草酸</td><td></td></tr>
<tr><td>14. 酒石酸</td><td></td></tr>
<tr><td>15. 焦酒石酸</td><td></td></tr>
<tr><td>16. 柠檬酸</td><td></td></tr>
<tr><td>17. 苹果酸</td><td></td></tr>
<tr><td>18. 焦木酸</td><td></td></tr>
<tr><td>19. 焦亚粘酸</td><td></td></tr>
<tr><td>20. 棓酸</td><td></td><td rowspan="7">对于这些酸的根的性质，目前我们仅有一些非常不完善的认识；我们只知道碳和氢是这些根的主要组成成分，而且氰酸还有氮。</td></tr>
<tr><td>21. 氰酸</td><td></td></tr>
<tr><td>22. 安息香酸</td><td></td></tr>
<tr><td>23. 琥珀酸</td><td></td></tr>
<tr><td>24. 樟脑酸</td><td></td></tr>
<tr><td>25. 乳酸</td><td></td></tr>
<tr><td>26. 糖乳酸</td><td></td></tr>
<tr><td>27. 蚕酸</td><td></td><td rowspan="3">这些酸以及我们通过氧化动物物质所得到的酸的可酸化基似乎都是由碳、氢、磷和氮组成的。</td></tr>
<tr><td>28. 蚁酸</td><td></td></tr>
<tr><td>29. 皮脂酸</td><td></td></tr>
</table>

续 表

酸的名称	可酸化基或根的名称及观察结果	
30. 硼酸	硼酸根	这两种根的性质完全不为人所知。
31. 氟酸	氟酸根	
32. 锑酸	锑	
33. 银酸	银	
34. 砷酸	砷	
35. 铋酸	铋	
36. 钴酸	钴	
37. 铜酸	铜	
38. 锡酸	锡	
39. 铁酸	铁	
40. 锰酸	锰	
41. 汞酸	汞	
42. 钼酸	钼	
43. 镍酸	镍	
44. 金酸	金	
45. 铂酸	铂	
46. 铅酸	铅	
47. 钨酸	钨	
48. 锌酸	锌	

我们可以看到，一共有48种酸，其中有17种至今仍不太为人所熟知的金属酸，但贝多莱先生将会不停地做大量的工作来研究这些金属酸。当然，我们还不能因为发现了所有的金属酸而沾沾自喜；另一方面，其他更精确的实验很有可能让我们知道一些被认为是特殊种类植物酸不过是其他酸的变体。此外，我只能在这里展示化学学科现阶段所知的一些酸的表格，而我们所能做的只是根据同一个体系给出接下来可能会被发现的一些物质的命名原则。

可酸化基的数量，即能够被酸转化成中性盐的基的数量是24种，它们是3种碱、4种土质以及17种金属物质。

现阶段我们有所了解的中性盐的总数为1152种，但这个数字是在假设金属酸能够溶解其他金属的前提下计算出来的。关于能够被另一些金属氧化的金属可溶性的研究属于一种仍未开始的新科学：所有的关于金属玻质化合物正属于这个范畴。此外，我们设想的所有含盐化合物很有可能都是不存在的，如果真是这样，那么自然界和制造业能够制作出的盐的数量便会大大减少。假设只有五六百种盐存在，显然，如果我们像以前的化学家那样给这些盐赋予一个抽象的名称，或者我们用发现这些盐的人的名字或提取这些盐的物质的名称来为它们命名，那就只有一个结果，就是我们会将它们混淆，甚至记忆力最好的人也没有办法将它们区分清楚。这种命名方法在化学起源的最初阶段或许可行，甚至在二十年前也还可以被接受，因为那时候我们认识的盐不超过 30 种；但如今，随着物质的数量每天都在增加，我们每发现一种酸，经常能为化学学科增加 24 种新的盐，如果酸有两种氧化程度的话，那就是 48 种。因此必须制定一个命名方法，这个方法可以通过类比来实现：我们在酸的命名中采用的就是类比法；由于自然的发展进程是一个整体，因此，这种方法自然地适用于中性盐的命名。

在我们为不同种类的酸命名的时候，我们已经将这些物质专属的特殊可酸化基、酸化要素以及所有酸共有的氧辨别出来，用一个统称来表示所有酸的共有属性，然后用每一种酸特有的可酸化基的名称来将它与其他酸区分开来。正是这样，我们赋予了被氧化的硫、磷和碳以“硫酸”“磷酸”和“碳酸”的名称；最后，对于氧饱和程度不同的酸，我们认为需要用同一个词的不同词尾来表示。因此我们就有了“亚硫酸”和“硫酸”以及“亚磷酸”和“磷酸”。

这些应用于中性盐命名的原则迫使我们赋予那些用同一种酸化合形成的所有中性盐一个共有的名称，并用每一种酸的成盐基的名称来将它与其他酸区分开来。因此我们用“硫酸盐”来表示用硫酸化合而成的所有盐；用“磷酸盐”来表示用磷酸化合而成的所有盐，以此类推。然后，我们用“硫酸草碱”“硫酸苏打”“硫酸氨”“硫酸石灰”“硫酸铁”等名称来辨别各种盐。由于我们迄今认识的碱基、土基和金属基有 24 种，因此我们就有 24 种硫酸盐，24 种磷酸盐……每一种酸化合而成的盐均有 24 种。但由于硫有两种氧化度，第一种氧化度形成亚硫酸，第二种形成硫酸，而且这两种酸与不同的可酸化基结合所形成的并不是同一种中性盐，这些中性盐的属性差异巨大，因此仍需用一些特殊的词尾将它们区分开来。所以我们用“亚硫酸盐”“亚磷酸盐”来描述由氧化程度更低的酸形成的中性盐。因此，被氧化的硫能够形成 48 种中性盐，分别是 24 种硫酸盐和 24 种亚硫酸盐。其他有两种氧化程度的物质也是同理。

如果我将这些中性盐的详细名称一一列举出来，恐怕读者们会觉得很无聊，因此我只需清楚地说明命名方法就足够了：当我们掌握了这些方法，我们就能毫不费力将其应用于所有的化合物；一旦了解可燃物质和可酸化物质的名称，我们将始终很轻易地记住这些物质可能形成的酸的名称以及这种酸与可成盐基结合形成的中性盐的名称。

在这里我只描述这些基本的概念，同时为了满足那些想要知道更多命名细节的读者，我将会在本书的第二部分增加一些汇总表格，不仅仅针对所有的中性盐，而且还针对化学学科的所有化合物。在这些表格后面，我将为最简单也最确切能够产生不同种类的酸的物质和这些酸产生的中性盐的一般属性附上简要的说明。

我承认，为了使本书更加完整，有必要在书中附上每一种盐在水和酒精中的可溶性、形成中性盐的酸和可成盐基的比例、结晶水的数量、不同的饱和程度以及酸作用于可成盐基的亲和力相关的一些特别的观察结果。这项巨大的工作已经由伯格曼先生、莫尔沃先生、柯万先生以及其他几位著名的化学家开始实施了；但迄今为止进展缓慢，甚至这项工作所依据的基本原则尚未被确定下来。一部基础性的论著根本不能涵盖这些数量如此巨大的细节，否则，材料收集和进行补充性实验所需的时间足够让这本书的出版时间延迟几年了。这是年轻化学家们施展热情大展身手的巨大领域。我的任务在这里就差不多结束了，但在结束之前，我想对那些有勇气接下这项庞大工作的人提一个建议：事情在于精而不在于多，多干不如精干；在投入到中性盐的实验之前，首先要通过大量精确的实验来了解清楚酸的组成成分。每一座大厦都需建立在坚固的基础之上，这样才能经受住时间的考验；现如今人们将化学进步的基础建立在那些既不够精确也不够严格的实验之上，这样不但不能使化学进步，反而会使其退步。

第二部分

酸与可成盐基的化合以及中性盐的形成

告读者

由于在撰写本书的时候，我极其想要严格遵守我最初为这本书所制定的关于不同部分内容分配的方案，因此在该部分的表格以及附在表格后面的解释说明中，我只对我们所认识的不同种类的酸做出一些简要的定义并且对获得这些酸的方法进行简单的描述，同时我也附上了这些酸与不同的可成盐基化合产生的中性盐的简单命名表。我发现，以同样的形式附上一个关于形成酸和氧化物的简单物质及其可能形成的化合物的表格，不仅不会给本书增加太多的篇幅，还能提高本书的实用性。

因此，在该部分中我只增加了所有中性盐的命名所必需的十个表格，在这些表格中，我分别介绍了：

表 1：简单物质，或者更准确地说，现下有限的知识迫使我们只能将其看作是简单物质的物质。

表 2：如同简单物质一样能够与氧结合的二元或三元可氧化根和可酸化根或基。

表 3：氧与可氧化和可酸化的金属和非金属物质化合形成的氧化物。

表 4：氧与复合根结合形成的化合物。

表 5：氮与简单物质结合形成的化合物。

表 6：氢与简单物质结合形成的二元化合物。

表 7：非氧化硫与简单物质结合形成的化合物。

表8：非氧化磷与简单物质结合形成的化合物。

表9：非氧化碳与简单物质结合形成的化合物。

表10：其他几种根与简单物质结合形成的化合物。

这十个表格以及其后所附的观察结果为本书第一部分前十五章的汇总，再接下来的介绍所有含盐化合物的表格则与第一部分第十六章和第十七章的内容有关。

人们将会很容易发现，在本部分的工作中，我较多地借用了德·莫尔沃先生《物质次序全书》中第一册的内容；实际上，我很难挖掘到更多的信息资源，特别是在查阅外文书籍时，我遇到的困难颇多。因此，对于引用德·莫尔沃先生论著的内容这件事，我仅在该部分的开头说明一次，之后的每一节中我就不再重复说明了。

在每一个表格的后面，我都尽可能地附上了相关的解释说明。

第一节　简单物质

简单物质表

	新名称	对应的旧名称
三界共有的简单物质，我们可以将其看作是组成物体的元素	光	光
	热素	热
		热要素或热元素
		火流体
		火
		火质和热质
	氧	脱燃素空气
		王气
		生命空气
		生命空气的基
	氮	与燃素结合的气体
		毒气
		毒气的基
	氢	易燃气体
		易燃气体的基
可氧化、可酸化的简单非金属物质	硫	硫
	磷	磷
	碳	纯炭
	盐酸根	未知
	氟酸根	未知
	硼酸根	未知
可氧化、可酸化的简单金属物质	锑	锑
	银	银
	铋	铋
	钴	钴
	砷	砷
	铜	铜
	锡	锡
	铁	铁
	锰	锰

续 表

	新名称	对应的旧名称
可氧化、可酸化的简单金属物质	汞	汞
	钼	钼
	镍	镍
	金	金
	铂	铂
	铅	铅
	钨	钨
	锌	锌
可成盐简单土质物质	石灰	石灰质土、石灰
	苦土	苦土、泻盐的基
	晶石	重晶石、重土
	矾土	黏土、明矾土、明矾基
	硅石	硅土、可玻璃化土

观察结果

在简单物质表上，或者更准确地说，现下有限的知识迫使我们只能将其看作是简单物质的物质。

对自然界中不同物体进行化学实验的目的是将这些物体分解并分别检验组成这些物体的不同物质。化学这门科学在我们的时代已经得到了飞速的发展。在化学学科的最初阶段，人们将油和盐看作是物体的要素；而化学实验及其观察结果刷新了我们的认知，我们开始知道盐根本不是一种简单的物体，它是由一种酸和一种碱组成的，而且正是这种酸和碱的组合使它们处于中性状态。现代的科学发现已经极大地扩展了分析的范围①，他们为我们阐明了酸的形成过程，让我们了解到酸是由一个所有物质共有的可酸化要素——氧，以及一个每个酸特有的能将其与其他酸

① 详看《科学院文集》1776年的第671页和1778年的第535页。

区分开来的根化合而成的，在这本书中，我在哈森夫拉兹先生所提出的看法的基础上进行了更深入的论述：酸的基本身并不都是简单物质，虽然我们赋予的名称让它看起来像是简单物质；它们之中，有很多像油性要素一样，由氢和碳组成。贝多莱先生证明了，盐的一些基并不比形成盐的酸本身简单，相反，可能要比酸更加复杂；它还指出，氨是由氮和氢组成的。

通过划分、细分和重新再细分，化学这门学科正在一步一步地朝着目标前进，逐渐完善，我们甚至都不知道何处才是它的终点。因此我们并不能保证今天我们认为是简单物质的物质实际上是不是真的简单物质，我们能够说的仅仅是，这就是化学分析目前所处的阶段，在我们的认知范围内，这样的物质不能再被分解，因此我们只能将它看作简单物质。

我们甚至可以假定，土质很快就会从简单物质的行列中除名，因为它们是这个行列所有物质中唯一不具有与氧结合倾向的盐类物质；我坚信，它们对氧气的这种“无动于衷”（如果我可以这么说的话）是由于它们早已经被氧饱和。从这个角度看的话，土质就不是简单物质，而可能是被氧化到一定程度的金属氧化物。不过，这只是我提出的一个简单的猜测。希望读者不会将我之前在事实和实验的基础上总结出的真理与我刚刚所说的仅仅是假定的猜想混淆。

在这个表格中，我并没有将固定碱加进去，比如草碱和苏打，因为这些物质很明显是复合物，尽管我们至今仍不了解组成它们的要素的性质。

第二节　对于由多个简单物质结合而成的可氧化和可酸化基或根的观察

如同简单物质一样能够与氧结合的二元和三元可氧化和可酸化根或基表

<table>
<tr><th></th><th>根的名称</th><th>观察结果</th></tr>
<tr><td>来自矿物界的可氧化和可酸化基</td><td>硝化盐酸根或以前称为“王水”的基</td><td>这是被以前的化学家命名为“王水”的基，以其能够溶解金子的属性而闻名。</td></tr>
<tr><td rowspan="12">来自植物界的可氧化和可酸化氢-亚碳根或碳-亚氢根</td><td>酒石酸根</td><td rowspan="19">以前的化学家们完全不了解酸的构成，也从来没有怀疑过酸是由一个每个酸特有的根和一个所有酸共有的酸化要素构成的，他们没有办法赋予那些他们完全不了解的物质以名称。因此我们觉得非常有必要制定一个命名法，但随着我们对构成各种酸的根的性质有了越来越深入的了解，我们也做好了随时更正这个命名法的准备。对于这一点，可参看我在第一部分第十一章的论述。</td></tr>
<tr><td>苹果酸根</td></tr>
<tr><td>柠檬酸根</td></tr>
<tr><td>焦木酸根</td></tr>
<tr><td>亚粘酸根</td></tr>
<tr><td>酒石酸根</td></tr>
<tr><td>草酸根</td></tr>
<tr><td>醋酸根</td></tr>
<tr><td>琥珀酸根</td></tr>
<tr><td>安息香酸根</td></tr>
<tr><td>樟脑酸根</td></tr>
<tr><td>棓酸根</td></tr>
<tr><td rowspan="7">来自动物界的可氧化和可酸化氢-亚碳根或碳-亚氢根，几乎所有都含氮，通常含磷</td><td>乳酸根</td></tr>
<tr><td>乳糖酸根</td></tr>
<tr><td>蚁酸根</td></tr>
<tr><td>蚕酸根</td></tr>
<tr><td>皮脂酸根</td></tr>
<tr><td>尿酸根</td></tr>
<tr><td>氰酸根</td></tr>
<tr><td colspan="3">来自植物界的根经过第一度氧化转变成植物氧化物，如糖、淀粉、树胶或黏液。来自动物界的根经同样的方式则转变成动物氧化物，比如淋巴等。</td></tr>
</table>

该表格中所列举的来自植物界和动物界的所有根都能够被氧化和被酸化，但不能用常规的命名法来为它们命名，因为我们仍未对其进行过

精确的分析。通过我本人做的一些实验以及哈森夫拉兹先生进行的一些实验，我了解到，一般来说，几乎所有的植物酸，比如酒石酸、草酸、柠檬酸、苹果酸、亚醋酸、焦酒石酸、亚粘酸，都含有氢和碳，这两种根以形成单一的同种根的方式结合；而且，这些酸都是根据这两种物质化合比例的不同以及氧化程度的不同而互相区分。此外，通过实验，主要是贝多莱先生的实验，我们还认识到，来自动物界的所有根，甚至植物界也有几个，它们的组成更加复杂；除了氢和碳之外，它们多数还含有氮，有时候还会有磷；但这些物质的具体量，至今仍未有确切的计算结果。因为这个原因，我们不得不按照古时化学家的方法，用一些从提取这些根的物质的名称衍生而来的名称来为这些根命名。毫无疑问的，随着我们对这些物质有了更加确定更加广泛的认识，终有一天，这些名称将不复存在，而是成为见证化学科学在这个时代中所处状态的印记。它们将会被“氢-亚碳根”“氢-碳根”“碳-亚氢根”“碳-氢根”这些名称所取代，正如我在第一部分第十一章说明的那样，而这些名称的选择将由组成这些根的氢和碳两种基的比例来确定。

我们很轻易地发现，油由氢和碳组成，氢和碳是真正的碳-亚氢根或氢-亚碳根。事实上，首先只需要将油氧化使其变成氧化物，接着根据氧化程度的不同，使其变成植物酸。但是我们并不能保证这些油全部参与化合变成植物氧化物和植物酸；有可能它们在化合前就已经失去一部分的氢或者氧了，导致剩下来的那种物质的分量不足以与另一种物质结合形成油。因此，我们仍然需要通过实验来了解清楚这一点。

严格来说，在矿物界中我们仅仅知道硝-盐酸根这一种复合根，它是由氮与盐酸根结合而成。其他的复合酸也因为很少产生引人注意的现象，以至于没有什么人去研究它们。

第三节　对于光和热素与不同物质结合的化合物的观察

我并没有编制关于光和热素与不同的简单物质或者复合物质化合形成的结构物的表格，因为我们对这些化合物的性质仍没有足够精确的概念。我们知道，一般来说自然界的所有物体都浸泡在热素之中，被热素包围着、渗透着，甚至填满了物体分子间的所有空隙；并且在某些情况下，热素固定在物体中，甚至成为固态物体的组成部分；但更多的情况下，它会分离物体的分子，它向这些分子施加一种推斥力，这种或大或小的推斥力在物体中累积到一定程度使得物体从固态变为流态，从流态变为气态。最后，我们赋予所有通过增加足量的热素从而变成气态状态的物质一个统称，即“气体”；因此，如果想要表示变成气态状态的盐酸、碳酸、氢、水、酒精，我们只需要在它们的名称上加上“气”就可以了，比如盐酸气、碳酸气、氢气、水气、酒精气。

至于光，它与其他物质结合形成的化合物以及它作用于物体的方式就更不为人所知了。根据贝多莱先生的实验，只能说明它似乎与氧有很大的亲和力，能与之结合，并与热素一起使之变成气态。在植物上所做的实验也让我们相信光能与植物的一些成分结合，正是光与这些成分结合形成的化合物造就了叶子的绿色和花朵的五颜六色。至少我们能够确定的是，在黑暗中生长的植物会变黄、白化并且衰弱多病。为了恢复它们的自然生机和颜色，需立即将它们置于光照之中。

在动物身上我们也观察到了类似的现象。而人类，不管是男人、女人还是孩子，当他们在工厂中长时间坐着不动一直干活时、生活在紧闭的房子中时或者在城市狭窄的街道中时，他们会变得衰弱。相反地，当他们从事大部分的乡间劳作和户外工作时，身心会得到发展，会得到更多的力量和生命力。

生物构造、感觉、自发运动、生命，仅存在于地球表面和某些暴露在阳光下的地方。人们说，普罗米修斯关于火的寓言正是表达了这个哲学真理，甚至古人也承认它的正确性。没有光，大自然将会死气沉沉、毫无生机。仁慈的上帝带来了光，通过光将生物、感官和思想铺洒到地球表面。

但这里并不是讨论有机体结构组成的好地方，我在本书中刻意回避有关这方面的研究，正因为如此，我没有讨论动物的呼吸、血液生成和发热相关的现象。终有一天我会回归到这个主题的研究上来。

第四节 对于氧与简单的金属和非金属物质结合形成的二元化合物的观察

氧与可氧化和可酸化的金属和非金属物质化合形成的氧化物

	简单物质的名称	第一程度氧化		第二程度氧化		第三程度氧化		第四程度氧化	
		新名称	旧名称	新名称	旧名称	新名称	旧名称	新名称	旧名称
氧与简单非金属物质结合的化合物	热素	氧气	生命空气或脱燃素空气						
	氢	水*							
	氮	亚硝氧化物或亚硝气的基	亚硝气	亚硝酸	发烟亚硝酸	硝酸	苍色或非发烟亚硝酸	氧化硝酸	未知
	碳	氧化碳	未知	亚碳酸	未知	碳酸	固定空气	氧化碳酸	未知
	硫	氧化硫	软硫	亚硫酸	亚硫酸	硫酸	矾酸	氧化硫酸	未知
	磷	氧化磷	磷燃烧的残渣	亚磷酸	磷的挥发性酸	磷酸	磷酸	氧化磷酸	未知
	盐酸根	氧化盐酸	未知	亚盐酸	未知	盐酸	海酸	氧化盐酸	脱燃素海酸
	氟酸根	氧化氟酸	未知	亚氟酸	未知	氟酸	未知		
	硼酸根	氧化硼酸	未知	亚硼酸	未知	硼酸	荷博格，镇静盐		

续 表

	简单物质的名称	第一程度氧化		第二程度氧化		第三程度氧化		第四程度氧化	
		新名称	旧名称	新名称	旧名称	新名称	旧名称	新名称	旧名称
氧与简单金属物质结合的化合物	锑	灰色氧化锑	灰色锑灰渣	白色氧化锑	白色锑灰渣，发汗锑	锑酸			
	银	氧化银	银灰渣	—	—	银酸			
	砷	灰色氧化砷	灰色砷灰渣	白色氧化砷	白色砷灰渣	砷酸	砷酸	氧化砷酸	未知
	铋	灰色氧化铋	灰色铋灰渣	白色氧化铋	白色铋灰渣	铋酸			
	钴	灰色氧化钴	灰色钴灰渣	—	—	钴酸			
	铜	红褐色氧化铜	红褐色铜灰渣	蓝绿色氧化铜	蓝绿色铜灰渣	铜酸			
	锡	灰色氧化锡	灰色锡灰渣	白色氧化锡	白色锡灰渣或锡油灰	锡酸			
	铁	黑色氧化铁	玛尔斯黑粉	红黄色氧化铁	赭石，铁锈	铁酸			
	锰	黑色氧化锰	黑色锰灰渣	白色氧化锰	白色锰灰渣	锰酸			
	汞	黑色氧化汞	黑粉矿＊＊	黄红色氧化汞	红色泻银矿，凝结物，凝结物本身	汞酸			
	钼	氧化钼	钼灰渣	—	—	钼酸	钼酸	氧化钼酸	未知
	镍	氧化镍	镍灰渣	—	—	镍酸			
	金	黄色氧化金	黄色金灰渣	红色氧化金	红色金灰渣，卡氏紫凝结物	金酸			
	铂	黄色氧化铂	黄色铂灰渣	—	—	铂酸			
	铅	灰色氧化铅	灰色铅灰渣	黄红色氧化铅	黄丹和铅丹	铅酸			
	钨	氧化钨	钨灰渣	—	—	钨酸	钨酸	氧化钨酸	未知
	锌	灰色氧化锌	灰色锌灰渣	白色氧化锌	白色锌灰渣，庞弗利克斯	锌酸			

＊对于氢和氧的结合，我们迄今只知道一种氧化度，这两种要素结合形成水。

＊＊黑粉矿是硫化汞，它本叫作汞的黑色沉淀物。

氧是最丰富的要素之一，在自然界中分布广泛，它几乎占到了大气中我们可以呼吸的弹性流体的近三分之一的重量。所有的动物和植物正是生存且生长于这巨大的氧气库中，而且，我们在实验中使用的氧气主要也是由此获得。这种要素与不同的物质之间的相互吸引力是如此之大，以至于根本不可能将其从整个化合物中分离出来。在大气中，它与热素结合以气态存在，并以 2∶3 的比例与氮气混合形成大气。

使一个物体氧化，需要一定的条件：前提是组成该物体的分子之间的相互吸引力不能大于其与氧的亲和力，因为很显然，如果分子间的相互吸引力比其与氧的亲和力大，那么化合作用就不可能发生。如果是这种情况，我们就可以借助大自然的力量，通过将物体加热，换言之，通过往分子间的空隙中导入热素，我们几乎可以任意地减少物体分子间的吸引力。

加热一个物体，就等于是将组成这个物体的分子相互远离，分子间的距离越远，分子间的吸引力就越小。一旦分子间的相互吸引力比其与氧的亲和力小，它们便与氧结合；这样，氧化就产生了。

我们可以设想，这种氧化现象开始的温度对于每一种物质来说都是不一样的。因此，为了能够氧化大部分的物体和几乎所有的简单物质，只需将它们暴露在大气的作用下，并将它们加热到合适的温度。对于铅、汞、锡来说，这个合适的温度只需比我们生活的常温高一点点。相反地，当用干法氧化铁、铜等金属的时候，也就是氧化过程中没有水分参与时，所需的温度就要高得多。有时候氧化作用发生得极为迅速，因而会伴随着热量和光的释放，甚至会有火焰；磷在大气中燃烧和铁在氧气中燃烧就是这样的情况。硫的氧化作用则没有那么迅速；铅、锡和大部分的金属就更慢了，而且它们在氧化过程中不会有热素释放出来，就更不用说发出光芒了。

一些物质与氧有着极大的亲和力，能在很低的温度下就被氧化，以至于我们只能看得到它们的氧化状态。盐酸就是这种情况，人工手段和大自然都无法将其分解，而它也只以酸的状态呈现在我们面前。很有可能在矿物界中有很多其他物质像盐酸一样，在我们生存的常温下都不可避免地被氧化了；而且毫无疑问的，由于它们早已经被氧饱和，因而对这种要素也就不再施加任何作用力了。

将简单物质暴露在空气中，将其加热至一定的温度使其氧化，这并不是使物质氧化的唯一方式。除了将它们放置在与热素结合的氧气中，我们还可以将它们与那些已经被氧化的金属化合物接触，且这种金属与氧的亲和力必须比该物质与氧的亲和力小。红色氧化汞便是具有这种效果的最好的物质之一，特别是对于那些不能与汞化合的物质，效果会更加的出众。在这种氧化物中，氧对该金属的吸引力极小，甚至于在烧瓶刚刚被烧红的温度下，它就已经与该金属完全分离。因此，对于所有能够被氧化的物体，我们可以通过将其与红色氧化汞混合在一起并将其加热到一个不太高的温度，就能非常轻易地将其氧化。

黑色氧化锰、红色氧化铅、氧化银等，一般来说，几乎所有的金属氧化物都能在一定程度上达到这种效果，但最好是选择那些与氧的亲和力较小的金属氧化物，这样效果会更好。冶金业中所有的金属还原或再生就是应用的这个原理：其实就是用任何一种金属酸将碳氧化而已，与氧和热素结合的碳以碳酸气的形式释放出来，金属被还原。

我们还可以通过草碱或苏打的硝酸盐、草碱的氧化盐酸盐将所有的可燃物质氧化。在一定的温度下，氧离开硝酸盐和盐酸盐与可燃物质结合，但这种氧化作用需要极其谨慎且用极小的量来进行。组成硝酸盐的氧，特别是组成氧化盐酸盐的氧，其所含的热素量几乎与其转化成氧气所需要的热素量相等。当硝酸盐或盐酸盐与可燃物体结合的时候，前者中所含的巨量热素突然变成游离状态，所产生的剧烈爆炸没有任何东西能够抵挡。

最后，我们可以通过湿法来氧化一部分可燃物体并将三界中大部分的氧化物转变成酸。我们主要通过硝酸来达到这个目的，因为它与氧的亲和力非常微弱，只需通过微微的热量就能轻易地将氧转移到大部分的物体上。我们也可以使用盐酸来实施部分这种操作，但并不是所有操作都适用。

我将简单物质与氧结合形成的化合物称为“二元化合物”，因为这些化合物仅仅由两种物质结合而成。我将会用“三元化合物”和“四元化合物”来分别命名那些由三种和四种简单物质组成的化合物。

第五节　对于氧和复合根结合形成的化合物的观察

氧与复合根结合形成的化合物表

	根的名称	产生的酸的名称	
		新名称	旧名称
氧与矿物界复合根结合形成的化合物	硝化盐酸根	硝化盐酸	王水
氧与来自植物界的碳-亚氢根、氢-亚碳根结合形成的化合物＊	酒石酸根	酒石酸	旧时未发现
	苹果酸根	苹果酸	旧时未发现
	柠檬酸根	柠檬酸	柠檬的酸
	焦木酸根	焦木酸	木头的焦臭酸
	亚粘酸根	亚粘酸	糖的焦臭酸
	焦酒石酸根	焦酒石酸	酒石的焦臭酸
	草酸根	草酸	草酸钾
	醋酸根	亚醋酸或醋酸	醋，醋的酸
	琥珀酸根	琥珀酸	挥发性琥珀盐
	安息香酸根	安息香酸	安息香花
	樟脑酸根	樟脑酸	古时未发现
	棓酸根	棓酸	植物收敛素
氧与来自动物界的碳-亚氢根、氢-亚碳根结合形成的化合物，这些根里几乎都含有碳，通常有磷＊＊	乳酸根	乳酸	小酸乳酸
	糖乳酸根	糖乳酸	古时未发现
	蚁酸根	蚁酸	蚂蚁的酸
	蚕酸根	蚕酸	古时未发现
	皮脂酸根	皮脂酸	同上
	尿酸根	尿酸	膀胱结石
	氰酸根	氰酸	普鲁士蓝着色剂

＊这些根通过第一程度的氧化作用形成糖、淀粉、黏液以及全部的植物氧化物。

＊＊这些根通过第一程度的氧化作用形成淋巴、各种体液以及全部的动物氧化物。

自从我在《科学院文集》1776 年第 671 页和 1778 年第 535 页发表了一个关于酸的性质和形成的新理论以及我从这个理论中得出这些物质的

数量远比我们想象的要多得多的结论之后，化学学科开辟了一个新的探索领域。在我们已知的5种或6种酸的基础上，我们陆陆续续地发现了更多的酸，直至30种，而中性盐的数量也按照同样的比例增加。现在我们需要研究的是可酸化基的性质以及它可能发生的氧化程度。我已经让读者们了解到，在矿物界中，几乎所有的可氧化根和可酸化根都是简单物质，而在植物界则是相反的，特别是在动物界，几乎所有的可酸化和可氧化根都是由氢和碳这两种物质组合而成的，也常常会有氮和磷与氢和碳结合，从而形成一些四基的根。

根据这些观察，动物氧化物和酸以及植物氧化物和酸能够在三个方面将彼此区分开来：1. 组成它们的基的酸化要素数量的不同；2. 这些要素组合比例的不同；3. 氧化程度的不同。这三个方面足以解释自然界中物质的多样性来源了。按照这个理论，即使我们能将所有的植物酸互相转化也全然不觉得惊奇了；为了做到这一点，我们只需改变碳和氢的比例或者氧化程度。这种相互转换已经被克雷尔先生在他那些非常精妙的实验中完成了，后来哈森夫拉兹先生又对这些实验做了进一步的证实和拓展。根据这些实验，我们知道，碳和氢经第一程度的氧化之后形成酒石酸，经第二程度氧化产生草酸，经第三程度氧化产生亚醋酸或者醋酸。看起来碳在形成亚醋酸和醋酸的化合作用中参与的比例非常小。柠檬酸和苹果酸与上述酸的差异非常小。

那么，我们应当得出油是基，是植物酸和动物酸的根的结论吗？我已经对这个问题提出了我的疑问。第一，尽管油看起来仅仅由氢和碳两种物质组成，但我们并不知道油中氢和碳的比例是否就是组成酸的基所需的比例；第二，由于植物酸和动物酸并不只是由氢和碳组成的，氧同样也是它们的组成成分之一，因此没有理由判定这些酸中含的是油而不是碳酸和水。事实上，这些化合物都含有自己特有的物质，但是这些化合物并不能在我们生存的常温下被合成；在这些化合物中，三种要素处于平衡状态，一个比水沸腾温度稍高一点的温度就足以将这种平衡打破。对此，读者们可以查阅我在本书第二部分第十二章以及下面的章节关于这个问题的讨论。

第六节　对于氮及其与简单物质结合形成的化合物的观察

氮与简单物质结合形成的化合物表

简单物质	化合的产物	
	新名称	旧名称
热素	氮气	燃素化空气，臭气
氢	氨	挥发性碱
氧	氧化亚氮	亚硝气的基
	亚硝酸	发烟亚硝酸
	硝酸	苍亚硝酸
	氧化硝酸	未知
碳	这种化合物尚属未知，如果被发现了，按照我们的命名原则，它将被称为氮化碳。碳溶解于氨气，形成碳化氮气。	
磷	氮化磷	未知
硫	氮化硫	未知，我们知道，硫溶解于氮气，从而形成硫化氮气。
复合根	氮在复合的可氧化和可酸化基中的碳和氢，有时候还和磷化合，这种情况通常发生在动物的根中。	
金属物质	这些化合物尚属未知，如果被发现了，将形成金属氮化物，比如氮化金、氮化银等。	
石灰	这些化合物尚属未知，如果被发现了，它们将形成氮化石灰、氮化苦土等。	
苦土		
晶石		
矾土		
草碱		
苏打		

氮是最丰富的要素之一，在自然界中分布广泛。它与热素结合，形成氮气或臭气，大气中的氮气约占大气重量的三分之二。在我们生存的常温和常压下，它一直以气体的状态存在。迄今仍未有任何一种压力和冷却温度能将其还原成液态或固态。

这种要素也是组成动物物质的主要元素之一：在动物物质中，它与碳和氢结合，有时候也和磷结合，所有这些要素被一定量的氧结合到一起从而形成氧化物或者酸，形成氧化物还是酸取决于氧化的程度。因此，动物物质的性质与植物物质一样，因三个方面的不同而不同：1. 合成根的物质的数量；2. 这些物质的组合比例；3. 氧化程度。

与氧结合的氮形成氧化亚氮、氧化氮、亚硝酸、硝酸；与氢结合，形成氨；其与其他简单物质结合形成的化合物，我们所知甚少。我们将给这些尚属未知的化合物命名为“氮化物”，“ure”（化物）这个词尾表示所有非氧化的化合物。很有可能所有的碱性物质都属于这一种化合物。

获得氮气有几种方法：

第一，用溶解于水中的硫化草碱或硫化石灰吸收空气中的氧气，进而将氮气从空气中提取出来。要完全吸收空气中的氧气，需要 12—15 天，在此期间需要不停地搅动溶液并破坏液体表面形成的表膜。

第二，将动物物质溶解于几乎是冷的稀硝酸中，进而将氮从动物物质中提取出来。在此操作中，氮以气体的形式释放出来，我们在装满水的钟形罩下方将它收集起来并将它以 2∶1 的比例与氧混合，从而重组成大气。

第三，通过炭或其他一些可燃物质引爆硝石从而将氮从硝石中提取出来。在使用炭引爆的情况下，氮气混合着碳酸气被释放出来，接下来我们可以用苛性碱溶液或石灰水吸收碳酸气从而获得纯净的氮气。

第四，从氨和金属氧化物结合形成的化合物中提取氮。这种情况下，氨中的氢与氧化物中的氧结合形成水，正如德·佛克罗伊先生所观察到的那样；同时，氮变成游离状态，以氮气的形成释放出来。

氮的化合物只是最近才被发现的，卡文迪什先生是第一个在亚硝气和亚硝酸中发现氮的存在的人。紧接着贝多莱先生在氨和氰酸中也发现了它的踪迹。迄今的所有发现使得我们相信，这种物质是一种简单的、基本的存在，至少现在仍没有任何能证明它能够被分解的证据，这个原因足以证明我们将它列为简单物质是一个正确的决定。

第七节　对于氢及其化合物的观察

氢与简单物质结合形成的二元化合物表

与氢结合的简单物质名称	得到的化合物	
	新名称	观察结果
热素	氢气	氢和碳、氧形成的化合物包括固定油和挥发性油，也能够形成一部分动植物氧化物和酸的根。当它处于气体状态与这两种要素结合时，会形成碳化氢气。
氮	氨	
氧	水	
硫	未知化合物	
磷		
碳	氢-亚碳根或碳-亚氢根	
锑	氢化锑	这些化合物尚属未知，由于氢对热素有着极大的亲和力，因此很明显这些化合物在我们生活的常温下不可能存在。
银	氢化银	
砷	氢化砷	
铋	氢化铋	
钴	氢化钴	
铜	氢化铜	
锡	氢化锡	
铁	氢化铁	
锰	氢化锰	
汞	氢化汞	
钼	氢化钼	
镍	氢化镍	
金	氢化金	
铂	氢化铂	
铅	氢化铅	
钨	氢化钨	
锌	氢化锌	
草碱	氢化草碱	
苏打	氢化苏打	
氨	氢化氨	
石灰	氢化石灰	
苦土	氢化苦土	
晶石	氢化晶石	
矾土	氢化矾土	

氢，顾名思义，是组成水的要素之一，15 份的氢与 85 份的氧形成

100 份的水。这种物质的属性也只是最近才被发现的，它是自然界中分布最为广泛的要素之一，也在植物界和动物界的各种化合过程中扮演着重要的角色。

氢对于热素的亲和力是如此之大以至于它在我们生存的常温和常压下一直都是处于气体状态。因此，我们不可能获得固态或液态的氢，也不可能将它从它组成的化合物中提取出来。

为了获得氢，或者更确切地说，为了获得氢气，只需在水中加入一种其与氧的亲和力比氧与氢的亲和力更大的物质。一旦氢变成游离状态，它便立即与热素结合形成氢气。我们通常会用铁来达到这个目的，这种情况下，需要将铁加热至能将其烧红的温度。在加热的过程中，铁会氧化，变成厄尔巴岛铁矿那样的物质。在这种状态下，它的磁性大大减弱，几乎不能被磁铁吸引并且能够溶于酸中而不会产生泡腾。

当炭被烧红并开始燃烧的时候，也能够分解水，将水中的氧和氢分离。但它与氧结合形成的碳酸气会与氢气混合在一起；由于碳酸能够被水和碱吸收，而氢不能，因此我们也能非常容易地将它们分离出来。我们还可以通过将铁或锌溶解于稀释的硫酸中来获得氢气。但它们单独存在的时候，这两种金属很难将水分解而且过程也非常缓慢；相反地，如果将它们放在硫酸中，那它们就能非常容易地分解水。在此过程中，氢与热素结合，一旦它被释放出来，我们就能获得气体状态的氢了。

某些非常杰出的化学家坚信氢就是斯塔尔的热素，而由于这位大名鼎鼎的科学家斯塔尔承认金属、硫、碳等物质中含有热素，因此他不得不假设所有结合并被固定在这些物质中的氢也含有热素。他们这样假设却不能证明这个假设的真实性；即使能证明，那些证据也是靠不住的，因为氢气的释放完全不能解释煅烧和燃烧的现象。我们必须回到这个问题本身：在不同种类的物质燃烧过程中释放出来的热素和光是由燃烧的物体提供的，还是由一直存在于所有实验中的氧气提供的呢？氢存在于不同的可燃物体中的猜测无论如何也没有办法说明这个问题。这是对于那些提出假设想要证明的人而言的。靠猜测去解释现象的学说和不依靠猜测来解释现象的学说，当它们都同样好、同样自然时，后者至少要比前者简单一些。

对于这个重大的问题，读者们可以参阅我和莫尔沃先生、贝多莱先生、德·佛克洛伊先生为柯万先生的《论燃素》所翻译的译本。

第八节 对于硫及其与简单物质结合形成的化合物的观察

非氧化硫与简单物质结合形成的化合物表

与硫结合的简单物质名称	得到的化合物	
	新名称	与新名称相对应的旧名称
热素	硫气	
氧	氧化硫	软硫
	亚硫酸	硫磺酸
	硫酸	矾酸
氢	硫化氢	未知
氮	硫化氮	同上
磷	硫化磷	同上
碳	硫化碳	同上
锑	硫化锑	粗锑
银	硫化银	雌黄，雄黄
砷	硫化砷	
铋	硫化铋	
钴	硫化钴	
铜	硫化铜	黄铜矿
锡	硫化锡	
铁	硫化铁	黄铁矿
锰	硫化锰	
汞	硫化汞	黑硫汞矿，丹砂
钼	硫化钼	
镍	硫化镍	
金	硫化金	
铂	硫化铂	
铅	硫化铅	方铅矿
钨	硫化钨	
锌	硫化锌	闪锌矿
草碱	硫化草碱	带有固定植物碱的碱性硫肝
苏打	硫化苏打	带有矿物碱的碱性硫肝
氨	硫化氨	挥发性硫肝，发烟波义耳液
石灰	硫化石灰	石灰质硫肝

续 表

与硫结合的简单物质名称	得到的化合物	
	新名称	与新名称相对应的旧名称
苦土	硫化苦土	苦土硫肝
晶石	硫化晶石	晶石硫肝
矾土	硫化矾土	未知

硫是最具化合倾向的可燃物质之一。在我们生存的常温下，它自然地以固态的形式存在，只有在比水沸腾温度高几度的温度下才会液化。

大自然在火山岩浆中为我们提供了完全成形的、纯净度几乎最大的硫；而且，这些硫通常以硫酸的状态存在，也就是说硫与氧结合的状态，黏土和石膏等物体中的硫便正是以这种状态存在的。为了从这些物质的硫酸中提取硫，需要把硫酸中的氧清除，我们可以通过将硫酸和碳在炽热的温度下结合来达到这个目的。在这种情况下，硫酸中的氧和碳结合形成碳酸，以气体的形式释放出来；剩余的硫化物可以用一种酸来分解：酸与硫化物的基结合，硫被离析并沉淀在容器底部。

第九节　对于磷及其与简单物质结合形成的氧化物的观察

非氧化磷与简单物质结合形成的化合物表

与磷结合的简单物质名称	得到的化合物	
	新名称	观察结果
热素	磷气	
氧	氧化磷	
	亚磷酸	
	磷酸	
氢	磷化氢	
氮	磷化氮	
硫	磷化硫	
碳	磷化碳	
锑	磷化锑	在所有这些化合物中，迄今我们只认识磷化铁，先前人们赋予了它一个非常不恰当的名称，即“菱铁矿”；而且至今我们仍未确定磷在这种化合物中是否被氧化了。
银	磷化银	
砷	磷化砷	
铋	磷化铋	
钴	磷化钴	
铜	磷化铜	
锡	磷化锡	
铁	磷化铁	
锰	磷化锰	
汞	磷化汞	
钼	磷化钼	
镍	磷化镍	
金	磷化金	
铂	磷化铂	
铅	磷化铅	
钨	磷化钨	
锌	磷化锌	

续　表

与磷结合的简单物质名称	得到的化合物	
	新名称	观察结果
草碱	磷化草碱	这些化合物尚属未知，根据让热布雷先生的实验，它们是不可能存在的。
苏打	磷化苏打	
氨	磷化氨	
石灰	磷化石灰	
苦土	磷化苦土	
晶石	磷化晶石	
矾土	磷化矾土	

磷是一种简单的可燃物质，在古时一直没有被化学家们发现。直至1667年才被勃兰特发现，但后者对其制备磷的方法秘而不宣。很快，孔克尔揭开了勃兰特制磷的谜底并将这种方法公之于众。直到今天，我们依然保留着“孔克尔磷”这个名称，这个名字的留存证明公众认可的是发布者，而不是将自己的发现秘而不宣的发现者。当时，人们只能从尿液中提取磷：尽管制备方法在好几本著作中都有描述，特别是荷伯格先生在1692年的《科学院文集》中对此也有说明，但是一直以来，英国都是整个欧洲的科学家们唯一的磷供应商。直到1737年，法国才在皇家植物花园在科学院委员们的见证下第一次进行了磷的制备实验。如今，制备磷的方法更加简单、更加节约成本，即通过动物骨骼来制取，这些动物骨骼是真正的石灰质磷酸盐。根据盖恩、舍勒、鲁埃尔等诸位先生的实验，最简单的制取方法就是煅烧成年动物的骨骼，直至骨骼几乎变白；然后，将骨骼研磨成粉并过蚕丝筛；往过筛后的粉末上倒入稀释的硫酸，但硫酸的量不能过多，需比溶解全部粉末所需的硫酸量少一点。这种酸与骨头中的石灰质土质结合形成硫酸石灰，同时，磷酸被析出，呈游离状态存在于溶液中。然后，我们进行液体倾析，清洗倾析后的残渣，然后将清洗残渣的水与之前倾析出来的液体混合；接下来将混合溶液蒸馏以将硫酸石灰分离出来，经过蒸馏的硫酸石灰结晶成细丝，将细丝清除继续蒸馏，我们便能获得无色透明玻璃状的磷酸。将其弄成粉末并与相

当于其重量三分之一的炭混合，我们便得到纯净的磷。我们通过这种方法获得的磷酸绝对没有磷通过燃烧或者通过与硝酸混合得到的磷酸纯。因此，在一些研究性的实验中不应使用这种方法获取磷酸。

磷几乎存在于所有的动物物质中，根据化学分析，它也存在于一些有着动物特征的植物中。在这些物质中，它一般与碳、氮和氢结合形成一些非常复合的根。这些根通常会与一定量的氧化合变成氧化物，哈森夫拉兹先生在木炭中对这种物质所进行的实验让人不禁猜测，或许这种物质在植物界中的存在比我们想象的要更普遍；如今能确定的是，如果处理得当，我们便能在一些植物中获得这种物质。我将磷列在简单可燃物质的行列中，因为迄今没有任何实验能证明它能被分解。磷能在温度计的 32°（104°）时着火燃烧。

第十节　对于碳及其化合物的观察

非氧化碳与简单物质结合形成的化合物表

与碳结合的简单物质名称	得到的化合物	
	新名称	观察结果
氧	氧化碳	未知
	碳酸	英国人所说的固定空气，布格尔先生和佛克洛伊先生所说的“白垩酸”。
硫	碳化硫	未知化合物
磷	碳化磷	
氮	磷化氮	
氢	碳-亚氢根	
	固定油和挥发性油	
锑	碳化锑	在所有这些化合物中，迄今我们只认识碳化铁和碳化锌，先前人们称它们为“石墨”；其他化合物至今仍未被制成，也未被发现。
银	碳化银	
砷	碳化砷	
铋	碳化铋	
钴	碳化钴	
铜	碳化铜	
锡	碳化锡	
铁	碳化铁	
锰	碳化锰	
汞	碳化汞	
钼	碳化钼	
镍	碳化镍	
金	碳化金	
铂	碳化铂	
铅	碳化铅	
钨	碳化钨	
锌	磷化锌	

续 表

与碳结合的简单物质名称	得到的化合物	
	新名称	观察结果
草碱	碳化草碱	未知化合物
苏打	碳化苏打	
氨	碳化氨	
石灰	碳化石灰	
苦土	碳化苦土	
晶石	碳化晶石	
矾土	碳化矾土	

由于至今没有任何实验表明我们能够分解碳，因此现如今我们只能将它看作是简单物质。现代的一些实验证明，它似乎预先成形存在于植物中。先前我已经论证了碳能与氢，有时候能与氮、磷结合形成复合根，然后再与一定的氧化合形成氧化物或酸。

为了获取存在于植物物质或动物物质中的碳，必须先将其通过温和的火，随后再经受极强的火以将顽强地附着于炭上的最后一点水分去除。在化学操作中，我们一般使用粗陶烧瓶或陶瓷烧瓶来进行实验。在烧瓶中我们放入木块或者其他可燃物质，将烧瓶置于一个质量很好的反射炉中，逐渐加热反射炉直至极热的温度——蒸发热度，换句话说，就是能将所有能够变成气体的物质都变成气体释放出来的温度。最后，碳作为最稳定的物质，停留在烧瓶中，与少量土质以及一些固定盐结合。

工业制造业中所使用的木材碳化方法则更加经济实惠：取一堆木材，并用土覆盖以隔绝空气，使其不能燃烧也不能析出油和水；然后将火熄灭，把在埋木材的“土炉子”上开的小孔堵住。

有两种分析碳的方法：第一，将其置于空气中或者说是氧气中燃烧；第二，通过硝酸来将其氧化。在这两种方法中，我们能将碳转化成碳酸，并析出石灰、草碱和一些中性盐。化学家们很少投入到这种实验中，甚至连草碱在燃烧前就已经存在于炭之中这一点都还没有严格地被证明。

第十一节 对于盐酸根、氟酸根、硼酸根及其化合物的观察

我们并没有制定介绍这些物质的化合物的表格，无论是它们相互之间结合的化合物，还是它们与其他可燃物体结合的化合物，因为我们迄今对它们仍未有任何的了解。我们只知道这些根能被氧化形成盐酸、氟酸和硼酸以及它们能够与很多物质化合形成大量的化合物。但现今的化学界仍未能将它们“脱氧”（如果我能这样表达的话）来获得最简单的状态下的这些物质。为了能达到这个目的，必须要找到一个其与氧的亲和力比氧与盐酸根、氟酸根和硼酸根的亲和力更大的物体，或者是有双重亲和力的物体。读者们可以参阅以下有关盐酸、氟酸和硼酸的各节中，我们对这些酸根的来源所了解的内容。

第十二节　对于金属相互结合的化合物的观察

在这里，我们本应编制一些介绍所有金属相互结合形成的化合物的表格来结束对于简单物质有关的化合物的论述，但由于这些表格篇幅巨大而且信息并不完整，至少我们并没有对这些化合物做过深入的研究，因此我将这些表格删掉了。我只需告诉大家，这些化合物有一个统一的名称，叫作“合金”；而且我们需将在金属化合物中占比较大的那种金属放在合金名称的最前面。因此，“金银合金”或者“熔合了银的金”这些名称表明了金在这种合金中是占优势的金属。

金属合金像其他所有化合物一样有着不同的氧化程度。根据德·拉·布里谢先生的实验，它们似乎有两个截然不同的饱和度。

第十三节　对于亚硝酸和硝酸以及其化合物的观察

具有一定量的氧、处于亚硝酸状态的氮与可成盐基结合形成的化合物表

（按照这些基与该酸的亲和力排序）

与亚硝酸结合的基的名称	中性盐的名称	
	新名称	观察结果
晶石	亚硝酸晶石	这些盐是近年来才被发现的，它们还没被命名。
草碱	亚硝酸草碱	
苏打	亚硝酸苏打	
苦土	亚硝酸苦土	
氨	亚硝酸氨	
矾土	亚硝酸矾土	
氧化锌	亚硝酸锌	由于金属能以不同的氧化度溶解于亚硝酸和硝酸中，因此必然会产生不同的金属盐；氧化程度低的金属盐叫作“亚硝酸盐”；氧化程度高一些的叫作“硝酸盐”。但这种区分界限是很难定义的。这些盐是新近被发现的，老化学家们并不认识这些盐。
氧化铁	亚硝酸铁	
氧化锰	亚硝酸锰	
氧化钴	亚硝酸钴	
氧化镍	亚硝酸镍	
氧化铅	亚硝酸铅	
氧化锡	亚硝酸锡	
氧化铜	亚硝酸铜	
氧化铋	亚硝酸铋	
氧化锑	亚硝酸锑	
氧化砷	亚硝酸砷	
氧化汞	亚硝酸汞	
氧化银 *	亚硝酸银	
氧化金 *	亚硝酸金	
氧化铂 *	亚硝酸铂	

* 极有可能不存在银、金和铂的亚硝酸盐，而只有这些金属的硝酸盐。

被氧饱和的处于硝酸状态的氮与可成盐基结合形成的化合物表

(按照这些基与该酸的亲和力排序)

与硝酸结合的基的名称	中性盐的名称	
	新名称	旧名称
晶石	硝酸晶石	带有一个重土基的硝石
草碱	硝酸草碱	硝石，含植物碱基的硝石，硝石盐
苏打	硝酸苏打	四角硝石，含矿物碱基的硝石
石灰	硝酸石灰	石灰质硝石，带石灰质基硝石，硝石盐或硝石盐母水
苦土	硝酸苦土	含苦土基的硝石
氨	硝酸氨	氨硝石
矾土	硝酸矾土	亚硝矾，泥质硝石，含矾土质基的硝石
氧化锌	硝酸锌	锌硝石
氧化铁	硝酸铁	铁硝石，玛尔斯硝石
氧化锰	硝酸锰	锰硝石
氧化钴	硝酸钴	钴硝石
氧化镍	硝酸镍	镍硝石
氧化铅	硝酸铅	铅硝石，萨杜恩硝石
氧化锡	硝酸锡	锡硝石
氧化铜	硝酸铜	铜硝石，维纳斯硝石
氧化铋	硝酸铋	铋硝石
氧化锑	硝酸锑	锑硝石
氧化砷	硝酸砷	砷硝石
氧化汞	硝酸汞	汞硝石
氧化银	硝酸银	银硝石，月神硝石，硝酸银棒
氧化金	硝酸金	金硝石
氧化铂	硝酸铂	铂硝石

亚硝酸和硝酸可从一种制造业上称为“硝石”的盐中提取。我们可以从旧建筑的房渣土和洞窖土、马厩、谷仓以及一般的居住场所的土中通过浸滤来提取这种盐。在这些土中，硝酸通常与石灰和苦土结合在一起，有时候和草碱结合，极少数的时候与矾土结合。由于所有这些盐(那些以草碱为根的盐除外）都能够吸收空气中的水分，因此在制造业上很难保存。我们利用草碱对硝酸有着极大的亲和力这个特点以及它能够沉淀石灰、苦土和矾土的属性，将所有的硝酸盐变成硝石盐制造业以及豪华住宅的精修工程所需的硝酸草碱或硝石。为了从这种盐中获得亚硝

酸，我们在一个带管口的曲颈瓶中放入三份非常纯净的硝石以及一份浓缩的硫酸；将曲颈瓶连接到一个有两个开口的球形瓶中，再将球形瓶连接到沃尔夫装置上，也就是一系列的含多个瓶颈的小烧瓶，小烧瓶中装一半水，相互之间用玻璃管子连接。如图版Ⅳ，图1所示。用封泥封闭所有的接头，火力由小到大渐进式增加：火产生的热将亚硝酸变成了红色蒸气，也就是过量的亚硝气，或者换句话说就是未被氧饱和的红色亚硝气。一部分这种酸在球形瓶中凝结成一种暗橘红色的液体，另外一部分与各个烧瓶中的水结合。与此同时，有大量的氧气被释放出来，因为在这种高温下氧与热素的亲和力比其与亚硝氧化物的亲和力大，在我们生存的常温下则是相反的。正因为一部分的氧从硝酸中分离出来，所以硝酸变成了亚硝酸。我们用柔火将亚硝酸微微加热便能使它回到硝酸的状态。在这过程中，过量的亚硝气逃逸出来，仅剩下硝酸；但通过这种方法，我们只能获得被水大大稀释了的硝酸，实验过程中有大量的硝酸损失了。

我们可以通过混合硝石和特别干燥的黏土并将混合物放到粗陶烧瓶中加热来获得更加浓缩的硝酸，硝酸的损失也更少。在这过程中，由于黏土与草碱的亲和力较大，因此黏土与草碱结合；同时，只含有少量亚硝气的轻微发烟的硝酸则从曲颈瓶上方离去。我们将硝酸放到另一个曲颈瓶中，稍稍加热便能将混在其中的亚硝气“赶走”，被赶走的少量亚硝气被收集到另一个容器中，曲颈瓶中只剩下硝酸。

在本书的前些章节，我们已经知道氮是硝酸根。如果我们在 $20\frac{1}{2}$ 份重量的氮中加入 $43\frac{1}{2}$ 的氧，便能形成64份亚硝酸或亚硝酸气；如果我们在前面这种化合物中再加入36份氧，将会获得硝酸。处在这两种氧化端之间的氧，产生了不同种类的亚硝酸，也就是说，硝酸中多多少少都会混合了亚硝气。我是通过分解来确定这些比例的，并不能确保这些比例是精确的，但它们与真实的比例不会相差太远。卡文迪什先生是第一个通过分解的方法证明氮是硝酸根的人，他给出的组合比例与我的有些许不同。在他给出的比例中，氮占的比例更高。但同时很有可能它形成的是亚硝酸而不是硝酸；这种情况可以在一定程度上解释为什么会有不同的结果。

为了获得非常纯净的硝酸，必须使用去除所有异物混合物的硝石。如果在蒸馏后，我们怀疑硝酸中含有少量的硫酸残留物，我们可以在溶液中倒入几滴硝酸晶石，硫酸与晶石结合形成一种会沉淀的不溶于硝酸的中性盐。我们也能通过在溶液中滴入几滴硝酸银将可能存在于硝酸中的盐酸离析出来；这个时候，硝酸中的盐酸与银有着更大的亲和力，和银结合并以盐酸银的形式沉淀下来，盐酸银几乎不溶于酸。经过这两次沉淀后，继续蒸馏直至大约八分之七的酸被蒸馏出来，这个时候我们便能确定所获得的硝酸是纯净的了。

硝酸是最具化合倾向同时又是最容易分解的物质之一。除了金、银和铂之外，几乎所有的简单物质都能或多或少从硝酸中夺取氧，有一些甚至能将它完全分解。它的这个属性在很久以前就为化学家们所知了，它的化合物也是在所有酸的化合物中被研究得最多的。马凯和博梅两位先生将所有由硝酸获得的盐命名为“硝石类”。我们保留了这个名称的前缀，改变了词尾。由于成盐的硝酸有硝酸和亚硝酸之分，且根据我们在第一部分第十六章中已经解释过原因的一般规则，我们将那些由硝酸获得的盐叫作“硝酸盐”或“亚硝酸盐”。同时我们也通过一系列前面已经介绍过的一般要素所形成的每种盐特有的基来对每一种盐加以区分。

第十四节　对于硫酸及其化合物的观察

硫酸的化合物表

(以亲和力为序)

新名称		
序号	与硫酸结合的基的名称	产生的中性盐名称
1	晶石	硫酸晶石
2	草碱	硫酸草碱
3	苏打	硫酸苏打
4	石灰	硫酸石灰
5	苦土	硫酸苦土
6	氨	硫酸氨
7	矾土	硫酸矾土
8	氧化锌	硫酸锌
9	氧化铁	硫酸铁
10	氧化锰	硫酸锰
11	氧化钴	硫酸钴
12	氧化镍	硫酸镍
13	氧化铅	硫酸铅
14	氧化锡	硫酸锡
15	氧化铜	硫酸铜
16	氧化铋	硫酸铋
17	氧化锑	硫酸锑
18	氧化砷	硫酸砷
19	氧化汞	硫酸汞
20	氧化银	硫酸银
21	氧化金	硫酸金
22	氧化铂	硫酸铂

氧化硫与可成盐基通过湿法结合形成的化合物表

（以亲和力为序）

旧名称		
序号	与硫酸结合的基的名称	产生的中性盐的名称
1	重土	重石，重土矾
2	植物固定碱	矾化酒石，杜巴斯盐，复制秘方药
3	矿物固定碱	格劳伯尔盐
4	石灰质土	透石膏，石膏，石灰质矾
5	苦土	泻盐，骚动盐，苦土矾
6	挥发性碱	格劳伯尔秘氨盐
7	矾土	明矾
8	锌石灰	白矾，皓矾，锌矾
9	铁石灰	绿矾，玛尔斯矾，铁矾
10	锰石灰	锰矾
11	钴石灰	钴矾
12	镍石灰	镍矾
13	铅石灰	铅矾
14	锡石灰	锡矾
15	铜石灰	蓝矾，罗马矾，铜矾
16	铋石灰	铋矾
17	锑石灰	锑矾
18	砷石灰	砷矾
19	汞石灰	汞矾
20	银石灰	银矾
21	金石灰	金矾
22	铂石灰	铂矾

一直以来，我们都是通过蒸馏硫酸铁或“玛斯矾”① 来提取硫酸，在硫酸铁中，这种酸和铁结合在一起。巴塞尔·瓦伦丁于十五世纪就在他的著作中描述过这种蒸馏方法。但现今，我们更倾向于通过磷的燃烧来提取硫酸，因为通过这种方法获得的硫酸比从各种硫酸盐中获取的硫酸要更加经济、更加方便。为了使磷更容易燃烧和氧化，我们可以用少量粉末状的硝石盐或者硝酸草碱与之混合。在此过程中，硝石盐被分解，向硫提供一部分能够促进硫转变成酸的氧。虽然增加了硝石盐，但磷在密闭的容器中持续燃烧也只能维持在有限的时间内，不管这个容器有多

① 玛斯矾：硫酸铁的另一个名称。

大。有两个原因会终止磷的燃烧：1. 氧被耗尽，磷燃烧所处的空气中几乎仅剩下氮气；2. 酸本身长时间处于蒸气状态，这会阻碍磷的燃烧。在一些大规模制造硫酸的工厂里，人们通过在大型的密闭燃烧室中燃烧硫和硝石盐的混合物来获得硫酸，燃烧室的墙壁用薄铅板覆盖，底部放置少量水以方便硫酸蒸气凝结；接下来就是要除去硫酸中的水：将所获得的硫酸放到一个大的蒸馏甑中，柔火加热蒸馏，略带酸性的水逃逸出去，蒸馏甑中仅剩下浓缩的硫酸。这种状态下的硫酸是透明无味的，重量大约是水的两倍。如果用几个风箱对准火焰往进行这个操作的含铅板的大型密闭燃烧室中导入新鲜空气，就能延长硫燃烧的时间并加快硫酸的制备速度。燃烧时，使氮气通过一些含水的长管或者螺旋管，氮气与水接触，混在氮气中的亚硫酸气或硫酸气便与水结合，因而只剩下纯净的氮气从管中排出。

根据贝多莱先生的首次实验，69 份硫燃烧吸收 31 份氧，形成 100 份硫酸。按照另一种方法进行的第二次实验，72 份硫吸收 28 份氧形成同样的 100 份干硫酸。

像其他所有酸一样，要将金属溶解于这种酸，需事先将金属氧化。但是，大部分的金属都能分解一部分酸，夺走酸中足够数量的氧，成为金属氧化物，进而能够溶解于剩余的没有被分解的酸中。当我们将银、汞甚至是铁、锌放到浓缩的沸腾硫酸中使其溶解时，就会发生这种情况。这些金属先是氧化成为氧化物，然后再溶解于酸中，但它们从酸中夺取的氧并不足以让硫酸还原成硫，它们只能将它还原成亚硫酸的状态，因此这种亚硫酸以气体的形成被释放出来。如果我们将银、汞和其他几种除铁和锌以外的金属放到被水稀释的硫酸中，此时，由于金属与氧的亲和力不足以让它们从酸中夺取氧，因此它们既不能将硫酸还原成硫或亚硫酸，也不能释放出氢气，也就是说它们完全不能溶解于这种酸。锌和铁的情况则不太相同：这两种金属在酸的帮助下，能够分解水，和水中的氧结合而被氧化，因此酸无须浓缩或者沸腾，它们直接就能溶于其中。

第十五节　对于亚硫酸及其化合物的观察

亚硫酸与可成盐基结合形成的化合物表

（以亲和力为序）

新名称	
与亚硫酸结合的基的名称	形成的中性盐的名称
晶石	亚硫酸晶石
草碱	亚硫酸草碱
苏打	亚硫酸苏打
石灰	亚硫酸石灰
苦土	亚硫酸苦土
氨	亚硫酸氨
矾土	亚硫酸矾土
氧化锌	亚硫酸锌
氧化铁	亚硫酸铁
氧化锰	亚硫酸锰
氧化钴	亚硫酸钴
氧化镍	亚硫酸镍
氧化铅	亚硫酸铅
氧化锡	亚硫酸锡
氧化铜	亚硫酸铜
氧化铋	亚硫酸铋
氧化锑	亚硫酸锑
氧化砷	亚硫酸砷
氧化汞	亚硫酸汞
氧化银	亚硫酸银
氧化金	亚硫酸金
氧化铂	亚硫酸铂

注：准确来说，在这些盐中，老化学家们只知道“斯塔尔亚硫盐”，直到最近，这种盐才被更名为“亚硫酸草碱”。在我们制定新的命名法之前，人们用“含植物固定碱基的斯塔尔亚硫盐”“含矿物固定碱基的斯塔尔亚硫盐”和“含石灰质土基的斯塔尔亚硫盐”来表示亚硫酸盐。

在这个表格中，我们采用了伯格曼先生的硫酸亲和力次序，因为实际上，碱和土质的顺序与亚硫酸的顺序一样；但不确定这种次序对于金属氧化物是不是也一样。

与硫酸一样，亚硫酸也是由硫和氧结合形成，只是参与化合的氧比例比硫酸的小。我们可以通过不同的方式获得亚硫酸：1. 缓慢地燃烧硫；2. 加入银、锑、铅、汞或者炭来蒸馏硫酸，硫酸中的部分氧与金属结合，硫酸还原成亚硫酸的状态。在我们生存的常温常压下，这种酸自然地以气态形式存在。但根据克卢埃先生的实验，在一个非常低的冷却温度下，它似乎能够凝结变成液态。这个状态下的水所吸收的这种酸气要比它吸收的碳酸气要多得多；但同时比它吸收的盐酸气要少得多。

一般来说，金属如果不能在酸中被氧化，那么它就不能溶解于该酸，这是一个板上钉钉的事实，我也重复说了好多次。因为当亚硫酸失去了它变成硫酸所需的大部分氧时，它更倾向于将氧夺回来，而不是将它仅剩的那点氧提供给金属。因此，亚硫酸不能将金属溶解，除非这些金属事先已经被氧化。按照同一个原理，金属氧化物能更容易溶解于亚硫酸中，而且此过程中没有泡腾产生。与盐酸一样，这种酸甚至具有能够溶解由于过度氧化而不溶于硫酸的金属氧化物的属性，它与这些金属氧化物结合形成真正的硫酸盐。因此，如果不是铁、汞和其他几种金属溶解过程中发生的现象使我们确信这些金属物质在溶解于酸的过程中有两种氧化程度的话，或许我们就会猜想只存在金属硫酸盐而不存在亚硫酸盐了。因此，在此次观察中，金属氧化程度较弱的那种盐被称为“亚硫酸盐”，而氧化程度较强的盐则被称为“硫酸盐”。我们仍不清楚这种区分是否适用于除铁和汞以外的所有其他金属硫酸盐。

第十六节　对于亚磷酸和磷酸及其化合物的观察

磷经第一度氧化形成的亚磷酸与可成盐基结合形成的化合物表

（以亲和力为序）

新名称	
与亚磷酸结合的基的名称	形成的中性盐的名称
石灰	亚磷酸石灰＊
晶石	亚磷酸晶石
苦土	亚磷酸苦土
草碱	亚磷酸草碱
苏打	亚磷酸苏打
氨	亚磷酸氨
矾土	亚磷酸矾土
氧化锌	亚磷酸锌＊＊
氧化铁	亚磷酸铁
氧化锰	亚磷酸锰
氧化钴	亚磷酸钴
氧化镍	亚磷酸镍
氧化铅	亚磷酸铅
氧化锡	亚磷酸锡
氧化铜	亚磷酸铜
氧化铋	亚磷酸铋
氧化锑	亚磷酸锑
氧化砷	亚磷酸砷
氧化汞	亚磷酸汞
氧化银	亚磷酸银
氧化金	亚磷酸金
氧化铂	亚磷酸铂

＊所有这些盐先前都还没有被命名。

＊＊亚磷酸金属盐的存在并未绝对确定，只是猜想金属物质能够溶解于磷酸，且能产生不同的氧化度，但这尚未被证明。

被氧饱和的磷或磷酸与可成盐基结合形成的化合物表

(以亲和力为序)

新名称	
与磷酸结合的基的名称	形成的中性盐的名称
石灰	磷酸石灰＊＊＊
晶石	磷酸晶石
苦土	磷酸苦土
草碱	磷酸草碱
苏打	磷酸苏打
氨	磷酸氨
矾土	磷酸矾土
氧化锌	磷酸锌
氧化铁	磷酸铁
氧化锰	磷酸锰
氧化钴	磷酸钴
氧化镍	磷酸镍
氧化铅	磷酸铅
氧化锡	磷酸锡
氧化铜	磷酸铜
氧化铋	磷酸铋
氧化锑	磷酸锑
氧化砷	磷酸砷
氧化汞	磷酸汞
氧化银	磷酸银
氧化金	磷酸金
氧化铂	磷酸铂
＊＊＊这些盐中大部分都是最近才被发现的，因此在这之前没有被命名。	

我们在关于磷的章节中已经大致了解了磷这种奇特物质的发现过程以及关于它在动植物物质中的存在方式的一些观察结果。

获得纯净的没有任何杂质的磷酸最稳妥的方式是将自然萃取的纯磷放置在玻璃钟形罩下方燃烧，其中钟形罩的内部用蒸馏水润湿。在此操作中，磷吸收其重量 $2\frac{1}{2}$ 的氧。如果将磷放在水银而不是水上进行同样的燃烧，那我们便能得到固态的磷酸。这种状态下的磷酸为白色絮片状，能够贪婪地吸收空气中的水分。为了获得亚硫酸状态的这种酸，换句话说，就是氧化程度更低的酸，必须使磷以极其缓慢的速度燃烧：将其放置在水晶烧瓶上的漏斗中，使其随意与空气接触进而潮解来达到这个目的。几天后，我们可以得到氧化了的磷；而亚磷酸，随着它逐渐形成，夺取了空气中的部分水分，进而流到烧瓶中。如果将亚磷酸持续长时间地暴露在空气中，它很容易就转变成磷酸。由于磷和氧的亲和力极强，因此能够将硝酸和氧化盐酸中的氧夺走。所以磷和这两种酸反应也是获取磷酸的一种较为简单且经济的方法。如果我们想用硝酸来获取磷酸，取一个带管口的、用水晶塞子塞紧的蒸馏烧瓶，往烧瓶中导入半瓶浓缩硝酸，用微火加热烧瓶，然后通过管口导入一些小磷块。磷块溶解，产生泡腾；同时亚硝气以鲜红蒸气的形式逃逸出来。接着继续加入磷块，直至磷块不能再被溶解为止。这个时候，把火加大一点以“驱赶”最后一点硝酸。这样，烧瓶中就仅剩下磷酸，其中一部分为固态，另一部分为液态。

第十七节　对于碳酸及其化合物的观察

氧化碳酸根或碳酸与可成盐基结合形成的化合物表
(以亲和力为序)

与碳酸结合的基的名称	形成的中性盐的名称	
	新名称	旧名称
晶石	碳酸晶石	充气重土或泡腾重土
石灰	碳酸石灰	石灰质土，石灰质晶石，白垩
草碱	碳酸草碱	起泡植物固定碱，草碱臭气
苏打	碳酸苏打	起泡矿物固定碱，苏打臭气
苦土	碳酸苦土	起泡苦土，爱普森起泡盐基，苦土臭气
氨	碳酸氨	起泡挥发性碱，氨臭气
矾土	碳酸矾土	黏土臭气，充气矾土
氧化锌	碳酸锌	锌晶石，锌臭气
氧化铁	碳酸铁	铁晶石，铁臭气
氧化锰	碳酸锰	锰臭气
氧化钴	碳酸钴	钴臭气
氧化镍	碳酸镍	镍臭气
氧化铅	碳酸铅	铅晶石或铅臭气
氧化锡	碳酸锡	锡臭气
氧化铜	碳酸铜	铜臭气
氧化铋	碳酸铋	铋臭气
氧化锑	碳酸锑	锑臭气
氧化砷	碳酸砷	砷臭气
氧化汞	碳酸汞	汞臭气
氧化银	碳酸银	银臭气
氧化金	碳酸金	金臭气
氧化铂	碳酸铂	铂臭气
注：这些盐中大部分都是最近才被发现、被定义的，所以严格来说，这些盐并没有旧名称。然而我们认为需要在这里给出莫尔沃先生在他的《百科全书》第一卷中为这些盐所命的名称。伯格曼先生将被这种酸饱和的基用定语“充气的”来描述，因此，充气的石灰质土表示被碳酸饱和的石灰质土。佛克洛伊先生曾赋予碳酸以“白垩酸”并将所有由该酸与可成盐基结合形成的盐称作“白垩”。		

在我们认识的所有酸中，碳酸或许是在大自然中分布最为广泛的。它在白垩、大理石以及所有的石灰质石头中都是完全成形的，它主要能够被一种名叫“石灰”的特殊土质中和。为了将碳酸从这些物质中分离出来，需要在这些物质上倒入硫酸或者其他所有与石灰的亲和力比其与碳酸的亲和力更大的酸。此过程中会产生剧烈的泡腾，这种泡腾因碳酸被释放出来而引起，碳酸一旦变成游离状态便以气体的形式逃逸出来。我们迄今所知的任何冷却程度和压力都不能使这种气体凝结成固体或液体。它只能与其同体积的水结合，形成一种极弱的酸。

我们也可以通过发酵含糖物质来获得足够纯净的碳酸，但这种方法获得的碳酸会含有少量的酒精。

碳是碳酸的根。因此我们可以通过在氧气中燃烧炭或者以精确的比例将炭粉和金属氧化物混合来人工合成这种酸。金属氧化物中的氧与碳结合形成碳酸，金属变成游离状态，呈现它本身的金属状态。

正是布莱克先生让我们对这种酸有了初步的了解。它的“在我们生存的常温和常压下仅以气态存在”的属性使其逃脱了老化学家们的研究。

如果我们能够通过一种更加经济的方式来分解这种酸，那么这将是人类社会的一个非常珍贵的发现，因为通过这种方式，我们可以随意地获取石灰质土、大理石等物质中所含的极为丰富的炭。我们不能通过简单的亲和力来做到这一点，因为用来分解碳酸的物体至少需要和炭一样可燃烧，我们所做的仅仅是用一种可燃物质来换取另一种可燃物质。但我们并不排除有用双重亲和力来达到这个目的的可能。为什么我们会这么想？因为大自然在植物生长过程中用一些极为普通的物质就彻底解决了这个问题①。

① 这里的意思是植物生长过程中可以产生碳。

第十八节　对于盐酸及其化合物的观察

氧化盐酸根或盐酸与可成盐基结合形成的化合物表
(以亲和力为序)

与盐酸结合的基的名称	形成的中性盐的名称	
	新名称	旧名称
晶石	盐酸晶石	含重土基的海盐
草碱	盐酸草碱	西尔维退热盐，含植物固定碱基的海盐
苏打	盐酸苏打	海盐
石灰	盐酸石灰	含土质基的海盐，石灰油
苦土	盐酸苦土	爱普森海盐，含爱普森盐基或臭气基的海盐
氨	盐酸氨	氨盐
矾土	盐酸矾土	海矾，含矾土质基的海盐
氧化锌	盐酸锌	锌海盐
氧化铁	盐酸铁	铁盐，玛尔斯海盐
氧化锰	盐酸锰	锰海盐
氧化钴	盐酸钴	钴海盐
氧化镍	盐酸镍	镍海盐
氧化铅	盐酸铅	角状铅
氧化锡	盐酸锡	利巴菲乌斯①发烟液
氧化铜	盐酸铜	铜海盐
氧化铋	盐酸铋	铋海盐
氧化锑	盐酸锑	锑海盐
氧化砷	盐酸砷	砷海盐
氧化汞	柔汞	甘汞
	升汞	升汞
氧化银	盐酸银	角状银
氧化金	盐酸金	金海盐
氧化铂	盐酸铂	铂海盐

① 利巴菲乌斯：德国人，曾在1597年发现铜氨配合物。

氧化盐酸与各种其可能与之结合的可成盐基的化合物表

<table>
<tr><th rowspan="2">与氧化盐酸结合的基的名称</th><th colspan="2">形成的中性盐的名称</th></tr>
<tr><th>新名称</th><th>旧名称</th></tr>
<tr><td>晶石</td><td>氧化盐酸晶石</td><td rowspan="23">这些盐是直到 1786 年才被贝多莱先生发现的，先前的化学家们并不认识这些盐。</td></tr>
<tr><td>草碱</td><td>氧化盐酸草碱</td></tr>
<tr><td>苏打</td><td>氧化盐酸苏打</td></tr>
<tr><td>石灰</td><td>氧化盐酸石灰</td></tr>
<tr><td>苦土</td><td>氧化盐酸苦土</td></tr>
<tr><td>氨</td><td>氧化盐酸氨</td></tr>
<tr><td>矾土</td><td>氧化盐酸矾土</td></tr>
<tr><td>氧化锌</td><td>氧化盐酸锌</td></tr>
<tr><td>氧化铁</td><td>氧化盐酸铁</td></tr>
<tr><td>氧化锰</td><td>氧化盐酸锰</td></tr>
<tr><td>氧化钴</td><td>氧化盐酸钴</td></tr>
<tr><td>氧化镍</td><td>氧化盐酸镍</td></tr>
<tr><td>氧化铅</td><td>氧化盐酸铅</td></tr>
<tr><td>氧化锡</td><td>氧化盐酸锡</td></tr>
<tr><td>氧化铜</td><td>氧化盐酸铜</td></tr>
<tr><td>氧化铋</td><td>氧化盐酸铋</td></tr>
<tr><td>氧化锑</td><td>氧化盐酸锑</td></tr>
<tr><td>氧化砷</td><td>氧化盐酸砷</td></tr>
<tr><td rowspan="2">氧化汞</td><td>氧化柔汞</td></tr>
<tr><td>氧化升汞</td></tr>
<tr><td>氧化银</td><td>氧化盐酸银</td></tr>
<tr><td>氧化金</td><td>氧化盐酸金</td></tr>
<tr><td>氧化铂</td><td>氧化盐酸铂</td></tr>
</table>

盐酸在矿物界中非常广泛地分布：在矿物界中，它与各种基结合，主要与苏打、石灰和苦土结合。在海水和一些湖的水中，我们遇到的就是盐酸与这三种基结合形成的物质；在一些井盐矿中，它通常与苏打结合。似乎迄今没有任何一个实验能将它分解；因此我们对它的根的性质一无所知。我们甚至是通过类比法推断它含有酸化要素，即氧。贝多莱先生曾经猜想这种基可能有金属性质；但由于大自然似乎每天都在栖居场所通过瘴气和气态流体的化合来形成盐酸，因此应该假设大气中存在一种金属气体；毫无疑问，这并不是不可能发生的，但至少要有证据我们才能承认这个假设。

盐酸与可成盐基的亲和力并不强，因此硫酸能够将其从化合物中分离出来，所以化学家们一般都将硫酸作为媒介来制备盐酸。我们也可以使用其他酸来达到这个目的，比如说硝酸，但这种酸可挥发，在蒸馏的过程中会与盐酸混合在一起，给实验带来不便。在此操作中，需使用一份浓缩硫酸和两份海盐。我们可以按照沃尔夫先生的方法，首先将海盐导入一个带管口的曲颈瓶中，将曲颈瓶与一个同样带管口的球形瓶连接，然后再将两个或三个灌满水的小烧瓶与球形瓶连接，这些小烧瓶相互之间用管子连接，如图版 *Ⅳ*，图 1 所示。用封泥封闭所有接口，然后将硫酸通过一根管子导入曲颈瓶中，之后立即用水晶塞子把曲颈瓶塞紧。在我们生存的常温和常压下仅能以气体的状态存在，这是盐酸的一个属性，因此如果不将它与水接触（其与水的亲和力很大），就不可能使其凝结。这个操作中产生的极大部分盐酸都与与球形瓶连接的小烧瓶中的水结合。当这些瓶被盐酸饱和时，就会产生古时化学家们所说的“发烟盐精”，也即我们现在所说的“盐酸”。

我们用这种方法获得的盐酸并未最大程度地被氧饱和，所以如果我们将盐酸与金属化合物一起蒸馏，比如氧化锰、氧化铅或氧化汞，它就会从这些氧化物中继续夺取新的氧：由此形成的酸，我们将其命名为“氧化盐酸”，这种酸像盐酸一样，当它处于游离状态时，只能以气体的形式存在；而且能够被水吸收的氧化盐酸的量较之盐酸少得多。如果我们将超出一定比例的这种液体浸于水中，该酸就会以固态的形式沉淀在烧瓶底部。如贝多莱先生所论证的那样，氧化盐酸能够与大量的可成盐基结合，所形成的盐与碳和一些金属物质化合时会发生爆炸。这种爆炸比起氧携带巨大量的热素形成氧化盐酸盐时产生的爆炸更加危险。这是由于大量的热素膨胀，因而产生了非常危险的爆炸。

第十九节　对于硝化盐酸及其化合物的观察

硝化盐酸与可成盐基结合形成的化合物表

（按照字母顺序排列，因为该酸的亲和力次序仍不确定）

与硝化盐酸结合的基的名称	形成的中性盐的名称
矾土	硝化盐酸矾土
氨	硝化盐酸氨
锑	硝化盐酸锑
银	硝化盐酸银
砷	硝化盐酸砷
氨	硝化盐酸氨
晶石	硝化盐酸晶石
铋	硝化盐酸铋
石灰	硝化盐酸石灰
钴	硝化盐酸钴
铜	硝化盐酸铜
锡	硝化盐酸锡
铁	硝化盐酸铁
苦土	硝化盐酸苦土
锰	硝化盐酸锰
汞	硝化盐酸汞
钼	硝化盐酸钼
镍	硝化盐酸镍
金	硝化盐酸金
铂	硝化盐酸铂
铅	硝化盐酸铅
草碱	硝化盐酸草碱
苏打	硝化盐酸苏打
钨	硝化盐酸钨
锌	硝化盐酸锌
注：这些化合物中的大部分，特别是硝化盐酸与土质和碱结合形成的化合物很少被研究。我们不清楚它们是形成一种混合盐，还是这两种酸各自形成两种不同的盐。	

硝化盐酸，以前被叫作“王水”，由硝酸和盐酸混合形成。在这种化合物中两种酸的基结合在一起形成一种二基酸，这种二基酸有着独立于硝酸和盐酸的特殊属性，特别是它能够溶解金和铂。

在硝化盐酸的溶解作用中，就像其他所有酸一样，金属在溶解前先被氧化。它们会夺取酸中的一部分氧，同时释放出一种特殊的硝化盐酸气体，对于这种气体的特征，还没有任何人能将它准确地描述出来。它的味道非常难闻，如果被动物吸入，那将是致命的；它会腐蚀铁质器械和铁锈；水能吸收大量的这种酸并获得一些酸性特征。这些是我在用硝化盐酸溶解了大量的铂的时候观察到的现象。

一开始我猜想，在硝酸和盐酸的混合物中，盐酸夺取硝酸的一部分氧，变成氧化盐酸的状态，因此它能够溶解金；但几个事实推翻了这种解释。因为如果真是这样，在加热硝化盐酸的时候，会有亚硝酸气逸出，然而我们并没有获得半点亚硝酸气。因此我完全采纳了贝多莱先生的想法，重新把硝化盐酸看作是一种二基酸。

第二十节　对于氟酸及其化合物的观察

氧化氟酸根或氟酸与可成盐基结合形成的化合物表

(以亲和力为序)

与氟酸结合的基的名称	形成的中性盐的名称	
	新名称	旧名称
石灰	氟酸石灰	先前的化学家们并不认识所有这些化合物。
晶石	氟酸晶石	
苦土	氟酸苦土	
草碱	氟酸草碱	
苏打	氟酸苏打	
氨	氟酸氨	
氧化锌	氟酸锌	
氧化锰	氟酸锰	
氧化铁	氟酸铁	
氧化铅	氟酸铅	
氧化锡	氟酸锡	
氧化钴	氟酸钴	
氧化铜	氟酸铜	
氧化镍	氟酸镍	
氧化砷	氟酸砷	
氧化铋	氟酸铋	
氧化汞	氟酸汞	
氧化银	氟酸银	
氧化金	氟酸金	
氧化铂（用干法）	氟酸铂	
矾土	氟酸矾土	

大自然在萤石、磷晶石或氟化石灰中为我们提供了成形的氟酸，在这些物质中，它与石灰质土结合形成一种难溶的盐。

为了将氟酸从化合物中分离出来而获得纯净的氟酸，我们将一块萤石或氟化石灰放到一个铅质曲颈瓶中，然后在上面倒入硫酸，将曲颈瓶连接到一个同样是铅制的容器中，容器中装一半水。用柔火加热曲颈瓶，氟酸逸出后被容器中的水吸收。由于这种酸在我们生存的常温和常压下自然地以气体的形式存在，因此我们可以像收集海洋酸气体、亚硫酸气体、碳酸气体那样将它收集到一个汞化学气体装置中。

由于氟酸能够溶解玻璃和硅质土，因此在此操作中我们只能使用金属器皿；它甚至能使这两种物质具有挥发性，在蒸馏的过程中将它们变成气体的形式一起带走。

正是马格拉夫先生让我们对这种酸有了初步的了解，但是他从来没有获得过纯净的氟酸，他所获得的氟酸一般都含有大量的硅土。此外，他并不知道这是一种特殊的酸。德·利安考特公爵在一篇以布兰杰先生的名义发表的学术论文中大大地扩展了对氟酸属性的知识，到最后，舍勒先生似乎为这个主题的研究画上了完美的句号。

如今我们需要做的就是确定氟酸根的性质，但由于我们似乎还不能分解这种酸，因此我们仍旧对其根的性质一无所知。如果需要就这个问题开展实验，我们只能依靠双重亲和力才有成功的可能性。

第二十一节　对于硼酸及其化合物的观察

氧化硼酸根与其可能结合的各种可成盐基结合形成的化合物表

(以亲和力为序)

与硼酸结合的基的名称	产生的中性盐名称
石灰	硼酸石灰
晶石	硼酸晶石
苦土	硼酸苦土
草碱	硼酸草碱
苏打	硼酸苏打
氨	硼酸氨
氧化锌	硼酸锌
氧化铁	硼酸铁
氧化铅	硼酸铅
氧化锡	硼酸锡
氧化钴	硼酸钴
氧化铜	硼酸铜
氧化镍	硼酸镍
氧化汞	硼酸汞
矾土	硼酸矾土
注：这些化合物中的大多数在这之前都还没有被命名而且古时的化学家们也不认识，他们将硼酸命名为“镇静盐”，并将镇静盐与草碱、苏打和石灰结合形成的化合物分别叫作“含植物固定碱基的硼砂”“含矿物固定碱基的硼砂”和“含石灰质土基的硼砂”。	

我们将从硼砂中提取出来的固体酸命名为“硼酸”，这些硼砂是通过贸易从印度运过来的。尽管硼砂在很久以前就被应用于制造业，但我们对它的来源、提取它以及将它提纯的方式只有一些非常模糊的概念。人们猜测它是一种自然存在于印度的一些地区以及湖水中的天然盐：所有的这些盐是通过荷兰商人运到法国来的，他们早就拥有了提纯这种盐的

技术；但后来勒吉利埃家族的诸位先生在巴黎建立了制备硼酸的工厂，成为他们的竞争对手；然而，硼酸的提纯方法至今仍是个谜。通过化学分析，我们了解到硼砂是一种含有过量基的中性盐，而且这种基就是苏打，它能被一种长期以来被人称为“荷伯格镇静盐”但现今被我们叫作“硼酸”的特殊酸部分中和。有时我们能在湖水中发现游离状态的硼酸：意大利的彻恰约湖中每品脱水中含有94格令半的硼酸。

为了将硼酸从硼砂中分离以获得游离状态的硼酸，我们首先在沸水中溶解硼砂，然后将这种非常热的混合液过滤，往液体中倒入硫酸或者另外一种与硫的亲和力比与硼酸的亲和力大的酸。硼酸很快就被分离出来，通过冷却，我们获得结晶状态的硼酸。

长期以来我们一直以为，硼酸是我们获得硼酸的操作中的一种产物，因此我们坚信它的性质应随用于将它和苏打分离的酸性质的不同而不同。现在，大家都知道，只要我们通过洗涤将其他所有异酸去除并通过一次或两次连续结晶将其净化，那么，无论通过哪种方法获得它，它始终都是同一种酸。

硼酸能溶于水和酒精。当它溶于酒精的时候能使酒精点燃并产生绿色的火焰，这种现象让人认为它含有铜；但没有任何决定性的实验能证明这一点。而且就算硼砂中含有铜，那也只是偶然性的。

这种酸可以通过湿法和干法与可成盐基结合。通过湿法它并不能直接溶解金属，但我们可以通过双重亲和力来进行化合作用。

上面的表格按照硼酸与可成盐基的亲和力顺序介绍了硼酸可以通过湿法与之结合的各种物质；但如果我们通过干法来进行化合作用，那么这个表格就要大改了，比如被放在最后面的矾土就要移到苏打的后面。

硼酸根现在还完全不为人所知，由于氧对它的亲和力是如此大以至于仍未有任何能将它们分离的方法。我们甚至是通过类比法才能推断出氧是它的组成成分之一，就像其他酸一样。

第二十二节　对于砷酸及其化合物的观察

氧化砷或砷酸与可成盐基结合形成的化合物表

（以亲和力为序）

与砷酸结合的可成盐基名称	产生的中性盐名称	观察结果
石灰	砷酸石灰	古时的化学家们完全不认识这种盐，直至马凯先生在1746年发现了砷酸与草碱以及苏打结合形成的化合物，他将这些化合物命名为“含砷中性盐”。
晶石	砷酸晶石	
苦土	砷酸苦土	
草碱	砷酸草碱	
苏打	砷酸苏打	
氨	砷酸氨	
氧化锌	砷酸锌	
氧化锰	砷酸锰	
氧化铁	砷酸铁	
氧化铅	砷酸铅	
氧化锡	砷酸锡	
氧化钴	砷酸钴	
氧化铜	砷酸铜	
氧化镍	砷酸镍	
氧化铋	砷酸铋	
氧化汞	砷酸汞	
氧化锑	砷酸锑	
氧化银	砷酸银	
氧化金	砷酸金	
氧化铂	砷酸铂	
矾土	砷酸矾土	

在1746年《科学院文集》的一篇学术论文中，马凯先生论述了通过燃烧白色氧化砷和硝石的混合物可以得到一种中性盐，他将这种盐称为“中性砷盐”。在马凯先生发表这篇学术论文的年代，人们完全不清楚这种奇怪现象的原因，也不知道为什么一种金属物质能够起到酸的作用。近现代的

一些实验让我们了解到砷在这个过程中被氧化，它夺去了硝酸的氧并且在氧这种要素的帮助下转化为一种真正的酸，然后和草碱结合。如今我们知道其他一些不仅可以氧化砷而且能够将砷酸从化合物中分离出来从而获得游离砷酸的办法。最简单的方法就是将白色氧化砷溶于重量为其重量三倍的盐酸中；在这种混合溶液仍然沸腾的时候往其中加入重量为氧化砷两倍的硝酸，然后蒸发溶液直至干燥。在此操作中，硝酸被分解，它的氧与氧化砷结合使其酸化，硝酸根以亚硝酸气的形式消散。至于盐酸，它转变成盐酸气，我们可以通过蒸馏的方式将其截取。我们需保证盐酸不再作为异酸混在砷酸中，因此可以通过在坩埚中燃烧固体的砷酸和盐酸混合物直至其开始变红，这个时候的盐酸受热变成气体逸出，剩余在坩埚中的便是纯净的砷酸。

还有其他几种将砷氧化并将其转化为酸的方法。舍勒先生所用的方法在于在盐酸中蒸馏氧化锰，这种方法被莫尔沃先生在第戎重复实施过并且获得了巨大的成功。在此操作中，正如我之前所说的，该酸夺取氧化锰中的氧继续氧化，变成过氧化盐酸从蒸馏瓶中逸出。将这种酸收集到一个事先放置了白色氧化砷的容器中，氧化砷上洒了少量的蒸馏水。白色氧化砷分解过氧化盐酸并夺取了盐酸中的过量氧变成砷酸而过氧化盐酸则变回普通的盐酸。可通过蒸馏将这两种酸分离，蒸馏过程中早期使用柔火，后期增加火力：盐酸从蒸馏瓶中逸出，砷酸呈白色固体状留在瓶中。这种状态下的砷酸挥发性比白色氧化砷要弱得多。

很多时候，砷酸中都会含有一部分没有被充分氧化的白色氧化砷。如果我们用硝酸来进行实验，并在实验中多次加入新的硝酸直至蒸馏瓶中没有亚硝气逸出，就不会有这个困扰了。因为在此过程中，氧化砷已经完全被氧化转变成砷酸了。

根据这些不同的实验观察，我将会把砷酸定义为一种白色金属酸，在能使其变红的温度下呈现稳定固态，由砷和氧化合形成，能溶于水并且能够与大量的可成盐基结合。

第二十三节　对于钼酸及其化合物的观察

氧化钼或钼酸与可成盐基结合形成的化合物表

（以首字母为序＊）

与钼酸结合的可成盐基名称	得到的中性盐名称
矾土	钼酸矾土
氨	钼酸氨
氧化锑	钼酸锑
氧化银	钼酸银
氧化砷	钼酸砷
晶石	钼酸晶石
氧化铋	钼酸铋
石灰	钼酸石灰
氧化钴	钼酸钴
氧化铜	钼酸铜
氧化锡	钼酸锡
氧化铁	钼酸铁
苦土	钼酸苦土
氧化锰	钼酸锰
氧化汞	钼酸汞
氧化镍	钼酸镍
氧化金	钼酸金
氧化铂	钼酸铂
氧化铅	钼酸铅
草碱	钼酸草碱
苏打	钼酸苏打
锌	钼酸锌

＊在这个表格中，我们按照首字母为序排列，因为我们对该酸与不同的基之间的亲和力并不是特别了解。该酸同其他很多酸一样，都是由舍勒先生发现的。

注：所有这些盐都是新近发现的，在这之前仍未被命名。

钼是一种特殊的金属物质，能够被氧化并转变为一种真正的固体酸。

为了达到这个目的，我们在一个曲颈瓶中放入一份天然钼矿（它是一种真正的硫化物）和五六份硝酸，该硝酸被重量大约为其四分之一的水稀释，然后开始蒸馏。硝酸中的氧依附于钼和硫上，分别变成氧化钼和硫酸。按照同样的比例继续加入硝酸，重复四五次；当不再有红色蒸气冒出，钼也尽可能地被氧化的时候，我们就能在瓶底得到白色粉末状的像白垩一样的钼酸。这种酸只有极少量溶于水，因此我们可以用热水清洗而不用担心会损失很多的钼酸。用热水清洗的这个步骤是很有必要的，这样能将可能黏附于钼酸之上的最后一点硫酸清除掉。

第二十四节　对于钨酸及其化合物的观察

氧化钨或钨酸与可成盐基结合形成的化合物表

与钨酸结合的可成盐基名称	得到的中性盐名称
石灰	钨酸石灰
晶石	钨酸晶石
苦土	钨酸苦土
草碱	钨酸草碱
苏打	钨酸苏打
氨	钨酸氨
矾土	钨酸矾土
氧化锑 *	钨酸锑
氧化银	钨酸银
氧化砷	钨酸砷
氧化铋	钨酸铋
氧化钴	钨酸钴
氧化铜	钨酸铜
氧化锡	钨酸锡
氧化铁	钨酸铁
氧化锰	钨酸锰
氧化汞	钨酸汞
氧化钼	钨酸钼
氧化镍	钨酸镍
氧化金	钨酸金
氧化铂	钨酸铂
氧化铅	钨酸铅
氧化锌	钨酸锌

我们赋予了这种特殊的金属以“钨”的名称，人们经常将钨矿和锡矿混淆；钨的结晶态与石榴石相似，它和水的比重大于 6∶1；颜色在珍珠白、淡红色和黄色之间变换。人们在萨克森自由州和波西米亚的好几个地方都发现了它的踪迹。

黑钨矿也是一种真正的钨矿，在康沃尔矿中很常见。

这种名为“钨”的金属在这两种矿中都是处于氧化物的状态。甚至在钨矿中，它似乎被氧化到了酸的状态并与石灰结合。

为了获得游离状态的这种酸，我们将一份的钨矿和四份碳酸草碱组成的混合物放到一个坩埚中加热融化。当混合物冷却下来的时候，将其捣成粉末并在粉末上倒入 12 份沸水，然后再加入硝酸，由于硝酸与草碱有更大的亲和力，因此硝酸和草碱结合，钨酸被离析出来：这种酸被离析出来后很快就以固态的形式沉淀到锅底。为了使钨被充分氧化，继续加入硝酸蒸馏至干，重复操作，直到再也没有红色蒸气逸出。如果我们想获得纯净的钨酸，则需在一个铂质的坩埚中融化钨矿和碳酸草碱的混合物；如果使用一般的坩埚，那么坩埚中的土质会混在蒸馏得到的产物中，影响钨酸的纯净度。

钨酸与金属氧化物的亲和力仍未被确定，正因为如此，我们以首字母的顺序排列；至于其他的可成盐基，我们按照它们与钨酸的亲和力排序。所有这些酸并未被古时的化学家们发现，因此也未被命名。

第二十五节 对于酒石酸及其化合物的观察

氧化酒石酸根或酒石酸与可成盐基结合形成的化合物表

(以亲和力为序)

与酒石酸结合的可成盐基名称	得到的中性盐名称
石灰	酒石酸石灰
晶石	酒石酸晶石
苦土	酒石酸苦土
草碱	酒石酸草碱
苏打	酒石酸苏打
氨	酒石酸氨
矾土	酒石酸矾土
氧化锌	酒石酸锌
氧化铁	酒石酸铁
氧化锰	酒石酸锰
氧化钴	酒石酸钴
氧化镍	酒石酸镍
氧化铅	酒石酸铅
氧化铜	酒石酸铜
氧化铋	酒石酸铋
氧化锑	酒石酸锑
氧化砷	酒石酸砷
氧化银	酒石酸银
氧化汞	酒石酸汞
氧化金	酒石酸金
氧化铂	酒石酸铂

酒石，即黏附在完成葡萄酒发酵的酒桶周围的一种物质，是一种众所周知的盐。这种盐由一种特殊的酸过量地和草碱结合形成。

依旧是舍勒先生教会了化学家们获得纯净酒石酸的方法。首先，他发现这种酸与石灰的亲和力比其与草碱的亲和力更大，因此，在实验中，他首先在沸水中溶解已经提纯的酒石，然后加入石灰直至整个酸被饱和。

所形成的酒石石灰沉到溶液底部，它是一种几乎不溶于水的酸，特别是它被冷却的时候，更加不溶于水。我们通过倾析法将它与溶液分离，用冷水冲洗并干燥；然后在这种固体酸上倒入硫酸，硫酸被重量为其八至九倍的水稀释；将混合溶液柔火加热浸提 12 个小时，期间时不时地搅动溶液。在这过程中，硫酸夺取酒石酸中残留的石灰，形成硫酸石灰，酒石酸变成游离状态。在浸提期间，有少量的气体释放出来，但并没有验证是什么气体。12 个小时过后，将液体倾析，用冷水清洗硫酸石灰以将其表面附着的酒石酸去除；将所有清洗过硫酸石灰的液体放到一起，然后过滤、蒸馏，便能得到固态的酒石酸。十古斤提纯的酒石大概能得到 11 盎司的酒石酸，所需的未经稀释的浓硫酸为八至十盎司，正如我刚刚所说的，这些硫酸需要用重量为硫酸八至九倍的水稀释。

由于该酸中的可燃根过量，因此我们保留了词根“*eux*”①，并将酒石酸与可成盐基结合形成的中性盐命名为“酒石酸盐”。

酒石酸基是碳-亚氢根或氢-亚碳根，该根在酒石酸中的氧化程度似乎比在草酸中的氧化程度更低。哈森夫拉兹先生的实验似乎证明氮也是该根的组成成分之一，它在该根中的分量很大。通过氧化酒石酸，我们能将它转变成草酸、苹果酸和亚醋酸；但很有可能在这些转化过程中，氢和碳的比例也会改变，氧化度并不是导致这些酸的差异的唯一原因。

酒石酸与固定碱结合时可能有两个饱和程度：第一种饱和程度形成一种含过量酸的盐，先前被命名为“酒石乳油”，由于这个名字非常不恰当，后来我们将其命名为“酸化酒石草碱”；第二种饱和程度形成一种完全中性的盐，我们简单地将它称为“酒石草碱”，制药学上将其称为“植物盐”。同时这种酸与苏打结合直至被苏打饱和，所形成的“酒石苏打”先前以“塞涅特盐”或“罗谢尔多用盐”的名称为人所知。

---

① 酒石为“*tartre*”，氧化后的酒石酸保留“*eux*”的词尾，因此酒石酸为“*tartreux*”。

第二十六节　对于苹果酸及其化合物的观察

氧化苹果酸根或苹果酸与可成盐基结合形成的化合物表

（以首字母为序）

与苹果酸结合的可成盐基名称	得到的中性盐名称（新名称）
矾土	苹果酸矾土
氨	苹果酸氨
氧化锑	苹果酸锑
氧化银	苹果酸银
氧化砷	苹果酸砷
晶石	苹果酸晶石
氧化铋	苹果酸铋
石灰	苹果酸石灰
氧化钴	苹果酸钴
氧化铜	苹果酸铜
氧化锡	苹果酸锡
氧化铁	苹果酸铁
苦土	苹果酸苦土
氧化锰	苹果酸锰
氧化汞	苹果酸汞
氧化镍	苹果酸镍
氧化金	苹果酸金
氧化铂	苹果酸铂
氧化铅	苹果酸铅
草碱	苹果酸草碱
苏打	苹果酸苏打
氧化锌	苹果酸锌
注：所有这些化合物都不为古时的化学家们所知。	

苹果酸预先形成并存在于成熟的或未成熟的酸苹果汁以及其他的果汁中。为了获得苹果酸，首先用草碱或苏打将苹果汁饱和；然后往饱和溶液中倒入亚醋酸铅的水溶液。两种溶液中的基相互交换；苹果酸与铅

结合并沉淀。将沉淀物，或者更准确地说，这种几乎不溶于水的盐彻底清洗干净；然后倒入稀释的硫酸，硫酸将苹果酸赶走，夺取铅，与铅结合形成一种同样非常难溶于水的硫酸盐，我们可以通过过滤来将其与苹果酸分开，然后剩下游离的液态苹果酸。这种酸混合着很多水果当中都含有的柠檬酸和酒石酸，它几乎是介于草酸和亚醋酸之间。赫尔姆布塔特先生将其称为“不完全的醋”。它比草酸氧化程度高但比亚醋酸氧化程度低。它的根的性质也与后者有所不同，它的根比亚醋酸的根含有更多的碳和更少的氢。我们可以将糖和硝酸进行处理来人工合成苹果酸。如果我们在前面所述的过程中使用一种被水稀释过的酸，那么就不会形成草酸结晶，而是会得到一种既含草酸也含苹果酸的液体，甚至还会有少量的酒石酸。为了确定这种说法的真实性，只需在液体中加入石灰水，然后我们会发现有酒石和草酸石灰产生，这两者是不溶的，因此会沉淀下来，同时也会形成溶解状态的苹果酸石灰。为了得到游离的纯净苹果酸，可以应用上面我们直接在苹果汁上操作时所用的同样的方式，即通过亚醋酸铅来分解苹果酸石灰，得到苹果酸铅后，使用硫酸将苹果酸铅中的铅夺走，便能得到纯净的苹果酸了。

第二十七节　对于柠檬酸及其化合物的观察

氧化柠檬酸根或柠檬酸与可成盐基结合形成的化合物表

(以亲和力为序＊)

与柠檬酸结合的可成盐基名称	中性盐名称	观察结果
晶石	柠檬酸晶石	所有这些化合物都不为古时化学家们所识。
石灰	柠檬酸石灰	
苦土	柠檬酸苦土	
草碱	柠檬酸草碱	
苏打	柠檬酸苏打	
氨	柠檬酸氨	
氧化锌	柠檬酸锌	
氧化锰	柠檬酸锰	
氧化铁	柠檬酸铁	
氧化铅	柠檬酸铅	
氧化钴	柠檬酸钴	
氧化铜	柠檬酸铜	
氧化砷	柠檬酸砷	
氧化汞	柠檬酸汞	
氧化锑	柠檬酸锑	
氧化银	柠檬酸银	
氧化金	柠檬酸金	
氧化铂	柠檬酸铂	
矾土	柠檬酸矾土	

＊该酸的亲和力由伯格曼先生和第戎科学院的布朗希先生确定。

我们将通过压榨柠檬得到的酸性液体称为“柠檬酸”，我们还能在其他几种水果中发现它和苹果酸混合在一起。为了获得纯净的浓缩柠檬酸，需先将它放到一个干爽的地方，如地窖，长时间静置以去除它的黏液部分，然后置于温度计零下 4°—5°（21°—23°）使其浓缩：这种状态下，水结冰，柠檬酸仍然处于液体状态，体积减少至原来的八分之一。但如果温度太低，柠檬酸会溶于冰中，很难分离，进而影响实验结果。这种柠檬酸的制备方法是由乔治斯研究出来的。但我们可以通过用石灰饱和柠檬汁的方法来制备柠檬酸，这种方法更加简单。这个过程中会形成一种不溶于水的石灰质柠檬酸（柠檬酸石灰)。冲洗这种盐，往盐中加入硫酸，硫酸夺取柠檬酸石灰中的石灰形成几乎不溶于水的硫酸石灰沉淀下来，柠檬酸则以液体的形式变成游离状态。

第二十八节　对于焦木酸及其化合物的观察

氧化焦木酸根或焦木酸与可成盐基结合形成的化合物表
（以亲和力为序）

与焦木酸结合的可成盐基名称	得到的中性盐名称
石灰	焦木酸石灰
晶石	焦木酸晶石
草碱	焦木酸草碱
苏打	焦木酸苏打
苦土	焦木酸苦土
氨	焦木酸氨
氧化锌	焦木酸锌
氧化锰	焦木酸锰
氧化铁	焦木酸铁
氧化铅	焦木酸铅
氧化锡	焦木酸锡
氧化钴	焦木酸钴
氧化铜	焦木酸铜
氧化镍	焦木酸镍
氧化砷	焦木酸砷
氧化铋	焦木酸铋
氧化汞	焦木酸汞
氧化锑	焦木酸锑
氧化银	焦木酸银
氧化金	焦木酸金
氧化铂	焦木酸铂
矾土	焦木酸矾土
注：所有这些化合物都不为古时的化学家们所知。	

古时的化学家们已经观察到大部分的木头，尤其是那些沉重密实的木头，都能通过露火蒸馏产生一种有着特殊性质的酸，但在戈特林先生之前，没有任何人研究过这种酸的性质。戈特林先生在 1779 年的克雷尔

《化学学报》中发表了他对该酸性质的研究内容。通过露火蒸馏木头得到的焦木酸是棕色的，其中含有大量的油和炭；为了获得更加纯净的焦木酸，我们可以进行第二次蒸馏。无论使用哪一种木头蒸馏，提取出来的焦木酸几乎都是一样的。莫尔沃先生和埃鲁瓦·布斯埃·德·科勒沃先生一直致力于确定该酸与各种不同的可成盐基之间的亲和力大小，该表就是按照他们所研究出来的亲和力顺序排列的。该酸的根主要由氢和碳构成。

第二十九节　对于焦亚酒石酸及其化合物的观察

氧化焦亚酒石酸根或焦亚酒石酸与可成盐基结合形成的化合物表

（以亲和力为序＊）

与焦亚酒石酸结合的基名称	得到的中性盐名称
草碱	焦亚酒石酸草碱
苏打	焦亚酒石酸苏打
晶石	焦亚酒石酸晶石
石灰	焦亚酒石酸石灰
苦土	焦亚酒石酸苦土
氨	焦亚酒石酸氨
矾土	焦亚酒石酸矾土
氧化锌	焦亚酒石酸锌
氧化铁	焦亚酒石酸铁
氧化铅	焦亚酒石酸铅
氧化锡	焦亚酒石酸锡
氧化钴	焦亚酒石酸钴
氧化铜	焦亚酒石酸铜
氧化镍	焦亚酒石酸镍
氧化砷	焦亚酒石酸砷
氧化铋	焦亚酒石酸铋
氧化汞	焦亚酒石酸汞
氧化锑	焦亚酒石酸锑
氧化银	焦亚酒石酸银

＊我们仍不清楚该酸与可成盐基的亲和力次序，但由于它与焦亚粘酸非常相似，因此我们按照焦亚粘酸的亲和力顺序为它排列。

注：所有这些化合物都不为古时的化学家们所知。

我们将通过蒸馏的方式从提纯的酒石中提取出来的一种焦臭稀酸称为“焦亚酒石酸”。为了获得这种酸，往一个玻璃曲颈瓶中加入半瓶的酸化亚酒石酸草碱或者粉末状的酒石，将曲颈瓶连接到一个带管口的容器，管口插一根弯管连通钟形罩下方的化学气体装置。逐渐增大曲颈瓶下方的火，我们就得到一种混合着油的焦臭酸液体，用一个漏斗将油和焦臭酸分离，便能获得我们命名为“焦亚酒石酸”的酸性液体了。在此次蒸馏过程中，有大量的碳酸气体被释放出来。我们所得到的焦亚酒石酸并不是完全纯净的，它始终含有油，我们需要将其与酸分离。一些人建议通过第二次蒸馏来达到这个目的，但第戎科学院的院士们认为这种操作非常危险，会产生爆炸，因此不适合二次蒸馏。

第三十节　对于焦亚粘酸及其化合物的观察

氧化焦亚粘酸根或焦亚粘酸与可成盐基结合形成的化合物表

（以亲和力为序）

与焦亚粘酸结合的基名称	得到的中性盐名称
草碱	焦亚粘酸草碱
苏打	焦亚粘酸苏打
晶石	焦亚粘酸晶石
石灰	焦亚粘酸石灰
苦土	焦亚粘酸苦土
氨	焦亚粘酸氨
矾土	焦亚粘酸矾土
氧化锌	焦亚粘酸锌
氧化锰	焦亚粘酸锰
氧化铁	焦亚粘酸铁
氧化铅	焦亚粘酸铅
氧化锡	焦亚粘酸锡
氧化钴	焦亚粘酸钴
氧化铜	焦亚粘酸铜
氧化镍	焦亚粘酸镍
氧化砷	焦亚粘酸砷
氧化铋	焦亚粘酸铋
氧化锑	焦亚粘酸锑
注：所有这些化合物都不为古时的化学家们所知。	

我们通过露火蒸馏糖和所有含糖物质来获得焦亚粘酸。由于这些物质遇热会极大地膨胀，因此我们需要在曲颈瓶中预留八分之七的空间，也就是说只需加入八分之一的这些物质来蒸馏。它呈现出一种接近于红色的黄色，如果进行第二次蒸馏来去掉杂质，它的颜色会变淡。它主要是由水和少量轻微氧化的油组成。如果这种酸滴落在手上，它会将手污染成黄色，很难洗掉，除非连手的表皮也一起除掉。使其浓缩的最简单

的方式是将其置于冰点下的严寒中或者人工制造的寒冷环境中；如果用硝酸将其氧化，它会转化成一部分草酸和一部分苹果酸。

人们一直认为该酸在蒸馏过程中会有大量的气体逸出，但如果用柔火慢慢蒸馏，根本不会有气体逸出。

第三十一节　对于草酸及其化合物的观察

氧化草酸根或草酸与可成盐基结合形成的化合物表
(以亲和力为序)

与草酸结合的可成盐基名称	得到的中性盐名称
石灰	草酸石灰
晶石	草酸晶石
苦土	草酸苦土
草碱	草酸草碱
苏打	草酸苏打
氨	草酸氨
矾土	草酸矾土
氧化锌	草酸锌
氧化铁	草酸铁
氧化锰	草酸锰
氧化钴	草酸钴
氧化镍	草酸镍
氧化铅	草酸铅
氧化铜	草酸铜
氧化铋	草酸铋
氧化砷	草酸砷
氧化汞	草酸汞
氧化银	草酸银
氧化金	草酸金
氧化铂	草酸铂
注：所有这些化合物都不为古时的化学家们所知。	

草酸主要是在瑞士和德国从压榨的酸模汁中提取出来的，酸模汁经过长时间的静置会形成草酸的结晶。在这种状态下，它被植物固定碱或草碱部分饱和，所以，更准确地说，它是一种含有过量酸的中性盐。想要获得纯净的草酸，必须通过人工合成。可以通过氧化糖来达到这个目的，因为糖似乎是真正的草酸根。因此，我们在一个曲颈瓶中加入一份

糖和六至八份硝酸，用柔火加热。瓶中有剧烈的泡腾产生并释放出大量的亚硝气。然后，我们将液体静置，便会有纯净的草酸结晶体析出。用吸墨纸干燥结晶体以将浸透在结晶体中的最后一些硝酸去除；为了使草酸更加纯净，我们将其溶解于沸水中并使其进行第二次结晶。

草酸并不是通过氧化糖得到的唯一一种酸。产生草酸结晶体的同一种溶液在冷却后也会含有苹果酸，苹果酸比草酸氧化程度更高。之后，继续氧化该糖，便能将其转化为亚醋酸或醋酸。

与少量苏打或草碱结合的草酸和亚酒石酸一样，在不被分解的情况下能与大量的可成盐基结合形成化合物的属性，因此会产生二基盐，而我们需要为这些盐命名。我们将酸模的盐称为“酸化草酸草碱”，这种盐被石灰饱和之后则称为“酸化草酸草碱石灰”。

在一个多世纪以前草酸就已经被化学家们发现了。杜克洛先生曾经在 1688 年的《科学院文集》中提到这种酸，之后伯尔哈夫先生对其进行了详细的描述，但舍勒先生是第一个发现这种酸中含有成形的草碱并证明它与糖被氧化形成的酸完全相同的人。

第三十二节　对于经第一度氧化的氧化亚醋酸根或亚醋酸与可成盐基形成的化合物的观察

经第一程度氧化的亚醋酸根或亚醋酸与可成盐基结合形成的化合物表
（以亲和力为序）

新名称		旧名称	
与亚醋酸结合的可成盐基名称	得到的中性盐名称	与醋的酸＊结合的基名称	得到的中性盐名称
晶石	亚醋酸晶石	重土	不为古人所知。德·莫尔沃先生发现，并将其称为“压醋”。
草碱	亚醋酸草碱	植物固定碱	马勒（Muller）叶酒石秘土。巴塞尔·瓦伦丁和帕拉塞尔苏斯（Paracelsus）酒石秘方。施罗德（Schröder）特效酒石泻药。兹韦尔费（Zwelfer）酒盐精。塔克利乌斯（Tachenuis）再生酒石。西尔维斯和威尔逊（Wilson）利尿盐。
苏打	亚醋酸苏打	矿物固定碱	含有矿物碱基的页土。矿页土或结晶页土。矿物亚醋盐。
石灰	亚醋酸石灰	石灰质土	白垩盐，或珊瑚盐，或蟹眼盐；哈特曼（Hartman）先生提及过。
苦土	亚醋酸苦土	爱普森（Epsom）盐基	文泽尔（Wenzel）先生首次提及。
氨	亚醋酸氨	挥发性碱	烈性明德里（Mindereri）盐，氨亚醋盐。
氧化锌	亚醋酸锌	锌化石灰	为格劳伯（Glauber）、施伟德姆伯格（Schedemberg）、里斯波尔（Respour）、波特（Pott）和文泽尔所知，但未命名。
氧化锰	亚醋酸锰	锰化石灰	不为古人所知。
氧化铁	亚醋酸铁	铁化石灰	玛尔斯醋。曾被蒙内特（Monnet）、文泽尔和达研公爵描述过。
氧化铅	亚醋酸铅	铅化石灰	铅或萨图恩糖、醋和盐。
氧化锡	亚醋酸锡	锡化石灰	为莱默里（Lemery）、马格拉夫、蒙内特、维斯伦道夫（Weslendorf）和文泽尔所知，但未被命名。
氧化钴	亚醋酸钴	钴化石灰	卡德先生的隐显墨水。

续 表

新名称		旧名称	
与亚醋酸结合的可成盐基名称	得到的中性盐名称	与醋的酸＊结合的基名称	得到的中性盐名称
氧化铜	亚醋酸铜	铜化石灰	铜绿、铜盐颜料晶、铜盐颜料、蒸馏铜绿、维纳斯晶或铜晶。
氧化镍	亚醋酸镍	镍化石灰	不为古人所知。
氧化砷	亚醋酸砷	砷化石灰	砷亚醋发烟水、卡德先生的液体磷。
氧化铋	亚醋酸铋	铋化石灰	乔弗罗瓦先生的铋糖。为盖勒特、波特、维斯伦道夫、伯格曼和德·莫尔沃所知。
氧化汞	亚醋酸汞	汞化石灰	汞页土、凯泽（Keyser）著名的抗毒药。格贝弗（Gebaver）在1748年提及；为赫罗特（Helot）、马格拉夫、博梅、伯格曼和德·莫尔沃所知。
氧化锑	亚醋酸锑	锑化石灰	未知。
氧化银	亚醋酸银	银化石灰	马格拉夫、蒙内特和文泽尔描述过，不为古人所知。
氧化金	亚醋酸金	金化石灰	几乎未知，施罗德和琼克（Huncker）曾提及。
氧化铂	亚醋酸铂	铂化石灰	未知。
矾土	亚醋酸矾土	矾土	根据文泽尔的意见，醋只能溶解极少量的矾土。

＊醋的酸为亚醋酸旧称。

注：除了亚醋酸草碱、亚醋酸苏打、亚醋酸氨、亚醋酸铜和亚醋酸铅之外，古时的化学家们几乎都不认识由亚醋酸与可成盐基结合形成的任何盐。卡德（Cadet）先生发现了亚醋酸砷；文泽尔先生、第戎科学院院士们、德·拉索涅（de Lasonne）先生和普鲁斯特（Proust）先生让我们了解到其他盐的性质。根据亚醋酸草碱能在蒸馏过程中释放出氨的性质，我们猜想，除了碳和氢之外，亚醋酸还含有少量的氮。不过，上述的氨或许是由草碱分解产生，这也不是不可能的。

亚醋酸根由碳和氧组成，通过加氧使其达到酸的状态。因此，该酸的组成要素与亚酒石酸、草酸、柠檬酸、苹果酸等一样，但每一种酸中这些要素的组成比例都不同，亚醋酸似乎是所有酸中氧化程度最高的。我有几个理由相信此酸中也含有少量氮，而这种在我刚刚列举的其他几种植物酸中（亚酒石酸中或许会有）都不存在的要素便是将它与其他酸区分开来的原因之一。为了制备亚醋酸或“醋的酸”，我们将葡萄酒置于一个较温和的温度，往酒里加入酵母，这种酵母主要是发酵残渣，即在另外一种醋在制备过程中分离出来的沉淀物，或者是另一种有着同样性质的物质。葡萄酒含酒精的部分（碳和氢）在此操作中被氧化，正因为如此，该操作只能在与空气接触的地方进行且操作过程中空气的体积会逐渐减少。因此，为了制备质量上乘的醋，酒桶里的酒只需装半桶。此过程中产生的酸非常容易挥发，被大量的水稀释且混合着很多异物质。为了获得纯净的亚醋酸，我们在一些粗陶质或玻璃器皿中用柔火对它进行蒸馏，但化学家们似乎忽略了一点，就是亚醋酸在此操作中会改变性质；通过蒸馏出来的酸与留在蒸馏器里面的酸性质并不相同。后者的氧化程度似乎更高一点。

蒸馏并不足以将混在亚醋酸中的异物质去除；获得浓缩的亚醋酸但又不会影响它的性质最好的方式是将亚醋酸置于零下4°—6°的寒冷温度下，在这种温度下，杂质结成冰，亚醋酸仍然处于液体状态，这样就能轻易地将两者分离。从整个化合物中分离出来的游离亚醋酸在我们生存的常温常压下似乎自然地处于气体状态，而且我们只能先将其与大量的水混合才能将其截获。

还有其他一些获取亚醋酸的化学方法：这些方法在于用硝酸氧化酒石酸、草酸或苹果酸。但是，有理由相信组成根的各种基的比例在操作过程中发生了变化。哈森夫拉兹先生日前正在重复那些人们认为可以实现这些酸之间的转换的实验。

亚醋酸非常容易与各种可成盐基结合，但形成的大部分盐都是不能结晶的且能溶于水的。它与亚酒石酸和草酸形成的盐不同，后者形成的盐一般都是很难溶于水的，亚酒石酸石灰和草酸石灰除外。苹果酸盐在溶解度方面介于草酸盐和亚醋酸盐之间，因为组成苹果酸盐的酸氧化度介于草酸盐的酸和亚醋酸盐的酸氧化度之间。

如同所有其他酸一样，要使金属溶解于亚醋酸，需事先将金属氧化。

第三十三节　对于醋酸及其化合物的观察

经第二程度氧化的氧化醋酸根或醋酸与可成盐基形成的化合物表（以亲和力为序）

与醋酸结合的可成盐基名称	得到的中性盐名称	观察结果
晶石	醋酸晶石	所有这些盐都不为古时的化学家们所认识。如今，甚至那些致力于现代发现的科学家们也不能准确地断定大部分的亚醋酸盐是亚醋酸盐类还是醋酸盐类。
草碱	醋酸草碱	
苏打	醋酸苏打	
石灰	醋酸石灰	
苦土	醋酸苦土	
氨	醋酸氨	
氧化锌	醋酸锌	
氧化锰	醋酸锰	
氧化铁	醋酸铁	
氧化铅	醋酸铅	
氧化锡	醋酸锡	
氧化钴	醋酸钴	
氧化铜	醋酸铜	
氧化镍	醋酸镍	
氧化砷	醋酸砷	
氧化铋	醋酸铋	
氧化汞	醋酸汞	
氧化锑	醋酸锑	
氧化银	醋酸银	
氧化金	醋酸金	
氧化铂	醋酸铂	
矾土	醋酸矾土	

我们赋予了根本的醋以“醋酸”的名称，因为我们猜想它的氧化度比普通的醋或亚醋酸的高。在这个猜想中，根本的醋或醋酸是氢-亚碳根氧化程度最高的产物，然而，不管这个猜想的可能性有多大，都需要通过更加有决定性的实验来证实。不管怎样，为制备醋酸，取亚醋草碱

(亚醋酸和草碱的化合物）或者亚醋酸铜（亚醋酸和铜的化合物），往里倒入其重量三分之一的浓缩硫酸，通过蒸馏，我们获得一种超浓缩的醋，我们将其命名为“根本的醋”或“醋酸”。但正如我刚刚说到的，迄今仍未严格证明该酸的氧化度比普通亚醋酸的氧化度高，甚至都还没证明导致它们差异的原因并不是根的要素比例的不同。

第三十四节　对于琥珀酸及其化合物的观察

氧化琥珀酸根或琥珀酸与可成盐基结合形成的化合物表

(以亲和力为序)

与琥珀酸结合的可成盐基名称	得到的中性盐名称
晶石	琥珀酸晶石
石灰	琥珀酸石灰
草碱	琥珀酸草碱
苏打	琥珀酸苏打
氨	琥珀酸氨
苦土	琥珀酸苦土
矾土	琥珀酸矾土
氧化锌	琥珀酸锌
氧化铁	琥珀酸铁
氧化锰	琥珀酸锰
氧化钴	琥珀酸钴
氧化镍	琥珀酸镍
氧化铅	琥珀酸铅
氧化锡	琥珀酸锡
氧化铜	琥珀酸铜
氧化铋	琥珀酸铋
氧化砷	琥珀酸砷
氧化汞	琥珀酸汞
氧化银	琥珀酸银
氧化金	琥珀酸金
氧化铂	琥珀酸铂
注：所有这些化合物都不为古时的化学家们所知。	

琥珀酸可通过蒸馏黄琥珀获得。只需把这种物质放到蒸馏曲颈瓶中，柔火加热，琥珀酸以固态的形式升华并黏附在曲颈瓶瓶颈处。蒸馏的时间不宜太长，否则会有油产生。操作结束后，用吸墨纸将它吸干，反复溶解和结晶来提纯。

要溶解此酸，需要 24 份冷水，但它更能溶于热水之中；它只会对蓝色植物染料有些微的影响，并且在很大程度上没有酸的性质。德·莫尔沃先生是第一个尝试确定该酸与不同可成盐基之间的亲和力的化学家，该表就是根据他所观察的亲和力顺序制定的。

第三十五节 对于安息香酸及其化合物的观察

氧化安息香酸根或安息香酸与可成盐基结合形成的化合物表

(以首字母为序)

与安息香酸结合的可成盐基名称	得到的中性盐名称
矾土	安息香酸矾土
氨	安息香酸氨
晶石	安息香酸晶石
石灰	安息香酸石灰
苦土	安息香酸苦土
草碱	安息香酸草碱
苏打	安息香酸苏打
氧化锑	安息香酸锑
氧化银	安息香酸银
氧化砷	安息香酸砷
氧化铋	安息香酸铋
氧化钴	安息香酸钴
氧化铜	安息香酸铜
氧化锡	安息香酸锡
氧化铁	安息香酸铁
氧化锰	安息香酸锰
氧化汞	安息香酸汞
氧化钼	安息香酸钼
氧化镍	安息香酸镍
氧化铅	安息香酸铅
氧化钨	安息香酸钨
氧化锌	安息香酸锌
注：所有这些化合物都不为古时的化学家们所知，甚至今天我们对安息香酸的性质及其与可成盐基的亲和力顺序仍没有足够的了解。	

该酸为古时的化学家们所命名的“安息香花”，我们可以通过升华得到这种酸。后来，吉奥弗洛瓦先生发现我们也可以通过湿法获得这种酸；最后舍勒先生根据其在安息香花上所进行的大量实验逐渐完善了这种方

法。取含有过量石灰的强石灰水，将石灰水一小部分一小部分地加到捣成粉末的安息香上，加热浸提，过程中持续搅动混合溶液。一个半小时的加热浸提后，倾析，然后重新加入新的石灰水，如此多次，直至石灰水不再中和安息香酸。将所有液体收集在一起并蒸发，当这些液体尽可能地浓缩但还没有结晶产生的时候，便将其冷却。然后往液体中一滴一滴地加入盐酸，直至再也没有沉淀产生。我们通过这种方法所获得的物质就是固态的安息香酸。

第三十六节 对于樟脑酸及其化合物的观察

氧化樟脑酸根或樟脑酸与可成盐基结合形成的化合物表

(以首字母为序)

与樟脑酸结合的可成盐基名称	得到的中性盐名称
矾土	樟脑酸矾土
氨	樟脑酸氨
氧化锑	樟脑酸锑
氧化银	樟脑酸银
氧化砷	樟脑酸砷
晶石	樟脑酸晶石
氧化铋	樟脑酸铋
石灰	樟脑酸石灰
氧化钴	樟脑酸钴
氧化铜	樟脑酸铜
氧化锡	樟脑酸锡
氧化铁	樟脑酸铁
苦土	樟脑酸苦土
氧化锰	樟脑酸锰
氧化汞	樟脑酸汞
氧化镍	樟脑酸镍
氧化金	樟脑酸金
氧化铂	樟脑酸铂
氧化铅	樟脑酸铅
草碱	樟脑酸草碱
苏打	樟脑酸苏打
氧化锌	樟脑酸锌
注：所有这些化合物都不为古时的化学家们所知。	

樟脑是一种固体精油，我们可以通过升华作用从中国和日本种植的月桂树中提取。科斯嘉顿先生将樟脑和硝酸的混合物蒸了八次，成功将樟脑氧化并转化为一种与草酸非常相似的酸。然而它在某些情况下与草

酸有差异，因此我们决定在新的实验能够确定它的性质之前为它保留一个特定的名称。

樟脑是一种碳-亚氢根或氢-亚碳根。通过将其氧化，能使其转化成草酸、苹果酸以及其他几种植物酸，这不足为奇。科斯嘉顿先生所进行的实验证实了这种猜想：他在该酸与各种可成盐基结合形成的化合物中所观察到的大部分现象与其在草酸或苹果酸与可成盐基结合形成的化合物中观察到的现象一致。因此，我有理由将樟脑酸看作是一种草酸和苹果酸的混合物。

第三十七节　对于棓酸及其化合物的观察

氧化棓酸根或棓酸与可成盐基结合形成的化合物表

(以首字母为序)

与棓酸结合的可成盐基名称	得到的中性盐名称
矾土	棓酸矾土
氨	棓酸氨
氧化锑	棓酸锑
氧化银	棓酸银
氧化砷	棓酸砷
晶石	棓酸晶石
氧化铋	棓酸铋
石灰	棓酸石灰
氧化钴	棓酸钴
氧化铜	棓酸铜
氧化锡	棓酸锡
氧化铁	棓酸铁
苦土	棓酸苦土
氧化锰	棓酸锰
氧化汞	棓酸汞
氧化镍	棓酸镍
氧化金	棓酸金
氧化铂	棓酸铂
氧化铅	棓酸铅
草碱	棓酸草碱
苏打	棓酸苏打
氧化锌	棓酸锌
注：所有这些化合物都不为古时的化学家们所知。	

棓酸或“涩素”可从没食子中提取，有两种方法：一种方法是用水炮制或煎熬没食子，另一种方法是慢火蒸馏。此酸只是近年才引起人们的注意。第戎科学院的诸位委员已经研究了它形成的所有化合物并给出

了迄今为止棓酸最完整的说明。尽管该酸的属性并不是很特别：它能使石蕊颜料变红，能分解硫化物，它能和所有金属结合并使各种金属以不同的颜色沉淀，但前提是这些金属事先被另一种酸溶解。在这种化合中，铁呈蓝色或深紫色沉淀下来。这种酸，如果它应该有一个名称的话，迄今尚无法给出。这种酸存在于很多植物中，比如橡树、柳树、黄菖蒲、草莓、睡莲、金鸡纳树、石榴皮和石榴花，以及很多木头和树皮中。我们现在完全不知道它的根是什么。

第三十八节 对于乳酸及其化合物的观察

氧化乳酸根或乳酸与可成盐基结合形成的化合物表

(以首字母为序)

与乳酸结合的可成盐基名称	得到的中性盐名称
矾土	乳酸矾土
氨	乳酸氨
氧化锑	乳酸锑
氧化银	乳酸银
氧化砷	乳酸砷
晶石	乳酸晶石
氧化铋	乳酸铋
石灰	乳酸石灰
氧化钴	乳酸钴
氧化铜	乳酸铜
氧化锡	乳酸锡
氧化铁	乳酸铁
氧化锰	乳酸锰
氧化汞	乳酸汞
氧化镍	乳酸镍
氧化金	乳酸金
氧化铂	乳酸铂
氧化铅	乳酸铅
草碱	乳酸草碱
苏打	乳酸苏打
氧化锌	乳酸锌
注：所有这些化合物都不为古时的化学家们所知。	

感谢舍勒先生让我们对乳酸有了唯一准确的认识。该酸存在于乳汁中并与少量的土质结合。为了获得乳酸，我们可以通过蒸发将乳酸浓缩为原来体积的八分之一，然后过滤分离出酪质；加入石灰，石灰会夺取我们想要提取的乳酸；通过加入草酸将乳酸和石灰分离。我们知道草酸

与石灰结合能形成一种不溶于水的盐。通过倾析将草酸石灰分离后，蒸发含有乳酸的液体直至液体像蜂蜜一样浓稠；然后加入酒精以溶解酸；接着过滤以将奶糖及其他杂质和乳酸分离。为了获得纯净的乳酸，接下来通过蒸发或蒸馏将酒精从乳酸中“赶出去”就可以了。

该酸几乎能与所有的可成盐基结合形成不能结晶的盐。在很多情况下，它的性质都非常接近亚醋酸。

第三十九节　对于糖乳酸及其化合物的观察

氧化糖乳酸根或糖乳酸与可成盐基结合形成的化合物表

(以亲和力为序)

与糖乳酸结合的可成盐基名称	得到的中性盐名称（新名称）
石灰	糖乳酸石灰
晶石	糖乳酸晶石
苦土	糖乳酸苦土
草碱	糖乳酸草碱
苏打	糖乳酸苏打
氨	糖乳酸氨
矾土	糖乳酸矾土
氧化锌	糖乳酸锌
氧化锰	糖乳酸锰
氧化铁	糖乳酸铁
氧化铅	糖乳酸铅
氧化锡	糖乳酸锡
氧化钴	糖乳酸钴
氧化铜	糖乳酸铜
氧化镍	糖乳酸镍
氧化砷	糖乳酸砷
氧化铋	糖乳酸铋
氧化汞	糖乳酸汞
氧化锑	糖乳酸锑
氧化银	糖乳酸银
注：所有这些化合物都不为古时的化学家们所知。	

我们可以通过蒸发从乳汁中提取一种糖，这种糖与甘蔗中的糖非常相似，而且很早以前就在药剂学中为人所知了。

这种糖像普通的糖一样，能够通过不同的方式氧化，主要是通过与硝酸结合而被氧化。在此过程中，需多次加入硝酸使这种糖彻底氧化。

通过蒸发将得到的液体浓缩，然后冷却使其结晶，我们就可以得到草酸；同时也有一种非常细的白色粉末被分离出来，这种粉末能够和碱结合，比如氨、土质甚至是一些金属。这种为舍勒先生所发现的酸，我们将其命名为“糖乳酸”。我们对于该酸对金属的作用所知甚少，我们只知道它能与金属结合形成一些很难溶于水的盐。该表中所使用的亲和力次序是由伯格曼先生提供的。

第四十节　对于蚁酸及其化合物的观察

氧化蚁酸根或蚁酸与可成盐基形成的化合物表

（以亲和力为序）

与蚁酸结合的可成盐基名称	得到的中性盐名称
晶石	蚁酸晶石
草碱	蚁酸草碱
苏打	蚁酸苏打
石灰	蚁酸石灰
苦土	蚁酸苦土
氨	蚁酸氨
氧化锌	蚁酸锌
氧化锰	蚁酸锰
氧化铁	蚁酸铁
氧化铅	蚁酸铅
氧化锡	蚁酸锡
氧化钴	蚁酸钴
氧化铜	蚁酸铜
氧化镍	蚁酸镍
氧化铋	蚁酸铋
氧化银	蚁酸银
矾土	蚁酸矾土
注：所有这些化合物都不为古时的化学家们所知。	

蚁酸从十七世纪就开始走进大众的视野。萨米埃尔·菲希尔是第一个通过蒸馏蚂蚁获得蚁酸的人。马格拉夫先生在其于 1749 年发表的一篇学习论文中、阿德维森和厄赫恩两位先生在其于 1777 年在莱比锡发表的论著中分别阐述了这个主题。

蚁酸是从大型红褐山蚁种中提取出来的，这种山蚁栖居在树木中并形成一些大型的蚁巢。如果我们想要通过蒸馏来获得蚁酸，那么将一些蚂蚁放入一个玻璃曲颈瓶或配有蒸馏器罩的蒸馏釜中，用柔火蒸馏，然后就会发现容器中出现蚁酸，蚁酸的重量大约是蚂蚁重量的二分之一。

如果我们想通过浸滤的方式获得蚁酸，那么先用冷水清洗蚂蚁，将其摊铺在一块棉麻布上，浇上热水，热水的作用是溶解蚂蚁中所含的蚁酸部分；我们甚至还可以轻轻地挤压被裹在棉麻布中的蚂蚁，这样得到的蚁酸浓度更高。为了获得纯净的浓缩蚁酸，我们可以使用精馏的方法，将它从未化合的油质和碳化物质中分离出来，然后按照处理亚醋酸的方法，将精馏出来的溶液置于寒冷中，使蚁酸和遇寒冷结冰的黏液分离开来。

第四十一节　对于蚕酸及其化合物的观察

氧化蚕酸根或蚕酸与可成盐基结合形成的化合物表

(以首字母为序)

与蚕酸结合的可成盐基名称	得到的中性盐名称
矾土	蚕酸矾土
氨	蚕酸氨
氧化锑	蚕酸锑
氧化银	蚕酸银
氧化砷	蚕酸砷
晶石	蚕酸晶石
氧化铋	蚕酸铋
石灰	蚕酸石灰
氧化钴	蚕酸钴
氧化铜	蚕酸铜
氧化锡	蚕酸锡
氧化铁	蚕酸铁
氧化锰	蚕酸锰
苦土	蚕酸苦土
氧化汞	蚕酸汞
氧化镍	蚕酸镍
氧化金	蚕酸金
氧化铂	蚕酸铂
氧化铅	蚕酸铅
草碱	蚕酸草碱
苏打	蚕酸苏打
氧化锌	蚕酸锌
注：所有这些化合物都不为古时的化学家们所知。	

当蚕从幼蚕变成蚕蛹的时候，它的体液似乎带有某种酸的特征。甚至在其破茧成蝶的时候会释放出一种强酸性的红棕色液体，这种液体能使蓝色纸张变红，这种现象吸引了第戎科学院成员肖西埃先生的注意。

在进行了几次提取纯净蚁酸的尝试后，他确定了这个最为可行的方法：将蚕蛹浸泡在酒精中，酒精的作用是在不影响蚕的黏液或胶质的情况下溶解蚕酸；通过蒸发酒精，我们便能获得纯净的蚕酸。该酸的属性和与成盐基的亲和力仍未被精确地确定。但从表面看起来，昆虫科所产生的酸都非常相似。蚕酸的根以及所有来自动物界的酸似乎都是由碳、氢、氮组成，或许还含有磷。

第四十二节　对于皮脂酸及其化合物的观察

氧化皮脂酸根或皮脂酸与可成盐基形成的化合物表

（以亲和力为序）

与皮脂酸结合的可成盐基名称	得到的中性盐名称
晶石	皮脂酸晶石
草碱	皮脂酸草碱
苏打	皮脂酸苏打
石灰	皮脂酸石灰
苦土	皮脂酸苦土
氨	皮脂酸氨
矾土	皮脂酸矾土
氧化锌	皮脂酸锌
氧化锰	皮脂酸锰
氧化铁	皮脂酸铁
氧化铅	皮脂酸铅
氧化锡	皮脂酸锡
氧化钴	皮脂酸钴
氧化铜	皮脂酸铜
氧化镍	皮脂酸镍
氧化砷	皮脂酸砷
氧化铋	皮脂酸铋
氧化汞	皮脂酸汞
氧化锑	皮脂酸锑
氧化银	皮脂酸银
注：所有这些化合物都不为古时的化学家们所知。	

为获得皮脂酸，取一块动物油脂，放到一个铁质锅里融化；然后加入粉末状的生石灰，持续搅动。从混合物中散发出来的蒸气非常刺鼻，因此我们需要将器皿放置在高处以免我们吸入这种蒸气。蒸发后期加大火力。在该操作中，皮脂酸与石灰结合形成皮脂酸石灰，这是一种难溶于水的盐。为了将皮脂酸和石灰分离，将与脂质混合的皮脂酸石灰放到

沸水中，后者溶解在水中，脂质融化并漂浮到水面。然后通过蒸发将这种盐分离出来。要获得纯净的该盐，需将其煅烧，再溶解，重新结晶，如此反复操作。

为获得游离的该酸，在已经提纯的皮脂酸石灰中倒入硫酸，然后蒸馏就能获得清澈的皮脂酸。

第四十三节　对于尿酸及其化合物的观察

氧化尿酸根或尿酸与可成盐基结合形成的化合物表

（以首字母为序）

与尿酸结合的可成盐基名称	得到的中性盐名称
矾土	尿酸矾土
氨	尿酸氨
氧化锑	尿酸锑
氧化银	尿酸银
氧化砷	尿酸砷
晶石	尿酸晶石
氧化铋	尿酸铋
石灰	尿酸石灰
氧化钴	尿酸钴
氧化铜	尿酸铜
氧化锡	尿酸锡
氧化铁	尿酸铁
苦土	尿酸苦土
氧化锰	尿酸锰
氧化汞	尿酸汞
氧化镍	尿酸镍
氧化金	尿酸金
氧化铂	尿酸铂
氧化铅	尿酸铅
草碱	尿酸草碱
苏打	尿酸苏打
氧化锌	尿酸锌
注：所有这些化合物都不为古时的化学家们所知。	

根据伯格曼先生和舍勒先生最近的一些实验，膀胱结石似乎是一种含土质基的微酸性固体盐，这种盐需要大量的水才能将其溶解。一千格令的沸水只能溶解三格令的这种盐，且当沸水冷却，大部分的盐又会重

新结晶。德·莫尔沃先生将这种固体酸命名为“结石酸”，我们将其命名为“尿酸”。该酸的性质和属性迄今还不太为人所知。有一些迹象表明它是一种已经和一个基结合的酸化盐，而且有几个理由使我相信它是一种酸化磷酸石灰盐。如果这个猜想被证实，那么应该将它列入特殊酸的类别里。

第四十四节　对于氰酸及其化合物的观察

氧化氰酸根或氰酸与可成盐基结合形成的化合物表

（以首字母为序）

与氰酸结合的可成盐基名称	得到的中性盐名称
草碱	氰酸草碱
苏打	氰酸苏打
氨	氰酸氨
石灰	氰酸石灰
晶石	氰酸晶石
苦土	氰酸苦土
氧化锌	氰酸锌
氧化铁	氰酸铁
氧化锰	氰酸锰
氧化钴	氰酸钴
氧化镍	氰酸镍
氧化铅	氰酸铅
氧化锡	氰酸锡
氧化铜	氰酸铜
氧化铋	氰酸铋
氧化锑	氰酸锑
氧化砷	氰酸砷
氧化银	氰酸银
氧化汞	氰酸汞
氧化金	氰酸金
氧化铂	氰酸铂
注：所有这些化合物都不为古时的化学家们所知。	

我将不会在这里对氰酸的属性以及用来将氰酸从化合物中分离得到纯净氰酸的方法展开叙述。针对这一方面所做的一些实验还不能让我清晰地确定该酸的真正性质。能够确定的是它能与铁结合使铁变成蓝色而且它几乎能与所有金属结合，但形成的盐类与碱类、氨和石灰结合时，

后三者强大的亲和力会使金属脱离化合物沉淀下来。我们对氰酸的根一无所知，但舍勒先生的一些实验，特别是贝多莱先生的那些实验，让我们有理由认为氰酸根是由碳和氮组成，因此它是一种二基酸；至于在哈森夫拉兹先生的实验中出现的磷酸，似乎只是偶然性的情况。

尽管氰酸能以酸的性质与金属、碱和土质结合，然而它仅具备酸的一部分属性。因此有可能我们将其列入酸的类别中是不恰当的。但正如我刚刚所说的，现在还很难对该物质的性质进行准确的定义，只能等待新的实验来弄清楚了。

第三部分

化学仪器和人工操作描述

介 绍

我没有在本书的前两部分中详细介绍化学实验的手动操作，这并不是没有目的的。从我的经验中，我认识到细致的描述、操作方法的细节陈述以及图版的解释说明在一本论著中效果并不理想；它们会使思想进程中断并使这本著作的阅读变得枯燥无味且艰涩。

另一方面，如果我只对前面所说的内容做简单扼要的说明，那么初学者读完这本书后，只能学到一些非常含糊的概念。而那些书中没有详细描写使得他们无法模拟的实验操作也会使他们缺乏信心而提不起兴趣，他们甚至没有办法在别的著作中找到能够填补这些空白的内容。不仅没有任何论著能充分描述现代实验，而且能够查阅的著作都是在极为不同的次序之下用不同的化学语言来介绍这些东西的，因此，这些著作并不具备我所追求的实用性。

受这些想法的驱动，我决定利用本书的第三部分对所有与基础化学相关的仪器和手动操作进行简要的描述。我宁愿将此特殊的论述放在本书的末尾，而不是放在开头，因为于我而言，我不可能在论著的一开始呈现一些读者尚未拥有的知识，他们只有在阅读了本书前两个部分的内容之后才能获得理解第三部分内容所需的知识。整个第三部分将以我们习惯放在学术论文后的图片进行解释说明的方式呈现，以免那些过分详尽的描述文字会将正文的连贯性切断。

虽然我已经尽量让这部分的内容清晰且有条理以免遗漏任何一个必要的仪器或装置，但我远不敢妄言那些想要学习化学科学的精确知识的人在看完本书之后就不用去上课，不用常常光顾实验室去熟悉我们在这些实验中使用的仪器了。“*Nihil est in intellectu quod non prius fuerit in sensu*”①：这是学习的人和教授知识的人无论如何都不应该忘记的真理，著名的化学家鲁埃尔先生在他的实验室最明显的位置用大字刻上了这个真理。

化学操作根据其目的自然地被分为好几个类别：一些可以被看作是纯机械的操作，比如物体重量的确定和体积的测量、研磨、捣磨、过筛、清洗、过滤；另一些则是真正的化学操作，因为它们利用了化学作用力和化学试剂，比如溶解、熔化等。简言之，一些操作是为了将物体的要素分离，而另一些是要将它们结合；甚至很多时候在同一个实验中有双重目的的情况并不少见，比如，在燃烧过程中，就同时有分解和重组。

我将以我认为能让读者最容易理解的顺序来介绍化学操作的细节。我将着重介绍与现代化学有关的仪器，因为对于那些专门研究该科学的人来说，甚至可以说是对于那些从事这门科学的人来说，它们仍然鲜为人知。

① 拉丁文，意为“感官所没有的，悟性也没有”。

第一章　确定固体和液体绝对重量与比重的适用仪器

迄今为止，确定化学操作中使用的物质数量以及实验结果中获得的物质的数量最好的方法就是将它们与普遍约定作为比较项的物体平衡。譬如，当我们想要将 12 古斤的铅和 6 古斤的锡熔合在一起的时候，取一根足够坚硬不容易弯曲的铁杆，在它的中间点将它悬挂起来，使其两边处于平衡状态；在一端挂上 12 古斤的物体，另一端一点一点加入锡，直至铁杆的两端平衡，也就是说铁杆完全水平。铅的操作结束后，再对锡进行操作。对于其他所有我们想要确定质量的物质我们都可以使用相同的方法。这个过程就叫作“称量”，我们用于称量的仪器叫作“天平”，众所周知，它主要由一根天平梁、两个秤盘和一个固定在梁上的指针组成。

至于必须包含一个单位（例如古斤）的物质重量和数量的选择，这绝对是任意的；同时我们也可以看到一古斤所代表的重量每个国家、每个省份甚至很多时候每个城市之间都不一样。一些社会甚至都没有办法保留它们已经选择的单位，无法阻止这些单位随着时间的流逝而变化，形成一些我们称为“标准”的单位被提交且仔细地保存在法院的登记簿中。

当然，在商业和社会用途中，使用“古斤”的单位或另一个单位并不是无关紧要的，因为物质的绝对数量是不相同的，甚至它们之间的差异巨大。但这对物理学家和化学家来说是不一样的。在大多数实验中，是否使用数量 A 或数量 B 的材料都没有关系，能用常见的分数清楚地表示从这些数量的材料中获得的产物的数量就可以了，将这些分数相加，就是所有产物的总质量。这些考虑使我认为，在等待人们团结起来，决心只采用一种重量和一种测量单位的同时，来自世界各地的化学家们可以自由使用本国制定的古斤单位而不会有任何不便之处，无论这个古斤所代表的重量是多少，而不需要像我们到目前为止所做的那样将其划分为任意的分数，我们根据一般惯例确定将其分为十分之一、百分之一、千分之一，等等。也就是说，以古斤的十进制分数表示，然后，我们将在所有国家或地区，以当地的重量单位进行转换。确实，我们不确定在实验中使用物质的绝对质量；但是我们会毫不费力地、不需要计算就能知道它们之间的乘积比。这些乘积比对于全世界的科学家们将是相同的，并且为此目的，人们将真正拥有一种通用语言。

出于这些考虑，我一直计划着将古斤重量划分为十进制小数，直到最近在傅尔谢先生的帮助下我才实现了这一目标。他是巴黎菲德纳里街的一名天平制造匠，谢曼先生的继承人，帮助我更加灵活更加准确地完成了这个计划。我建议所有从事实验的人都将古斤做类似的划分，他们将会惊讶地发现，这样做只需要掌握很少的十进制小数计算知识，应用起来既简单又方便。我将会在提交给科学院的一篇学术论文中详细说明古斤的十进制转换所需要注意的事项。

在所有国家的科学家都采用这种方法之前，即使没有达成相同的目标，至少这个简单的方法可以接近这个目标并简化计算。这个方法在于将我们每次称量获得的盎司、格罗斯和格令换算成古斤的十进制分数；为了减少此计算可能带来的麻烦，我制成了一个表格，其中所有这些计算都已完成或至少简化为简单的加法运算。在第三部分的末尾可以找到这个表格。下面是使用方法。

假设在一个实验中使用了 4 古斤物质，实验结束后，获得了四种不同的产物 A、B、C、D，它们的重量分别如下。

	古斤	盎司	格罗斯	格令
产物 A	2	5	3	63
产物 B	1	2	7	15
产物 C	0	3	1	37
产物 D	0	4	3	29
总计	4	0	0	0

我们将通过表格将这些常见分数转换为十进制小数，如下所示。

对于产物 A：

	常见分数					相应的十进制小数
	古斤	盎司	格罗斯	格令		古斤
	2	0	0	0	=	2. 0000000
		5	0	0	=	0. 3125000
			3	0	=	0. 0234375
				63	=	0. 0068359
总计	2	5	3	63	=	2. 3427734

对于产物 B：

	常见分数					相应的十进制小数
	古斤	盎司	格罗斯	格令		古斤
	1	0	0	0	=	1. 0000000
		2	0	0	=	0. 1250000
			7	0	=	0. 0546875
				15	=	0. 0016267
总计	1	2	7	15	=	1. 1813151

对于产物 C：

	常见分数				相应的十进制小数
	盎司	格罗斯	格令		古斤
	3	0	0	=	0. 1875000
		1	0	=	0. 0078125
			37	=	0. 0040148
总计	3	1	37	=	0. 1993273

对于产物 D：

	常见分数				相应的十进制小数
	盎司	格罗斯	格令		古斤
	4	0	0	=	0. 2500000
		3	0	=	0. 0234375
			29	=	0. 0031467
总计	4	3	29	=	0. 2765842

总结这些结果，我们将得到十进制分数：

产物 A：2. 3427734

产物 B：1. 1813151

产物 C：0. 1993273

产物 D：0. 2765842

这样，以十进制表示的产物就可以进行任何形式的折减和计算，我们再也不需要将进行实验的物质数量折合成格令，也不需要把这些相同的数字还原成古斤、盎司和格罗斯了。

实验前后所使用的物质和产物重量的确定是化学的有效性和精确性的基础，因此在本学科的这一部分再怎么精密都不为过。要达到这个目的，第一件事就是要配备良好的仪器。为了方便操作，三个质量上乘的天平是必不可少的。第一个天平能够轻易地称量 15—20 古斤的重量。由于我们在一些化学实验中常常被要求在半格令或者一格令的范围内确定大型器皿和重型仪器的皮重，因此，为了达到这种精确度，这些天平必须由熟练的工匠制作且在制作过程中采取特殊的措施；最重要的是，我们必须制定一个规则，即不要在那些能使天平生锈和腐蚀的实验室中使用它们：它们需在单独的隔室中存放，且隔室中绝对不能放置任何酸性物质。我所使用的天平是福廷先生制作的，天平梁长 3 法尺，融合了所有人可能想要的准确性和便利性。除了蓝斯登先生制作的天平之外，我认为没有其他天平能在准确性和精确性上与它们一较高下。除了这个精良的天平之外，我还有另外两个天平，它们与前面那个一样，都不能在实验室中存放：其中一个能称量 18—20 盎司的重量，精确度为十分之一格令；另外一个只能称一格罗斯之内的重量，它对百分之五格令的重量都非常敏感。

我将向科学院提交一份特殊的学术论文来描述这三个天平并附上它们的精确度细节。

除了这些仅用于研究性实验的仪器外，我们还需要有另外一些对于实验室的日常使用而言不那么有价值的天平。一台铁质的、天平梁被涂成黑色的大型天平，它能够称量装满液体的整个容器的重量以及 40—50 古斤的水，精确度为半格罗斯；一台能够称量 8—10 古斤的天平，精确度为 12 或 15 格令；最后是一台大约能够称量一古斤的小手秤，精确度为一格令。

但仅仅拥有这些制作精良的天平还不够，我们还需要了解它们，研究它们，知道怎么使用它们，而我们只能通过长时间的使用和专心研究才能做到这些。

最重要的是要经常检查我们使用的砝码：天平匠所提供的砝码已经用不太敏感的天平进行了调整，而当我们用与我刚刚所说的一样完美的天平对它们进行测试时，发现它们的精确度并不严格。

避免称重出现错误的绝佳方法就是称两次，一次用古斤的普通分度，另一次用十进制划分，通过两者比较，便能获得极高的精确度。

这些是迄今为止似乎最适合确定实验中所用材料数量的方法，也就是说，使用普通表达式来确定物体的绝对重量。

但是，采用这种表达方式时，我不免发现，在严格意义上来说它并不是绝对准确的。可以肯定的是，在迫不得已的时候，我们只能知道相对重量；我们只能用常规单位表达它们。因此，更确切地说，我们无法测量物体的绝对重量。

现在让我们转向有关比重的问题。我们用这个名称代指物体的绝对重量除以其体积，或者说确定物体体积的重量。通常，对于表示这种比重的单位，我们选择的是水的比重。因此，当我们谈论金的比重时，我们说它的比重是水的 19 倍；浓硫酸的比重是水的两倍，其他物体也是如此。

将水的重量作为单位更方便，因为我们几乎总是在水中称量要确定其比重的物体的质量。

例如，如果我们想要了解用硬锤冷变形加工过的纯金的比重，并且如果这块金在空气中重 8 盎司 4 格罗斯 2 格令半，正如布里森先生在其《比重论》中的第 5 页上所描述的方法那样，它被悬挂在一根非常细的金属线上，强度足以使它承受纯金的重量而不会断裂。我们将这根线绑在一个液体静压天平的秤盘下，然后将金完全浸入盛满水的器皿中并称它的重量。

根据布里森先生的实验，这些金子失去了 3 格罗斯 37 格令的重量。很明显，当我们在水中称量一个物体的重量时，它所失去的重量无非就是它所置换的水量的重量，或者说，与它的体积相等的水的重量；从中我们可以得出结论，在体积相同的情况下，黄金重 4898 格令半，水重 253 格令；得出金的比重为 193617，水的比重为 10000。我们可以对所有固体物质以相同的方式进行操作。此外，在化学中很少有人需要确定固体的比重，除非需要在合金或非晶态金属上进行实验；相反，我们几乎每时每刻都需要知道液体的比重，因为它通常是我们判断其纯度和浓度的唯一方法。我们也可以借助液体静压天平连续称量固体的重量来达到这一个目的，比如称量一个悬挂在一根非常细的金属丝上的水晶球在我们想要确定比重的液体中的重量。水晶球浸没在液体中所损失的重量等于同体积液体的重量。通过依次在水和不同液体中重复此操作，我们可以通过非常简单的计算得出它们与水的比重比，但是，这种方法还不够精确，或者至少对于那些比重与水的比重差异很小的液体来说仍不够精确，譬如矿泉水以及所有一般来说含盐量很少的液体。

在一些针对该主题所进行的且尚未发表的实验中，我采用了很多非常灵敏的液体比重计，我将会对这些比重计做一些简要的描述。这些比重计主要由一个空心圆筒 A*bef* 组成，如图版 Ⅶ，图 6 所示，它由黄铜制成，银质更佳；其底部 *bef* 装着锡，将比重计浸没在一个装满水的短颈大口瓶中。在圆筒的上部装有一根杆，该杆由一根最大直径为四分之三法分的银线制成，银线上方放置一个小秤盘，用来盛接砝码。在杆上用 *g* 来标记，其用法我们一会儿就会解释。此圆筒可以做成不同的尺寸，但准确地说，它至少要能够排出四古斤的水。此仪器压载的锡的重量必须确保其在蒸馏水中几乎处于平衡状态，并且只需要添加半格罗斯或最多一格罗斯就能使其到达 *g* 的位置。

我们首先必须非常精确地确定仪器的重量以及在给定的温度下要使其达到刻度 *g* 所需要加到蒸馏水中的格罗斯或格令数。在所有我们想知道其比重的液体中执行相同的操作，通过计算，将得到的差异转化为普通标准或十进制的立方法尺、品脱或古斤，并与水进行比较。这种方法配以化学试剂进行的一些实验，是确定水质的最可靠方法之一，我们甚至能通过这种方法观察到一些就连极为精确的化学分析都没有注意到的差异。在将来的某一天，我将详细介绍我就这个主题所进行的一系列范围非常广泛的实验。

金属液体比重计只能用于确定那些仅含有中性盐或碱性物质的液体的比重；我们也可以将其改装成用一些特殊物质压载的比重计，用来测量酒精和含酒精液体的比例。但是，如果要确定酸的比重，就只能使用玻璃质的比重计。那么，取一个玻璃质的中空圆筒 *abc*，如图版 Ⅶ，图 14 所示。其下端 *bcf* 被密封住，上部焊接一根毛细管 *ad*，毛细管上方放置一个小秤盘 *d*。该仪器用汞来压载并根据我们想要确定比重的酸性液体的重量来决定所导入的汞的量。我们可以将一个带有刻度的小纸条放入仪器颈部的管子 *ad* 中，尽管这些刻度并不能精确地与比重不同的液体的格令小数相符合，但它们对计算来说仍然是很方便的。

在这里，我将不展开讨论用于确定固体和液体的绝对重量或比重的方法。我们用于这种实验的工具每个人都触手可得，因此谈论更多的细节将毫无用处。气体的测量会有所不同：我使用的大多数仪器在任何地方都找不到，也没有任何论著对它们进行过描述，因此在我看来，有必要对这一方面提供更详细的知识：这也是下一章的主题。

第二章　气体定量法或气态物质重量和体积的测量

Ⅰ：气体化学装置

最近法国化学家将普鲁斯特来先生设计的一个非常巧妙且非常简单的仪器称为“气体化学装置”，该仪器已成为所有实验室中必不可少的设备。它由一个木箱或木槽组成，如图版 *V*，图 1 和图 2 所示，木箱的尺寸根据需要可大可小，衬有层压铅或镀锡铜板。图 1 是该木箱的透视图。我们假设在图 2 中移除了木箱的正面和一个侧面，以便更好地感觉其内部构造方式。在任何这种类型的设备中，我们都需将图 1 和图 2 所示的木槽隔板 ABCD 以及图 2 所示的木槽底部 FGHI 加以区分。这两个平面之间的间隔更准确地说就是木槽本身或木槽坑。正是在这个空心部分中，我们将钟形罩装满水；然后将它们翻转过来，口朝下，竖立在 ABCD 隔板上，如图版 *X* 中的 F 钟形罩所示。即使是这样，我们仍然可以辨别木槽的边缘，“边缘”这个名称适用于所有超出隔板平面的部分。木槽必须注满水，以使隔板始终被一法寸或一法寸半的水覆盖；木槽必须具有足够的宽度和深度，以使木槽的各个方向上至少有一法尺的剩余空间。这种大小能够满足一般的实验要求，但在很多的情况下，为了更加方便，会要求预留更大的空间。因此，我建议那些想要使化学实验更加有效更加有代表性的人在空间允许的情况下将这种装置制作成大尺寸。我的木槽坑中能容纳四立方法尺的水，隔板的表面积有十四平方法尺。尽管起初对我来说似乎太大了，但我现在却苦于木槽的空间不够。在一个实验室进行常规实验时，仅拥有其中一种水槽（无论多么大）还远远不够；除了一个总的大槽之外，需要配置更多便携的小槽，以便将它们放在任何有需要的地方或者是我们进行实验的炉子旁边，这样我们就可以同时进行几个实验了。此外，还有一些操作会弄脏装置中的水，所以这些操作有必要在特定的槽中进行。使用简易契合的木槽或裹了铁且仅用桶板制成的小木桶比使用铜或铅衬里的木箱更经济。我在最初的实验中使用的就是前者，但我很快意识到了它的缺点。

如果小桶中的水并不总是保持在同一水位，那么没有水润湿的干桶板就会收缩，然后桶板接缝处就会裂开，当我们要往桶中加入更多的水时，水会从接缝处逸出，地板被淹。

在该装置中我们用来接收和容纳气体的器皿是水晶钟形罩 A，如图版 *V*，图 9 所示。要把这些气体从一种装置转移到另一种装置，或者水槽过满需要将它们保存起来时，我们便使用一个凸边的、带有两个凸耳 DE 的平盘 BC 来转移它们。

对于汞压载的气体化学装置，在尝试使用不同的材料制作后，我发现大理石是制作该装置最好的材料。这种物质绝对不透汞；无须担心它像木桶制的装置那样桶板接缝裂开，或者汞会通过裂缝逸出。我们也不必担心它会像玻璃、陶器和瓷器制作的那些装置一样会出现破裂。

因此，我们选择一个大理石块 BCDE，如图版 *V*，图 3 和图 4 所示，大理石块长 2 法尺，宽 15—18 法寸，厚 10 法寸；在 *mn* 处凿一道深度大约为 4 法寸的槽（图 5）以做储汞坑。为了能够更加方便地在槽中放入钟形罩或广口瓶，我们另外再凿一道深度至少为 4 法寸的槽坑 TV（图 3、图 4、图 5）；最后，由于这个槽坑在一些实验中可能会被填满，因此最好有一个东西能随意地将它塞住并封闭，要达到这个目的，我们可以使用一些小薄板并将这些薄板嵌入凹槽 *xy* 中（图 5）。我决定制作两个与我刚才所描述的相似的大理石槽，但大小不同。这样，我总会有一个槽来储存汞，这个槽储存汞比任何容器都要安全，不会倾翻，也不容易发生事故。

我们可以用汞在该装置中进行操作，就像用水在该装置中操作一样：仅需要使用非常坚固的小直径钟形罩或上窄下宽的水晶管，如图 7 所示。制作这种水晶管的工匠称其为“量气管”。我们可以在图 5 的 A 处看到其中一种钟形罩以及图 6 中被我们称为“广口瓶”的器皿。

对于所有能够释放出能被水吸收的气体的操作，含汞的气体化学装置的使用都是必要的，这种情况并不罕见，因为它通常发生在所有燃烧实验中，除了金属的燃烧。

Ⅱ：气量计

我把“气量计”这个名称赋予了我最初设计的由一个能够持续均匀地为熔化实验提供氧气流的风箱组成的仪器，我还聘人把这个仪器制造出来了。之后，我和莫斯尼埃先生为这个初步设计的仪器做出了相当大的更正和补充，并且我们将其转变为一种可以通用的仪器，如果我们想要做一些精确的实验，这种仪器必不可少。

仅此仪器的名称就足以表明它的作用是测量气体量。它由一个三法尺长的非常坚固的铁梁 DE 组成，如图版Ⅷ，图 1 所示，在 DE 两端牢固地连接着一个同样由铁制成的弧形度盘。它的横梁并不像普通天平的横梁那样安装在刃形支承上，而是靠一个钢质的圆柱形轴颈支撑在一些可移动的滚轮 F 上，如图 9 所示。因此，由于一级摩擦力已转化为二级摩擦力，因此大大减少了可能阻碍机器自由运动的阻力。这些滚轮由黄铜制成，直径较大；我们还采取了预防措施，在横梁的中轴或圆柱形轴颈的支撑点上用抛光水晶片盖住。整个装置被固定在结实的木柱 BC 上，如图 1 所示。

在横梁的其中一个臂的末端 D 上悬挂着一个秤盘 P，用于盛放砝码。

扁平的链条在为此目的而制成的凹槽中贴靠在 *n*D*o* 弧的圆周上。在横梁另一臂的末端 E 处连接有一条同样扁平的链条 *ikm*，该链条在或多或少受到负载时不太可能会伸长或缩短。这条链在 *i* 处牢固地连接着一个铁箍筋，后者有三个分支 *ai*、*ci*、*hi*，该铁箍吊着直径 18 法寸，高约 20 法寸的倒置锻铜大钟形罩。

这个装置的整体情况在图版 *Ⅷ*，图 1 中用透视图描绘出来了；而图版 *Ⅸ*，图 2 中将该装置一分为二，以便更清晰地看到它的内部构造。钟形罩下方环绕着一圈外翻的凸边，凸边被划分成几个编号为 1、2、3、4 等的格子，这些各自用来盛放重量号码分别是 1、2、3 的铅质砝码。这些砝码在我们需要给装置施加压力的时候用于增加钟形罩的重量，在下面我们将会看到它的操作方式。不过很少需要用到这些砝码。圆柱钟形罩的下方是完全开放的，如图版 *Ⅸ*，图 4 所示；钟形罩上方用一个铜盖 *abc* 封闭，铜盖 *bf* 处可打开，可用一个旋塞 *g* 塞住。该铜盖，正如我们在图片中看到的那样，并不是完全放置在圆柱钟形罩的上部的，它往钟形罩里伸入几法寸，这样可以避免钟形罩完全没入水中被水覆盖。如果有一天我要重新制作一个这样的装置，我希望能将铜盖压成扁圆形，使它几乎可以形成一个平面。

该钟形罩或气罐装在圆柱形器皿 LMNO 中，如图版 *Ⅷ*，图 1 所示，它也是铜质的，里面装满了水。

在这个圆柱形器皿 LMNO 的中间，如图版 *Ⅸ*，图 4 所示，垂直放置两根管 *ft*、*xy*，管子的上端 *ty* 互相靠近。两根管子长度一致且比容器 LMNO 的上边缘 LM 高出一点点。当钟形罩触及底部 NO 时，这些管子约有半法寸进入与旋塞 *g* 连接的锥状孔 *b* 中。

图版 *Ⅸ*，图 3 为容器 LMNO 的底部视图。我们在中间看到一个小的空心球形盖，通过其边缘固定并焊接到容器底部。我们可以将其看作是一个小的倒置漏斗的宽口，管子 *st*、*xy*、*fig* 都连接到该球形盖上并且通过这种方式与管子 *mm*、*nn*、*oo*、*pp* 连通，后面这些管子被水平固定在装置底部，如图 3 所示，并且这四根管子的一端都汇聚在球形盖中。在这四根管子中，有三根延伸到容器的外面，如图版 Ⅷ，图 1 所示，标有阿拉伯数字 1、2、3 的那根管子在 3 处插入充当媒介的旋塞 4 中与钟形罩 V 上部连接。该钟形罩安装在一个小型的、内衬铅的气体化学装置 GHIK 上，我们可以在图版 Ⅸ，图 1 中看到该气体化学装置的内部结构。

第二根管子从 6 到 7 靠在容器 LMNO 外侧；然后继续在 7、8、9、10 中插接，并在钟形罩 V 下与 11 接合。这两根管子中的第一个旨在把气体导入装置中；第二个用来导入供钟形罩中做试验的少量气体。我们根据给定的压力程度确定进入或排出的气体，并通过改变秤盘 P 里砝码的重量来改变该压力。因此，当我们要导入空气时，我们将压力设为零，有时甚至是负值。相反，当我们想要引出空气时，我们会将压力增加到我们认为合适的程度。

第三根管子 12、13、14、15 用来将空气或者气体输送至燃烧、物质化合或其他此类操作所需的地方。

为了让读者了解第四根管子的用途，我觉得有必要进行一些解释。假设容器 LMNO（图 1）中灌满了水，并且钟形罩 A 中装有部分空气部分水：很明显，秤盘 P 中的砝码可以按比例分配使得秤盘的重量与钟形罩的重量之间处于平衡状态，这样，外部的空气不会进入钟形罩，钟形罩内的气体也不会逃逸；在这种假设下，水在钟形罩内外都处于同一水位。一旦减少了放置在秤盘 P 中的砝码且钟形罩侧面受到了压力，那么钟形罩内外的水位将不再是相同的；然后钟形罩内部的水位低于外部的水位，因此里面的空气受压缩的程度要超过外面的空气所受压缩的程度，超过的量将通过高度等于两个水位之差的水柱的重量精确测量。

莫斯尼埃先生从这一发现出发，想出了一种方法，可以随时了解钟形罩 A（图版 Ⅷ，图 1）所受的空气压力大小。为此，他使用了一个玻璃双虹吸管 19、20、21、22 和 23，其中 19 和 23 处用油灰牢牢地黏合住。此虹吸管的 19 端与外部的水槽或容器中的水自由连通。相反，23 端与我刚才解释过用法的第四根管子连接，进而通过管子 *st*（图版 Ⅸ，图 4）与钟形罩内部的空气连通。最后，莫斯尼埃先生在 16 处（图版 Ⅷ，

图1）黏合了另一根玻璃直管16、17、18，这根管子的16端与外部的容器LMNO中的水连通，18端则直接与空气接触。根据这些装置，很明显，管子16、17、18中的水位必须始终与水箱或外部容器的水位保持一致。相反，在支路19、20和21中的水必须处于更高或更低的位置，这取决于钟形罩内部的空气是比外部空气受到更多的压力还是更少的压力，并且在管16、17和18中以及在19、20和21中观察到的这两根水柱之间的高度差必须精确地给出压力差的测量值。因此我们在这两个管子之间放置了分成法寸和法分的一个铜质刻度，以测量这些差值。

可以理解的是，空气以及所有的弹性气态流体经过压缩之后一般重量都会增加，因此有必要计算它们的量并将其转换为重量，以了解其压缩状态：我们打算用刚刚描述的这个装置来达到这个目的。但是，要了解空气或气体所经受的压缩程度，仅仅知道它们的比重并确定其在已知体积下的重量还不足够，仍然有必要知道温度。我们可以借助一个小型温度计来达到这个目的，该温度计的玻璃泡伸入钟形罩A中，并且其刻度向外上升；它被牢固地固定在拧入钟形罩A上盖的铜套圈中。如图版*Ⅷ*，图1的24和25以及图版*Ⅸ*，图4所示。该温度计在图版*Ⅷ*，图10中单独描绘。

如果我们仅限于这些，而没有进一步的预防措施的话，那么气量计的使用仍然会有很大的不便和困难。沉入外部容器LMNO的水中的钟形罩失去了一部分重量，这部分重量的损失等于所排出的水的重量。结果，钟形罩中的空气或气体所承受的压力随着其下沉而持续降低。其在一开始提供的气体的密度与最后提供的气体的密度不同；比重不断降低；即使在必要时可以通过计算确定这些差异，我们也将不得不进行数学研究，这将导致使用该设备时的不便和困难。为了弥补这一缺陷，莫斯尼埃先生设想在横梁的中间垂直举起一个用铁制成的方棒（图版*Ⅷ*，图1中的26和27），铁棒穿过空心的铜盒28，该铜盒敞开并且可以填充铅。该铜盒沿铁棒26和27滑动；它通过啮合在齿条中的小齿轮运动，并且将其固定在合适的位置。清楚的是，当横梁DE处于水平状态时，铜盒28在一侧或另一侧上不产生重量，因此，它不会增加或减小压力。如图 4 所示，当钟形罩 A 下沉得更多并且横梁向一侧倾斜时，情况就不再相同了，如图 1 所示。这时，灌了铅的盒子 28 就偏离悬架中心向钟形罩侧施加重量，因而增加它对空气的压力。

当铜盒 28 朝着 27 的方向升高时，这种压力就更大了，因为相同的重量作用在更长的杠杆末端会施加更大的作用力。因此，我们看到，沿着铁棒 26 和 27 移动铜盒 28，我们可以增加或减小给钟形罩施加的压力。计算和实验一样，能够证明这可以非常精确地补偿所有压力程度下钟形罩所遭受的重量损失。我到现在还没有解释这个装置用途最重要的部分，即如何确定实验过程中所供应的空气或气体的量。要严格精确地确定装置消耗气体的量以及实验过程给装置提供的气体的量，我们在横梁 DE 端的圆弧上固定了一个铜质刻度盘 *lm*，刻度盘已划分成度和半度；该圆弧被固定在横梁 DE 上，随着横梁的移动而移动。我们通过固定的指针 29、30 测量圆弧降低的量，指针末端有一个对角线法尺，能够读出读数的分数值。

我们可以通过图版 Ⅷ来了解上述装置不同部分的全部细节。

1. 图 2：支撑天平 P 的扁平链；这是沃康松先生设计的，但由于它的缺点是会根据装载量的不同而延长或缩短，因此在钟形罩 A 悬挂过程中使用它有一些不便。

2. 图 5：支撑图 1 中的钟形罩 A 的 *ikm* 链。该链完全是由锉光了的铁板彼此交错组成，铁板之间用铁销卡紧。无论我们对该链施加多大的压力，它都不会发生明显的变形。

3. 图 6：悬挂钟形罩 A 的三脚箍筋，并用复位螺钉将钟形罩固定在非常垂直的位置。

4. 图 3：垂直固定在横梁中心用来支撑铜盒 28 的铁棒 26、27。

5. 图 7 和图 8：带有水晶片的摩擦滚轮，水晶片置于接触点上，用于减少天平横梁的摩擦。

6. 图 4：支撑摩擦轮轴的金属片。

7. 图 9：带有轴颈的横梁中部，它可以在轴颈上移动。

8. 图 10：能够显示钟形罩内空气温度的温度计。

当我们要使用刚刚描述的气量计进行实验时，必须先往外部容器 LMNO 中灌满水（图版 Ⅷ，图 8）直至特定高度，该高度在所有实验中必须始终相同。当装置横梁处于水平状态时，应记录水位。当钟形罩处于容器 LMNO 底部时，此水位会随着钟形罩排出的水总量而升高；相反，当钟形罩接近其最高高度时，水位便会降低。然后我们通过反复试验确定铜盒 28 的大致固定高度，以使横梁所有位置上的压力相等。我说大致，是因为校正不严格，而且四分之一法分甚至半法分的误差不会对实验有任何影响。不同的压力下，铜盒的高度都不相同。所有这些压力对应的高度都需要有条理地记录在笔记本上。

做好这些准备之后，我们取一个 8—10 品脱的瓶子，通过精确称量它可以容纳的水量来确定其容量。将装满水的瓶子倒置放在气体化学装置 GHIK 中（图 1）并通过将管子 7、8、9、10、11 的 11 端插进瓶口里以将瓶口置于装置的隔板上来代替钟形罩 A。我们将装置设置为零压力，然后精确地观察刻度盘指针所显示的读数；然后打开旋塞 8 并在钟形罩 A 上稍加按压，使空气量尽可能地完全填充瓶子。然后，我们再次观察刻度盘上的读数，同时计算与每个度数相对应的立方法寸数。

接着以同样的方式装满第二个、第三个等瓶子，甚至用容量大小不同的瓶子重复若干次相同的操作，直至全方位测量出钟形罩 A 的容量。不过钟形罩在制造的时候最好打磨成完美的圆柱体，这样就避免了这些测量和计算。

刚刚描述的我称之为“气量计”的仪器，是由年轻的工程师梅尼埃先生制造的，他同时也是物理仪器的制造师，并获得了国王颁发的专利证书。他用心制作了这个精良的、具有罕见的灵敏度的仪器。由于能用于很多用途，因此它是一种非常有价值的仪器，没有它，许多实验几乎都不能完成。

由于在许多情况下，例如在水的形成、亚硝酸的形成等实验中，一个仪器不够用，必须使用两个，因此它就变得更加昂贵了。这是化学开始接近完美状态而需要昂贵且复杂的仪器和设备的必然结果。我们必须努力简化它们，但绝不能以牺牲它们的便利性以及最重要的是它们的准确性为代价。

Ⅲ：测量气体体积的其他几个方法

我刚刚在上一节中描述的气量计是一种过于复杂和昂贵的仪器，因此无法经常用于实验室中的气体测量。所以需要有一种简单经济的适用于所有情况的仪器。对于很多常规实验，我们需要更简单、更易于手工操作的方法。我将在这里详细介绍那些在使用气量计之前使用的、现在在我的常规实验过程中仍然更倾向于使用的仪器。

我在本章的第一节中介绍了水和汞的气体化学装置。如我们所见，它们包括或多或少的水槽，水槽的隔板上装有用来接收气体的钟形罩。假设在任意一个实验的最后，在这种装置的钟形罩 AEF（图版 *Ⅷ*，图 3）中有一种气体残留物，该残留物既不能被碱吸收，也不能被水吸收，而我们想要知道这种气体的体积。我们首先使用纸条准确标记水或汞的高度 EF。仅在钟形罩的一侧上施加单个标记是不够的，因为液体的液位可能仍存在不确定性：因此每个液位都需有三个或四个相对应的纸条做标记。

接下来，如果我们使用的是汞，则必须在钟形罩下方导入水来排出汞。可以用平平地装着水的瓶子轻松地完成此操作：用手指堵住瓶口，将其翻过来，瓶颈与钟形罩下的项圈啮合；然后倒转瓶子，汞柱靠着重力落在瓶子中，瓶子原来的水上升到汞的表面，这样就能把汞排出来了。当所有的汞都被排出后，将水倒在水槽 ABCD 上方，使汞覆盖约 1 法寸。我们将一个盘子或一些非常扁平的器皿放在钟形罩下方，托着盘子将钟形罩取下以便将其移往水槽，如图版 *V*，图 1 和图 2 所示。我们将空气导入带刻度的钟形罩中，钟形罩标刻度的方式稍后我会解释，然后通过刻度来判定气体的量。

这是确定气体体积的第一种方式，我们还可以用另一种方式来确定，这种方式也可以当作是检验前一种方式测量的气体体积的方式。一旦将空气或气体导入钟形罩，转动钟形罩，往罩中倒入水直至 EF 标记。称水的重量，通过水的重量计算水的体积（可以按照“1 立方法尺或 1728 立方法寸的水重 70 古斤”这个数据来计算）。我们将在第三部分末尾找到一个水体积与重量的转换表。

为钟形罩标刻度的方法非常简单，我将详细说明这个方法以便所有人都能够实施。如果准备几个不同尺寸的钟形罩甚至是同一个大小有几个钟形罩将会是极好的，这样可以应对突发情况。

取一个较为坚固的、长窄的水晶钟形罩，将其放在如图版 *V*，图 1 所示的水槽的隔板 ABCD 上并将其灌满水。我们必须有一个经常用于这种操作的特定位置，以使放置钟形罩的隔板高度始终相同；通过这个措施，我们几乎避免了这种操作可能造成的唯一错误。

另一方面，我们选择一个瓶颈较窄的瓶子，瓶子底部平平地装着一点水，大约是 6 盎司 3 格罗斯 61 格令，相当于 10 立方法寸。如果找不到一个具有这种容量的瓶子，我们会选择一个稍大的瓶子，并在其中倒入一些融化的蜡和树脂，以减少其容量至我们所需的大小：该瓶子可作为校准钟形罩刻度的基准器，这便是我们的办法。我们将装在瓶子中的空气导入我们想要标刻度的钟形罩中，然后在水下降的高度做一个标记。我们第二次导入空气，再做一个新的标记；重复该操作直至钟形罩中的所有水都被排出为止。在此操作过程中，重要的是将瓶子和钟形罩始终保持在同一温度下，并且该温度与水槽中的水温差很小。因此，必须避免将手放在钟形罩上，或者至少避免用手长时间拿着钟形罩，以免手的温度对其加热：如果罩中的水真的被加热了，则需往钟形罩中倒入一些水槽的水，以为钟形罩的水降温。气压计和温度计的高度对于此操作无关紧要，只要该高度在持续时间内不变化即可。

钟形罩上每 10 立方法寸都用带铁质刀柄的金刚钻刀在钟形罩的一侧

刻上刻度。我们可以在卢浮宫旁边“帕斯门”继任者的商店中以较低的价格买到已经安装好的金刚钻刀。汞的水晶管可以用相同的方法进行刻度：一法寸甚至十分之一法寸为一个刻度。量规瓶应仅含8盎司6格罗斯25格令的汞，相当于1立方法寸的重量。

正如我们刚刚展示的那样，这种通过刻度确定空气量的方法的优点是不需要校正钟形罩内部和水槽中水的水位之间存在的高度差。但它必须要进行有关气压计和温度计高度的校正。相反，当空气量由钟形罩EF标记以下的水的重量确定时，则需要对钟形罩内部和外部流体的液位差异进行进一步的校正。我将会在本章节的第五节解释这个部分的内容。

Ⅳ：将不同的气体相互分离的方法

在上一段中，我们仅介绍了一种最简单的情况，即我们想要确定体积的纯净气体无法被水吸收且只有一种气体：但实验通常会导致更复杂的结果，同时获得三种或四种不同类型的气体并不少见。我将尝试给出关于如何设法将它们分开的想法。

假设在如图版*Ⅳ*，图3所示的钟形罩A下方有一定量的处于汞面之上的混合气体。首先我们必须用纸条准确标记出汞的高度，正如我在上一段中所规定的那样；然后往钟形罩下方导入少量的水，例如一立方法寸：如果该混合气体中含有盐酸和亚硫酸气体，则会立即吸收大量水，因为这些气体尤其是盐酸气体具有被水大量吸收的特性。

如果导入的一立方法寸水仅吸收非常少量的与水体积相等的气体，那么就说明该混合气体既不包含盐酸气体，也不包含硫酸气体，甚至不包含氨气；然后我们便会怀疑它是否含有碳酸气体，因为实际上水只能以与其自身大致相等的体积吸收这种气体。为了证实这种怀疑，我们将苛性碱液体导入钟形罩中：如果存在碳酸气体，则吸收过程缓慢并且会持续数小时。碳酸会与苛性碱或草碱结合，之后所剩下的液体中也将不会含有很多这种气体。每次实验后，我们都不要忘记在钟形罩上贴上标记水银表面高度的纸条，并在纸条变干后立即上光，以便我们将钟形罩浸入水中而不会担心纸条脱落。还需要记录钟形罩的汞与水槽的汞之间的高度差，以及气压计的高度和温度计的度数。

当混合气体中所有可能存在的气体被水和草碱吸收后，我们将水导入钟形罩下方以排出所有汞；按照我在上段中的规定，要排除水槽中的汞大约需要两法寸高的水。然后将一个扁平盘放到钟形罩下面，通过盘子将钟形罩转移到水气体化学装置上；在那里，我们将其通过带刻度的钟形罩来确定剩余的空气或气体量。完成此操作后，我们将在小广口瓶中进行不同的测试。通过这些初步实验，我们将能够大致辨别出气体的类别。

例如，在一个装有这种气体的小广口瓶中插入一支点燃的蜡烛，如图版 *V*，图 8 所示。如果蜡烛没有熄灭，我们将得出结论：它包含氧气；甚至，根据蜡烛火焰的明亮程度，我们可以判断该混合气体中所含氧气的量比空气所含氧气的量多还是少。相反，如果蜡烛熄灭，则有充分的理由认为该残留物大部分是氮气。如果气体在接近蜡烛时点燃并在白色火焰下平和地燃烧，我们将得出结论，它是纯氢气；如果是蓝色，我们将得出该气体已碳化的结论。最后，如果它燃烧时发出噪声和爆炸声，那就是氧气和氢气的混合物。我们还可以将一部分这种气体与氧气混合。如果有红色蒸气且红色蒸气能被水吸收，我们将得出结论，该气体中含有亚硝酸气体。

这些初步知识使我们对气体的质量和混合物的性质有了很好的了解；但是它们不足以确定不同气体的比例和数量。因此必须使用所有分析方法，并且大致了解我们应该往哪个方向努力。

假设我们已经认识到操作的气体残余物是氮气和氧气的混合物：为了了解这两种气体的比例，我们将一定量的样品（例如 100 份）通过一个直径为 10—12 法分的带有刻度的管子；将溶于水中的硫化钾导入管子中，并使气体与该液体接触；该液体吸收所有氧气，几天后管子中仅剩下氮气。

相反，如果我们已经知道混合气体中含有氢气，则将一定量的这种气体导入气管中；往管中添加一部分氧气，并通过电火花将其引爆；我们再添加另一部分氧气，然后再次引爆，直至尽可能地减少氢气的体积。众所周知，这种爆炸形成的水立即被吸收。但是如果氢气中含有碳，它还会形成不能被迅速吸收的碳酸，通过搅拌水促进其吸收来了解碳酸的量。

最后，如果混合气体中含有亚硝酸气体，我们仍然通过添加氧气并根据最终气体减少的体积来大致确定其数量。

我将仅仅给出这些足以说明这种操作的一般示例。如果我们要详细说明所有情况，那么整本书都无法容纳如此多的内容。气体分析是一门我们需要熟悉、需要掌握的艺术。但是，由于大部分气体之间都具有亲和力，因此必须承认，我们并不总是能够完全将它们分开。因此我们需改变实验步骤和方向，以另一种形式实施其他的一些实验，在化合作用中加入一些新的试剂，除去其他试剂，直至我们确定得到的结论真实精确为止。

V：实验中根据大气气压对所得气体体积进行的校正

实验证明，弹性流体通常都可与它们所承受的压力成比例地压缩。该定律在某些时候可能会不成立，比如在接近弹性流体被还原成液体所需的压力时，或者弹性流体极度膨胀或极度压缩时。但是一般我们用来进行实验的大部分气体都不会达到或接近这些极限，因此该定律在大部分实验中都是成立的。

当我说弹性流体按照其承受的重量而成比例压缩时，应以这种方式理解这一主张。

所有人都知道气压计是什么。严格来说，它是一个虹吸管 ABCD（图版Ⅻ，图 16），其中 AB 段中充满汞，BCD 段中充满空气。如果我们在脑海中想象支管 BCD 无限延长，直至到达大气的高度，我们将能清楚地看到，我们所说的气压计不过就是一种天平，在这个仪器中我们放置一根汞柱使得其与大气柱保持平衡。但是很容易看出，要想产生这种效果，将 BCD 分支延伸到如此高的高度是完全没有用的，并且由于气压计浸没在大气中，因此 AB 支管也会与大气中同样直径大小的气柱保持平衡，然而虹吸管 BCD 支管在 C 处被截断了，CD 部分就完全被切去了。

能够与从大气层顶部到地球表面的空气柱重量平衡的汞柱的平均高度在巴黎市甚至是这座城市低洼区大约为 28 法寸；换句话说，巴黎地表的空气通常受到的压力等于 28 法寸高的汞柱的重量。这就是我要在本书中表达的内容，当讨论不同的气体时，例如氧气，我会说它在 28 法寸汞柱的压力下每立方法尺重 1 盎司 4 格罗斯。该汞柱的高度随其上升并远离地球表面，或者更严格地说，远离由海洋表面形成的水准线而降低；因为汞只能与气压计上面的空气柱形成平衡，并且低于气压计放置位置的所有空气与它相比压力为零（即该空气柱一点也不受气压计平面以下的空气影响）。

但是，为什么气压计的读数会随着海拔的升高而降低呢，这是有什么定律吗？或者说，为什么海拔越高，大气不同气层的密度会逐渐降低呢？这正是十七世纪物理学家们绞尽脑汁都想要了解的事情。以下实验首先阐明了这个主题。

如果我们使用玻璃虹吸管 ABCDE，如图版Ⅻ，图 17 所示，虹吸管在 E 处关闭，在 A 处打开，我们往虹吸管中导入了几滴汞以截断 AB 段和 BE 段之间的联系，很显然，BCDE 段中包含的空气将像周围的空气那样受到等于 28 法寸汞柱的重量的挤压。但如果我们往 AB 段中导入汞（高度为 28 法寸），那么很显然，BCDE 段中的空气将会收到 28 法寸汞柱的重量两倍的挤压。而且实验证明，BCDE 段中的空气并不是占据了 BE 一整个管子，而只是占据了 CE 部分，也就是管子的一半。如果在第一个 28 法寸汞柱的基础上在 AC 段中增加另外两个 28 法寸的汞柱，则 BCDE 段中的空气将被四根汞柱压缩，每根汞柱的重量等于 28 法寸汞的重量，这些空气将不会占据 DE 的空间，也就是说，在实验开始时所占空间的四分之一。从这些可以无限变化的实验的结果中，我们推导出了似乎适用于所有弹性流体的一般规律，即其体积与其载荷的重量成比例地减小；换句话说就是任何弹性流体的体积与被压缩的重量成反比。为了测量高山气压的实验完全证实了这些结果的准确性，即使假设它们背离了事实，差异也是如此之小，以至于在化学实验中它们可以被视为完全无效。

一旦了解了这种弹性流体的压缩定律，就很容易将其应用到在气体化学实验中对空气或气体体积必不可少的校正中。校正的方式有两种：一种与气压计的变化有关，另一种与钟形罩中包含的水或汞柱有关。我将通过示例来使大家更容易理解：我将从最简单的情况开始。

假设我们在 10°（54.5°）的温度下得到 100 立方法寸的氧气，气压计显示 28 法寸 6 法分。我们可以提出两个疑问：首先是 100 立方法寸的气体在 28 法寸汞的压力下会占据多大体积；其次是获得的 100 法寸气体的重量是多少。

为了回答这两个问题，我们用 x 表示在 28 法寸压力下 100 立方法寸氧气所占据的立方法寸数；由于体积与压缩权重成反比，所以将得到 100 立方法寸：$x=\frac{1}{280}:\frac{1}{285}$，从中我们可以轻松推断出 $x=101.786$ 立方法寸。也就是说，在 28 法寸 6 法分汞柱的压力下，仅占据 100 立方法寸空间的同一空气在 28 法寸压力下将占据 101.786 立方法寸的空间。在 28 法寸 6 法分的压力下，得出相同 100 立方法寸空气的重量并不难。因为它们在 28 法寸的压力下为 101.786 立方法寸，并且环境温度为 10°，所以立方法寸的氧气重半格令。显然，在 28 法寸 6 法分的压力下 100 立方法寸空气重 50.893 格罗斯。我们可能会通过以下推理直接得出这种结果：由于空气以及任何一种一般的弹性流体的体积与压缩它的重量成反比，因此得出的必然结果是，同一空气的重力必须与压缩重量成比例地增加。因此，如果在 28 法寸的压力下 100 立方法寸的氧气重 50 格令，那么在 28.5 法寸的压力下它们的重量是多少呢？那么我们将得到这样的比例：$28:90=28.5:x$；因此，也得出 $x=50.893$ 格令的结论。

我继续讨论一个稍微复杂的案例。假设钟形罩 A（图版 XII，图 18）的上部 ACD 含有任意一种气体且该钟形罩的 CD 下面剩余部分装满汞，整个钟形罩浸入水槽 GHIK 中，水槽中也含有汞，汞的高度达到标记 EF 处。最后，我仍然假设钟形罩和水槽中汞的高度差 CE 为 6 法寸，气压计的高度为 27 法寸 6 法分。显然，根据这些数据，ACD 部分中包含的空气被大气重量减去汞柱 CE 的重量所挤压。因此，挤压的力等于 27.5 法寸 − 6 法寸 = 21.5 法寸。与气压计的平均高度处的空气相比，这种空气的压力要小得多；它占用的空间比其应占据的空间大，并且差值正好与差值成正比压缩它的重量。因此，如果我们测量出来 ABC 的空间为 120 立方法寸，那么它必须折算成它在 28 法寸普通的压力下所占的体积，可以通过以下比例来折算：120 立方法寸：x（未知体积）$= \frac{1}{21.5} : \frac{1}{28}$，可以推断出：$x = \frac{120 \times 21.5}{28} = 92.143$ 立方法寸。

在这些计算方式中，我们可以选择将气压计的高度以及降低钟形罩内外的汞含量差异折算至法分，或者以法寸的十进制小数表示。我更喜欢后者，这使得计算更简短、更容易。在一些经常重复进行的操作中，我们绝不能忽略一些数字简化方法：我在第三部分的第八节中附上相应的一个表，将分和分的小数折算成相应的十进制小数。根据该表，没有什么比将我们观察到的汞的分制高度折算成法寸的十进制小数更容易了。

当我们用水气体化学装置操作时，也需要进行类似的更正。为了获得严格的结果，还必须考虑钟形罩内外的水高差。但是，由于气压计的单位是法寸和分，也就是汞的法寸和分，用来表示大气压力，并且同单位的量才能做运算，所以我们不得不将以法寸和分表示的水平差折算到等效的汞高度。根据该数据的折算方法，汞的重量是水的 13.5681 倍。在本书的最后，我将附上一个表，通过这个表我们可以简单快速地进行折算。

Ⅵ：与温度计读数有关的校正

同样地，在确定空气和气体重量的过程中，除了要像上一节说的那样，有必要将它们折算到恒定压力下（例如 28 法寸汞柱）的重量之外，也有必要将其折算到标准温度下的重量；由于弹性流体易于受热膨胀和受冷凝结，因此其密度必然会改变，其重力也会变大，因此在相同的体积下，这些气体的重量也不再相同。酷暑夏季和寒冷冬季之间的平均温度是 10°，该温度也是地下场所的温度，同时也是一年几乎所有季节中最容易达到的温度，因此在空气或气体重量折算过程中我参考的温度基准就是这个温度。

德·吕克先生发现，从水结冰到沸腾的温度区间被划分成 81 份，水银温度计每升高一度，空气的体积就增加原来体积的 $\frac{1}{215}$，如果该温度计被划分成 80 份时，则是 $\frac{1}{211}$。蒙日先生的实验似乎证明氢气在经受同样的温度变化时膨胀程度会更大，膨胀体积为 $\frac{1}{180}$。至于其他气体的膨胀程度，我们至今还没有足够精确的实验来推断出来，至少那些已经实施的实验并没有被发表出来。但是，从我们已知的尝试来看，它们的膨胀程度与普通空气相差不远。因此在进一步的实验对于这个主题给我们提供更加精确的信息之前，我认为可以假设：温度计每升高一度，空气膨胀体积为 $\frac{1}{210}$，氢气膨胀体积为 $\frac{1}{190}$，但是由于这些测定数据仍存在一些不确定性，因此有必要尽可能仅在 10°左右的温度下进行操作。这样，在与温度计的温度有关的校正中所犯的错误就微不足道了。

这些校正值的计算非常简单：将获得的空气体积除以 210，然后乘以温度计高于或低于 10° 的度数。此校正值在 10° 以上为负，在 10° 以下为正。获得的结果是温度为 10°时的实际空气体积。

使用对数表，所有这些计算就大大地简化因而变得更容易了。

Ⅶ：与气压和温度相关的校正的计算例子

现在，我已经说明了确定空气或气体体积以及使该体积与压力和温度相关的校正的方式，为了让读者更好地感受到附在本书最后的表格的用处，我需要举一个更加复杂的例子来说明。

实例

在图版Ⅳ，图3所示的钟形罩A中导入353立方法寸的空气，用水与该空气融合，钟形罩内部水柱EL的高度比水槽水柱面高度高出4法寸半；最后，气压计显示的压力为27法寸9法分半，温度计显示的温度为15°（65.75°）。

在钟形罩里的空气中燃烧任意一种物质，比如磷，燃烧后得到的产物是磷酸，这种酸不是气体，而是一种固体。磷燃烧后剩余的空气体积为295立方法寸，钟形罩内部水面高度比水槽内部水面高度高出7法寸，气压计显示的压力为27法寸9法分半，温度计显示的温度为16°（68°）。

根据这些数据，需确定燃烧前后空气的体积，并从这些体积推断出被吸收的空气的体积。

燃烧前的计算

钟形罩中的空气占据的体积为353立方法寸，但这只是处于27法寸 $9\frac{1}{2}$法分的压力下，将此压力转换成十进制小数（详看附录四）为27.79167法寸；在此基础上还需要减去 $4\frac{1}{2}$法寸的水位差，这相当于汞压力计的0.33166法寸；因此该空气所承载的压力只是27.46001法寸；一般来说，弹性流体的体积与其所受的压力成反比，根据我们在上面所说的，很明显为了在28法寸的压力下获得353立方法寸体积的空气，需要：353立方法寸：$x=\frac{1}{27.46001}:\frac{1}{28}$，因此我们可以得出：$x=\frac{353\times27.46001}{28}=346.192$立方法寸，这是同样的这种空气在28法寸的压力下所占据的体积。该体积的$\frac{1}{210}$等于1.650立方法寸，在温度比常规温度计10°高出5°的情况下是8.255立方法寸。由于是通过减法进行校正的，因此在校正后，燃烧前空气的体积是337.942立方法寸。

燃烧后的计算

在对燃烧后的空气体积做同样的计算后，我们将会得到：空气所受压力为27.77083法寸－0.51593法寸＝27.25490法寸。因此为了获得28法寸的压力下空气的体积，需要将燃烧后测得的空气体积295立方法寸乘以27.25490，再除以28，因此得到校正后的空气体积为287.150立方法寸。

该体积的$\frac{1}{210}$为1.368，将其乘以6（温度差），得到温度的负校正值为8.208。

于是在校正后，燃烧后的空气体积为278.942立方法寸。

结果

校正后，燃烧前的空气体积为337.942立方法寸；燃烧后为278.942立方法寸；因此磷燃烧所吸收的空气体积为59.000立方法寸。

Ⅷ：确定不同气体绝对重量的方式

在我刚刚论述的关于测量气体体积以及与温度和气压相关的校正方法中，假设我们已经知道气体的比重且能够根据这个比重来推断出气体的绝对重量。因此，接下来我要做的就是简单介绍一下确定不同气体绝对重量的一些方式。

取一个球形瓶 A（图版 *V*，图 10），其重量应至少为半立方法尺，也就是 17—18 品脱。在球形瓶中用油灰黏合一个铜环 *bcde*，铜环的 *de* 处连接一个夹板，用螺丝拧紧，夹板上固定着一个旋塞 *fg*。最后，整个这个装置用图 12 中的双螺母拧在钟形罩 BCD 上，钟形罩的容量需要比球形瓶的容量大那么几品脱。该钟形罩上部敞开，其接头处装有一个铜环 *hi*，一个旋塞 l。这些旋塞在图 11 中单独描述。

首先要做的就是确定球形瓶的容量，我们可以往球形瓶中灌满水，称量得到水的重量。然后把水倒出来，通过球形瓶开口 *de* 往瓶中放入一块棉麻布把水吸干，最后的潮气用抽气泵抽一两次除去。

当我们想确定一种气体的重量时，将球形瓶 A 固定在旋塞 *fg* 下方的空气泵夹板上，打开该旋塞，尽可能地将球形瓶完全抽空，并特别注意观察测试气压计下降的高度。排空后，关闭旋塞，精确称量球形瓶的重量，然后将其旋回 BCD 钟形罩，该钟形罩应放置在 ABCD 水槽的隔板上，如同一个图版，图 1 所示。往该钟形罩中导入我们想要称重的气体，然后打开旋塞 *fg* 和旋塞 *lm*，钟形罩中的气体就会进入球形瓶 A 中，同时水上升到钟形罩 BCD 中。如果我们想要避免后期的一些恼人的校正，那么必须将钟形罩浸入水槽中，直至钟形罩内部水位与外部水位相同。然后，关闭旋塞，将球形瓶从它与钟形罩的连接处旋开取下，重新称量球形瓶的重量。将该重量减去空瓶的重量便是球形瓶中所含气体的重量。将该重量乘以 1728 法寸，再除以球形瓶容量的立方法寸数，便能得到用于实验的每立方法寸气体的重量。

在这些实验过程中，有必要考虑气压计的高度和温度计的度数，在此之后，没有什么比把每立方法尺的重量校正到等量气体在 28 法寸的压力和 10°的温度下的重量更容易的了。在上一节中我已经给出了该操作所必需的计算细节。

当排空球形瓶时，我们不能忽略球形瓶中剩余的一小部分空气；这部分空气可根据测试气压计在球形瓶真空状态前后的高度差轻松地计算出来。例如，如果该高度是真空形成前它所处的总高度的百分之一，则可以得出这样的结论：球形瓶中有百分之一的空气，而导入球形瓶中的空气也不过是球形瓶总体积的 $\frac{99}{100}$。

第三章　与热素测量相关的仪器

第一节　量热计的描述

这个我想要介绍的仪器在我和德·拉普拉斯先生在1780年的《科学院文集》第355页中的学术论文里有相关的描述。本章所有内容都是从该学术论文中抄录出来的。

如果将任何物体冷却至温度计的零温度后，将其暴露在温度高于冰冻条件25°的大气中，它将从其表面到其中部以肉眼看不见的方式加热并逐渐接近周围流体的温度，即25°。

如果将一个冰块放置到相同的大气环境下，情况则不相同。冰块温度不会逐渐接近周围空气的温度，而是一直维持在零度，也就是说，维持在融化的冰的温度，直至最后一个冰原子也被融化掉。

这种现象的原因不难想象：为了融化冰并将其转化为水，那么冰块需与一定比例的热素结合。因此，周围物体的所有热素停止在冰表面，在该表面上冰被融化：第一层被融化后，新的热素继续与冰块结合将第二层冰融化转化成水，以此方式，逐层融化，直到最后一个温度仍然为零度的冰原子，因为热素尚未能够渗透到那里。

试想一下，有一个零度的空心冰球；我们将这个冰球放在大气中，大气温度比冰点高 10°，并且在冰球内部放置了任意温度的加热物体。根据刚刚的论述，会有两个结果：1. 外部的热量不能渗透到冰球内部；2. 放在冰球内部的物体的热素也不会渗透到冰球外部，只停留在空心部分的内表面，在内表面上热素一层层地融化冰块直至冰球中的物体温度达到零度。

如果我们小心收集在冰球内部形成的水，当放置在其内部的物体的温度达到温度计的零度时，从原始温度到融化冰的温度的变化过程中，融化的冰块重量将与该物体丢失的热素量成正比；因为很明显，两倍的热素必须融化两倍的冰；因此融化的冰量与产生这种效果所用的热素非常精确地相同。

我们考虑了冰球中发生的情况，只为了更好地了解在这种实验中使用的方法，德·拉普拉斯先生是开创这些方法的第一人。但我们很难制作出相似的冰球，并且它们在实践中将有许多缺点；我们用以下仪器来弥补它的缺点，我将其称为“热量计”。

我承认，将两种名称结合在一起，一种来自拉丁语，另一种源自希腊语，这会在某种程度上使自己饱受批评，但是我认为在科学问题上，我们可以不那么注重语言的纯洁性，这样会使思想更清晰。确实，我可以使用完全取自希腊语的复合词，而不必太接近其他用途和目的完全不同的其他已知仪器的名称。

图版 *Ⅵ*, 图 1 展示了热量计的透视图，图 2 为其水平剖面图，图 3 则是垂直剖面图，能看到热量计的内部构造情况。热量计被分成三个部分，为了更容易理解，我将这三个部分分别叫作内部、中部、外部。内部 *ffff*（图版 *Ⅵ*, 图 3）是由金属丝网形成的，丝网用数个相同的金属支架支撑，我们用于实验的物体正是放在该部分中；它的上部 LM 用一个盖子 GH 封闭，这个盖子在图 4 中单独描绘。它的上部完全敞开，底面由金属丝网形成。

中部 *bbbb*（图 2 和图 3）主要用于盛放冰块，所盛放的冰块需将内部包裹起来，而用于实验的物体所含的热素会把冰块融化。这些冰块用一

个金属网 *mm* 接住，金属网下方是一个筛网 *nn*。金属网和筛网分别在图 5 和图 6 中单独描绘。随着被放置在内部的物体所释放出来的热素逐渐把冰块融化，水通过金属网和筛网流下后沿着锥形漏斗 *ccd* 落下，并流到管子 *xy* 中，最后汇聚在该装置下方的器皿 F 中（图 1）；*u* 是一个旋塞，通过这个旋塞我们可以随意控制内部水的流出。最后，外部 *aaaaa*（图 2 和图 3）用于接收冰，该冰需阻止外部空气和周围物体的热素对内部冰块融化的影响，冰融化产生的水沿着管子 *s*T 流动，该管子可以通过旋塞 *r* 打开或关闭。整个装置由 FF 盖板覆盖，顶部完全打开，底部完全关闭；它由涂有油的马口铁制成，可防止生锈。

在用量热计进行实验时，往中部 *bbbbb*、内部的 GH 盖板、外部 *aaaaa* 以及整个装置的盖板 FF（图 7）装满捣碎的冰块。使劲按压这些冰块，使得冰块完全填满前面所说的地方而不留任何一点空隙，然后把内部冰块沥干；接下来打开装置，把我们要进行实验的物体放进去，然后立即用盖板把装置封闭。接着就是等待内部的物体完全冷却、融化的冰水完全沥出；然后称量汇聚在器皿 F（图 1）中的水的重量，其重量正是物体在冷却过程中所释放的热素的量，因为很明显该物体就处于冰球的正中心而物体释放的所有热素都被内部的冰块拦截住，再加上装置盖板上以及外部的冰块已经把来自外部环境的热量挡住，所以该冰块完全没有办法接触到其他热量。

这种实验能持续 15、18 或 20 个小时，有时候为了加快实验的进展，我们将冰块捣得很碎，并且将它直接覆盖在我们想要冷却的物体上。

图 8 表示用来容纳我们要进行实验的物体的金属板桶，桶带有一个中间刺穿的盖子，穿孔用软木塞封闭，并由小温度计的管子穿过。

图 9 是一个玻璃烧瓶，该烧瓶的瓶塞也被一个小温度计的管子穿过，温度计的玻璃泡和该管子的一部分浸入了液体中。每次我们用酸以及一些能对金属起作用的物质进行实验时，都必须使用类似的玻璃烧瓶。

图 10 是一个中空的小圆筒，我们将其置于内部的底部，用来支撑玻璃烧瓶。

在这个装置中，最关键的是中部和外部之间不能有任何的联系，我们可以通过在外部灌水轻易地验证。如果它与中部相连，作用于外部表面的大气热量融化冰块的水能够流到中部，因而流到中部的水并不能纳入物体释放热素的量的计算中去。

如果大气的温度只比零度高那么几度，那么大气传导的热量最多只能艰难地到达中部，因为这些热量被装置盖板上的冰以及外部的冰块截住；但如果外部的温度在零度以下，那么大气能够冷却内部的冰块；因此，进行实验的时候，周围大气的温度不能低于零度：当处于结冰的温度中时，需要将装置放置在一个房间中，并加热该房间内部。还有很重要的一点，就是我们使用的冰块温度不能低于零度，如果出现了这种情况，则需把冰块捣碎并将其放置在一个温度高于零度的环境中一小段时间。

内部的冰块表面总是黏附着少量的水，我们认为这部分水需要被考虑到实验的结果中去；但必须注意的是，在每个实验开始时，冰已经被它能保留住的全部水浸泡了；因此，如果由物体融化的冰的一小部分仍然附着在内部的冰上，那么原本附着在冰表面上的几乎相同的水量就必须从冰上分离出来并落入器皿 F 中，因为在实验中内部冰的表面变化很小。

尽管已经采取了一些预防措施，但当温度为 9°或 10°，即高于结冰的温度的时候，我们仍然不可能完全阻止外部的空气渗透到内部。原本被困在内部的空气在相同的体积下比外部的空气要重，它被进入量热计的外部空气取代并沿着管子 *xy*（图 3）流出，进入量热计的外部空气将它的一部分热素施加到内部的冰块上。因此，装置中就形成了一股空气流，外部温度越高，空气流动的速度就越快，外部温度会不断融化一部分内部冰块。通过关闭分旋塞，可以在很大程度上阻止这种空气流的影响；但是最好仅在外部温度不超过 3°或 4°时操作；因为观察到由大气引起的内部冰的融化是不明显的，所以我们可以在此温度下将关于物体比热的实验结果精确到接近四十分之一。

我们请工匠制造了与我刚刚所描述的装置一模一样的两个装置；一个用于不需要更新内部空气的实验；另一个用于那些内部空气必须要更新的实验，比如燃烧实验和呼吸实验。第二个装置与第一个装置的不同之处仅在于两个盖子上开有两个孔，两个小管子穿过这些孔，这两个小管子用作内部空气和外部空气之间的连通。因此我们可以通过这些管子将大气空气吹入量热计内部，以保持燃烧。没有什么比用该仪器来确定实验中释放或吸收的热量更简单的方法了。例如，我们是否想知道固体冷却到一定温度后释放出的热量。比如，我们将固体加热到 80°，然后将它放到量热计的内部 *ffff*（图版 *VI*，图 2 和图 3）足够长的时间，以确保它的温度降低到温度计的零度；收集固体冷却过程中冰融化产生的水；水的量除以物体质量与其高于零度的原始温度度数的乘积所得到的结果将与英国物理学家所说的“比热”成正比。

对于被装在任意一种材质的器皿中且已经确定了比热的流体，我们用与固体相同的方式进行操作，但需注意，在计算的时候，要将流到器皿 F 中的总水量减去装着液体的器皿 F 冷却放热使冰融化产生的水的量。

如果我们想要知道几种物质结合所释放的热素的量，我们需首先将所有物质的温度降低到零度并在碎冰中放置足够长的时间；然后在量热计内部的一个同样为零度的器皿中将所有物质混合以进行化合作用，直至所有物质重新回到零度再将它们拿出来；器皿 F 中收集的水量正是化合作用过程中释放的热素的量。

有了这个仪器之后，物质燃烧以及动物呼吸实验过程中释放热素量的确定再也不是一个难题：在量热计内部燃烧可燃物体或者把一些动物比如非常耐寒的印度猪放到里面进行呼吸，收集流出来的水；由于在这种操作中必须进行空气更新，因此有必要通过用于此目的的小管将新的空气连续引入量热计的内部，并通过另一根管将其排出。为了使这种空气的引入不会对结果造成任何影响，我们将导入新空气的小管子穿过碎冰，以使其在零度下到达量热器。出气管也必须穿过碎冰，但是其穿过的最后一部分碎冰必须包含在量热计的内部 *ffff* 之内，并且出气管散热融化这部分冰所产生的水也必须收集并纳入实验结果中，因为导出前的空气所含的热素也是实验的一部分。

由于气体密度低，研究各种气体中所含的特定热素的数量要困难一些。因为如果我们像其他液体一样将它们封装在装置中，那么融化的冰量将是如此之小，以至于实验的结果至少是非常不确定的。对于这种实验，我们采用了两种盘绕成螺旋状的盘管或金属管。第一个装在装有沸水的容器中，用于在空气到达量热计之前对其进行加热；第二个放在该仪器的内部 *ffff* 中。在第二个盘管的一端安装一个温度计，用于测量进入该仪器的空气或气体的温度；安装在同一线圈另一端的温度计则测量排出的气体或空气的温度。因此，我们已经能够确定任一质量的不同空气或气体在冷却到一定的温度后能够融化冰的质量，并进一步确定其比热。我们可以使用与上面相同的方法，并采取一些特殊的预防措施，以了解不同液体的蒸气在冷凝过程中释放出的热量。用量热仪进行的不同实验得出的结果都不是绝对值，它们只能给出相对的数量，因此，需选择一个统一的单位，用这个我们可以表达所有其他结果。我们可以将“要融化一古斤冰所需的热素的量”作为这个单位：不过，要融化一古斤的冰，需要与将一古斤水从零度加热至温度计的 60°所需热素相等的热素，该温度计从水结冰到沸腾的温度区间被划分成 80 份；因此，该单位表示将水温从零度加热至 60°所需的热素量。

确定好单位之后，我们便可以用类似的值表示物体冷却到一定的温度所释放热素的量了。以下就是计算该值的简单方法：我在其中的一个初步实验就应用了这个方法。

把重 7 古斤 11 盎司 2 格罗斯 36 格令（折算成十进制小数为 7.7070319 古斤）的切成条状的钣金件卷起来，在沸水中加热。钣金件温度上升 78°后，迅速将其从水中抽出并将其放入量热计的内部。11 个小时后，当由内部冰融化产生的水全部沥出之后，称量水的重量，为 1 古斤 1 盎司 5 格罗斯 4 格令，折合成十进制小数为 1.109795 古斤。现在我可以说钣金件冷却 78°所释放的热素能够融化 1.109795 古斤的冰；那么钣金件冷却 60°能融化多少冰呢？我们用 x 来表示这个未知数，通过冷却 78°的数据，我们有 78 ∶ 1109795 = 60 ∶ x，因此可以得出 x = 0.85369 古斤。最后，将这个量除以所使用的钣金件古斤数，即 7.7070319，我们可以得出一古斤钣金件从 60°冷却到零度所能融化的冰量为 0.110770 古斤。这种计算方法对于所有的固体都适用。

至于酸性流体，比如硫酸、硝酸等，我们将其放到图版 Ⅵ，图 9 所示的烧瓶中，烧瓶用软木塞塞住，将一个温度计穿过软木塞，温度计的玻璃泡浸入液体中。将长颈烧瓶置于沸水浴中；根据温度计显示的数据，当我们判定液体温度已经上升到合适的度数时，将长颈烧瓶从沸水浴中拿出并放到量热计中。按照上面的计算方法来计算，需要注意将得到的水总量减去玻璃长颈烧瓶本身放热融化冰产生的水量，该量需事先通过一个实验来确定。在这里我就不为大家展示从我们所得到的实验结果而统计的表格了，因为这个表格还不够完整，而且各种不同的情况使得我们的工作无法继续进行；然而，它没有被忽视，每个冬天我们都或多或少进行了与该主题相关的研究。

第四章　将物质分离的纯机械操作

Ⅰ：研磨、捣磨、粉化

准确来说，研磨、捣磨、粉化不过就是一些初步的机械操作，目的是使物体的分子相互分离并将其还原成极细的微粒。但是，无论我们将这些操作进行得多么彻底，它们都无法将物体还原成原始的、基本的分子。严格来说，它们甚至不能破坏物体分子的聚合状态；因此，经过研磨和捣磨后的每个分子仍然形成与原来的物体相似的一个整体，这与真正的化学操作不同，例如，破坏物质分子聚合状态、将物体的组成分子和整合分子彼此分开的溶解作用。

每当需要研磨易碎易断的物体时，都可以使用研钵和研杵（图版Ⅰ，图1，图2，图3，图4，图5）进行操作。这些研钵可以用铸铜和铁制成（图1），也可以用大理石、花岗岩（图2）、愈疮木（图3）、玻璃（图4）或玛瑙（图5）制成；最后，它也可以用瓷制成（图6）。我们用来研磨物体的研杵也可以用不同的材质制成：可以用铁或锻铜（图1）；可用木头（图2和图3）；最后还可用玻璃、陶瓷或玛瑙，具体材质根据要研磨的物体的性质来决定。在实验室中，有必要配置一整套不同大小的这些器具。瓷研钵，特别是玻璃研钵，研磨的时候需要讲究方法，如果我们在没有做预防措施的情况下就在这些研钵里面敲打物体，这些研钵立即就会碎成两半。我们可以在研钵中慢慢转动研杵，灵活轻巧地摩擦研杵和研钵壁之间的物体分子，从而使这些分子相互分离。

研钵的形状也很重要。它的底部必须是倒圆，侧壁的倾斜度必须使得研杵上升时粉末状的材料会自行掉落；太平的研钵是不符合研磨要求的，因为在这种研钵中研磨物质的时候，物质不会自行掉落而且研杵也不能翻转搅拌物质。研钵壁倾斜度太大也会带来另一个缺点，太多需要研磨的材料带到杵下，它将不再被压皱和夹在两个硬质物体之间，并且研杵和研钵之间的物质厚度太大会影响粉化。

按照同样的原则，研钵中的研磨材料也不宜过多，而且在研磨的过程中，需要时不时地把已经磨成粉的物质先清理出来，然后过筛，过筛是研磨之后要进行的操作，稍后会讲到。如果不把已经研磨好的物质先清理出来的话，那么我们将会多花很多无用功和时间来继续研磨那些已经足够粉化了的物质，而那些没有足够粉化的物质却不能完全被研磨。实际上，那些已经研磨完全的物质会影响还没研磨的物质的研磨，它们会隔在研杵和研钵之间，减弱研杵对物质的作用力。

“研细”这个名称从其操作所用材料的名称衍生而来。最常见的是，我们有一块平坦的玢岩板或另一块具有相同硬度的石头 ABCD，在上面铺开我们想要研细的材料。然后，用硬度相同的石头在玢岩板上按照字母 M 的路线将材料弄皱并压碎。玢岩板上的砂轮一定不能完全平坦；砂轮的表面必须是一个大半径的圆弧。否则，当轮子在玢岩板上移动时，它所研磨的物质将围绕它的整个圆周排列，而在两者之间没有任何接合，也就不能将物质粉化了。出于这个原因，我们需时不时地为在使用过程中逐渐变得平坦的砂轮重新凿齿。砂轮的作用就是要持续地研磨物质并将其推到玢岩板的两端，然后我们再用非常薄的铁质、角质或象牙刀片将这些物质推回板中央，如此反复。

在大规模的研磨工程中，我们会优选使用大型的硬石磨刀石，这种磨刀石要么能够相互翻转，要么是垂直的磨石刀在水平的磨石刀上滚动，以进行磨削。在所有这些情况下，我们通常不得不稍微润湿材料，以免材料会变成灰尘飘散出来。

对于木质材料的研磨，我们使用大型的锉刀，这些锉刀以“粗木锉刀”的名称为人所知，如图版Ⅰ，图8所示；对于角质材料的研磨，则使用刀片更薄一点的锉刀；最后，对于金属材料的研磨，则使用比研磨角质材料所用的锉刀刀片更加薄的锉刀，如图9和图10所示。

有些金属物质的脆性不足以通过研磨使其粉碎成粉末，硬度也不足以用锉刀锉碎。锌就是一个例子。它的半可碎性使它无法用研钵粉碎：如果用锉刀锉，锌会附着在锉刀上，填满锉刀的空隙并使锉刀变厚，从而使得后者发挥不了任何作用。有一种简单的方法可以将锌还原为粉末，就是将热锌在同样热的生铁质研钵中捣碎；在这种研钵中它更容易被研碎。我们还可以通过将其与少量汞混合，加热融化再凝结，凝结成固体的锌比原来更脆，这样就可以用一般的研磨方法将其研磨成粉末了。使用锌制造蓝色焰火的烟火制造者使用的就是其中一种方法。如果不打算将金属研磨得太碎，可将研成粉末的金属物质置于水流中使其还原成颗粒。

还有最后一种将物质研碎的方法，该方法可用于果肉和纤维状物质，例如水果、马铃薯、树根等。将其放到锉刀上（图版Ⅰ，图11），往锉刀上施加一定程度的压力，从而成功地将其还原成浆泥。每个人都认识锉刀，因此没有必要对其进行更详尽的描述。

此外，研磨材料的选择也是很重要的；食物、药物绝对不能用铜质器具来研磨。大理石或金属研钵不能用来研磨酸性物质，后者需要用非常坚硬的木质研钵来研磨，比如愈创木，或者使用陶瓷或花岗岩的研钵，这些研钵在实验室中都非常常见。

Ⅱ：过筛、清洗

在用来将物质还原成粉末的几种方法中，我们都无法将所有的物体颗粒研磨成同样的精细度。从时间最长、最精细的研磨操作中得到的粉末总是由不同大小的物体分子组成的混合物。我们可以将这些大小不一的颗粒过筛来去除最大的那些颗粒，从而仅留下大小更加均匀的粉末，筛子（图版Ⅰ，图 12，图 13，图 14 和图 15）的筛孔与我们想要得到的颗粒的大小成正比；所有比筛孔尺寸大的颗粒都会被截留在筛子上，我们可以将这些大颗粒继续用研杵研磨成更细的颗粒。

图 12 和图 13 中描绘的就是这些筛子的其中两种：其中一个（图 12）是用马毛或丝绸做成的；另一个（图 13）由毛皮制成，毛皮上用打洞钳打一些圆孔。后一种筛子主要应用于火药制造业。如果需要筛分质地很轻、很珍贵且很容易消散在空气中的物质或者筛分的物质扩散到空气中对呼吸者有害，我们就可以使用由三个部分组成的筛子（图 14 和图 15）：准确来说，由一个筛子 ABCD（图 15）、一个盖子 EF 和一块底板 GH 组成。图 14 是这三个部分组装在一起时的描绘图。

为获得均匀大小的粉末，除了过筛之外，还有另一种更精确的方法，就是洗涤。但这仅适用于不易受水侵蚀和改变的物质。我们将粉碎后的、想要获得大小均一的粉末状物质溶解在水或其他液体中；将液体静置一会儿，然后把浑浊的部分倾析出来。较粗的部分保留在容器的底部。然后进行第二次倾析，第二次沉积物的粗糙度小于第一次。再进行第三次倾析以获得第三次沉淀物，该沉淀物比第一次和第二次都要更加精细。继续进行第四次、第五次倾析直至最后倾析出来的水清澈为止，一开始粉末中所含的大小不均等的粗颗粒随着一系列的沉淀被分离出来，且每一次沉淀出来的颗粒大小几乎也是均一的。

另一种将物质相互分离的方法——洗涤，不仅能用于将均质物质的分子彼此分离（这些物质分子仅在于其分裂程度不同），也能用于分离精细度相同但比重不同的物质分子，这种方法比前一种更为有用且主要应用于采矿业中。

在实验室中，我们用于洗涤的器皿有不同的形状，由不同的材质制成，有粗陶钵、玻璃广口瓶等，有时候为了在不影响容器底部沉淀物的情况下将液体倾析出来，还会使用虹吸管。该仪器由一根玻璃管 ABC 组成（图版Ⅱ，图11），该玻璃管在B处折弯，BC段需比AB段长几法寸。为了使其不需要用手握住从而解放双手（在某些实验中可能会很累），将该管子穿过小板DE中间的一个孔。虹吸管的末端A必须浸入广口瓶FG的液体中，直至能将器皿倒空的深度。

根据虹吸作用所依据的流体静力学原理，液体只有在其内部所含的空气被排出后才能在其中流动：可通过一个小型玻璃管HI来达到这个目的，该玻璃管被密封地焊接到虹吸管的BC段。因此，如果我们想要通过虹吸管使FG容器中的液体流到容器LM中，首先用指尖堵住虹吸管BC段的C端，然后用嘴吸气，直至管子中的空气都被吸出来，液体流到管子中去；然后松开指尖，液体流动并继续从容器FG流到容器LM中。

Ⅲ：过滤

我们刚刚已经了解到过筛是一种能将不同大小的物质颗粒相互分离的操作，其中较细的颗粒通过筛子而较大的颗粒则留在筛子上。而过滤器不过就是一种更加细密的筛子，任何的固体颗粒，不论大小，都不能通过，只有液体能够渗透；因此，更准确地说，过滤器是一种用于将非常精细的固体颗粒与颗粒比前者更细的液体分离的筛子。

因此，我们主要在药业中使用厚布和紧密的织品来过滤，羊毛织物是最适合不过的了。一般我们将这些织物卷成圆锥形（图版Ⅱ，图2），这种过滤器被赋予了“漏斗状滤袋”的名称，这与它的外形非常吻合。这种圆锥形状有一个优点，就是能将所有流动的液体都汇聚到一个唯一的点A上，因此我们可以通过这种滤袋将液体倒入开口非常小的容器中；但如果液体在好几个地方流动的话，液体就无法导入这种容器中了。在药业的一些大实验室中，会配置一个木质底架（图版Ⅱ，图1），底架中央绑扎着一个漏斗状滤袋。

漏斗滤袋过滤仅适用于一些药剂业相关的实验。但与大多数化学操作一样，同一过滤器只能用于相同类型的实验。由于这个原因，为应对各种不同的实验，必须要有大量的漏斗状滤袋，并且在每次操作时都要非常小心地清洗它们，所以人们用非常便宜、非常普通、实际上也非常薄的织物代替了这种滤袋，但由于它垫了毡子，毡子质地非常紧密，这就弥补了因织物太薄所带来的不便。这种织物可充当一种不会黏结的过滤纸，任何固体物质，不管粒径有多细，都不能通过这种滤纸的孔隙，相反地，液体物质通过就要简单得多。

用过滤纸的唯一问题是其容易被刺穿和撕裂，特别是被浸湿的时候。我们可以通过用添加各种衬里来弥补这一缺点。如果要过滤的物质数量很多，我们会使用装有铁钉或挂钩的木底架 ABCD（图版 *Ⅱ*，图 3）：该底架放在两个小板凳上（图 4）。我们将一块粗糙的织布放在底架上，稍微抻一下，用铁钉或铁钩将织布固定在底架上，然后在织布上摊开一张或两张过滤纸并将我们想要分离的液体物质和固体物质的混合物倒在过滤纸上。液体流到过滤粗布下面的粗陶钵或另一个任意的容器 F 中。如果出于某种原因担心浸渍在织布中的液体分子可能会影响随后的操作，那么需要清洗该织布或者更换一条新的织布。

在所有普通的操作中，当只有少量的液体需要过滤，我们可以使用玻璃漏斗（图版 *Ⅱ*，图 5）来盛放过滤纸；我们需要将过滤纸折成与漏斗一致的圆锥形。但这样会有另外一个不便之处，当过滤纸被润湿的时候，它就会黏在玻璃漏斗壁上，致使液体不能流动，此时只能通过锥尖来进行过滤操作，因此该操作需要很长的时间才能完成。而且由于液体中所含的不均质物质一般都会比水重，因此它们会汇集到过滤纸的锥尖处并把锥孔堵住，过滤作用要么停止要么进展得非常慢。由于这些缺陷每天都在化学操作的过程中出现，我们设想了各种不同的方法来弥补这些缺陷，而这些缺陷比我们一开始认为的还要严重。第一种方法是将过滤纸多折几次，如图 6 所示，以使液体能够顺着褶痕流到锥尖处；另一种方法是在前一种方法的基础上，在将过滤纸放入漏斗之前，在漏斗上铺一些稻草碎。最后一个让我觉得更加有用的方法是取一些所有的门窗玻璃店都能找到的、以“玻璃边料”的名称为人熟知的小玻璃条，将玻璃条的一端弯曲，形成钩子的形状，并在将过滤纸放入漏斗之前，将该钩子安装到漏斗的上边缘，以这种方式放置六到八个。这些玻璃条保证了过滤纸与漏斗壁之间有足够的距离，使得过滤操作能够顺利进行。沿着玻璃条流动的液体最终会汇聚到锥尖处。

在图 8 中我们可以看到这些玻璃条的其中几个；图 7 是一个装有玻璃条和过滤纸的玻璃漏斗。

当我们同时要过滤大量的混合物时，可以准备一块木板 AB（图版 Ⅱ，图 9），该木板下方由木柱 AC、BD 支撑着，木板上凿一些孔来放置漏斗，这样就能同时进行多次过滤操作了。

有一些非常黏稠的物质，它们不能渗透过滤纸，只有经过一些准备工作之后才能被过滤。最常见的就是蛋清，将其加到这些液体中，加热直至沸腾。蛋清凝结，变成泡沫浮到表面，并带有不能过滤的大部分黏性物质。我们必须采取这一步骤来获得透明的乳清，否则蛋清很难通过过滤纸。对于含酒精的液体，我们用稀释在水中的少量鱼胶达到同样的目的：这种胶无须加热即可在酒精的作用下凝结。我们认为过滤必不可少的条件之一就是过滤器不能被需要过滤的液体损坏和腐蚀。因此，浓酸不能用过滤纸过滤。但实际上很少会使用这种方法来过滤浓酸，因为大多数酸是通过蒸馏获得的，并且蒸馏出来的产物几乎总是澄清的。然而，如果在一些非常罕见的情况下，我们不得不过滤浓酸，则使用碎玻璃，使用部分被研磨成粉末的石英或岩石晶体碎块更好。首先将一些最大的碎块放置在漏斗的底部，以堵住漏斗的下部；然后在上面放上一些较小的碎块，这些碎块由下面的大碎块支撑；最后，粉末部分放在漏斗顶部，然后在漏斗中灌入酸。

在日常应用中，人们一般会通过过滤来去除使河水污浊的不均质物质从而获得清澈的河水。在这种情况下，人们会使用沙子来进行过滤。沙子具有的几个优点使得它成为用于这种过滤用途的不二选择：第一，沙子是圆形的碎块，或者至少它的棱角已经被磨平，因此水能够通过沙子颗粒间的空隙；第二，这些颗粒大小不一，最小的颗粒自然地嵌插在大颗粒之间，因此，颗粒间的空隙很小，从而能够阻挡不均物质的通过；第三，沙子长时间地被河水卷起、冲刷，因此可以肯定它已经被去除了所有的水溶性物质，所以它绝对不会与其过滤的水发生任何反应。

在所有同一过滤器必须要长时间使用的情况下，就像上面这种情况一样，如果不清洗，过滤器就会堵塞，要过滤的液体将无法通过。对于沙滤器，此操作很简单，仅需连续数次在水中对其进行清洗，直到清洗沙子的水变得极为清澈为止。

Ⅳ：倾析

倾析可以作为过滤的一种补充操作，与过滤一样，其目的是将液体中的固体颗粒从液体中分离出来。为此，将液体放在通常为圆锥形且具有水杯形状的容器中静置，例如图版*Ⅱ*，图 10 所示的容器 ABCDE。我们可以在玻璃制品厂制作一些大小不同的这种类型的容器。如果容器的容量超过两或三品脱，则取消 CDE 支脚，用一个木支脚来代替并用油灰将这个木支脚紧紧地粘牢在容器上。在经过或长或短时间的静置后，杂质沉淀在容器底部，通过倾斜容器缓缓地将液体倒出来，我们便能获得清澈的液体了。我们可以看到，该操作的前提是漂浮在液体中的固体物质比液体本身更重，能够因重力作用沉积在容器底部；但有时候沉淀物的比重与液体的比重如此接近，以至于它们几乎处于平衡状态，稍稍地移动容器便能将它们重新混合在一起；因此，这种情况下，不能通过倾析来将两者分离，我们可以使用图 11 所示的虹吸管，至于其用法，我已经在前面描述过了。

在所有需要严格精确地确定沉淀物重量的实验中，倾析比过滤更具优势，前提是，在倾析后，要注意用大量水冲洗沉淀物数次。的确，我们可以称量操作前后过滤器的重量，然后相减来确定通过过滤分离出的沉淀物的重量，附着在过滤器上的沉淀物会增加过滤器的重量；但是，当需要过滤的物质量较小时，过滤器的干燥程度以及保留的水分比例都是导致称量误差的原因，因此必须要避免。

第五章　在不分解物体分子的情况下将其相互分离、相互结合的方法

在前面我已经介绍了两种分离物质的方法：第一种我们称之为“机械分离”，主要是将一种固体物质从大量的比其要小得多的物质中分离出来。为了达到这个目标，我们利用了人或动物的力量，用液压机施加的水的重量、变成蒸气的水的膨胀力（例如在消防机中）、风的冲击力等。但是，所有这些用于分离两种物质的机械力都是非常局限的。将一个一定重量的研杵放到一定高度，我们永远也无法将给定的物质粉化到一定程度的细度以上，并且相对于我们的器官而言，这些颗粒看起来如此精细，但如果将其与物体基本组成分子进行比较，它仍然像一座山那么大（如果我们可以这样表达的话）。这就是机械试剂与化学试剂不同的地方，化学试剂能从原始分子上将物体分离。例如，如果是中性盐，这些化学试剂会将其分子尽可能分开使得分离出来的分子再也不具有盐分子的性质。在本章中，我将举例说明这种分离方法并附上有关操作的一些细节。

Ⅰ：盐的溶解

在化学中，“溶解”和“溶解”① 长期以来一直被混淆，人们用同一个名称来表示盐在流体（例如水）中的溶解和金属在酸中的溶解。但是，在对这两种操作的结果进行一些思考之后，就再也不会将它们混淆了。

在盐的溶解中，盐分子只是简单地被液体分子分离，在这过程中，无论是盐还是水都没有被分解，这两者在溶解前后的质量都没有发生变化。树脂溶解于酒精或含酒精的溶剂中也是同样的道理。金属的溶解则是相反的，溶解过程中总是会有酸的分解或者水的分解，因此金属被氧化变成氧化物，还伴随着气体物质的逸出；因此，更加准确地说，在这种溶解之后，没有任何物质的状态与其溶解之前是一样的。本节中我们仅仅讨论盐的溶解。

为了能更好地理解盐溶解过程中所发生的事情，我们必须知道，在大多数操作中，有两种作用是比较难理解的：水溶解和热素溶解；由于这两种溶解之间的区别可以解释与盐溶解有关的大多数现象，因此我坚持将它们分开论述，使读者更加容易理解。

大量的实验证明，硝酸草碱，通常被叫作“硝石”，含有很少的结晶水，甚至有可能一点也没有；然而，在比水沸腾稍高一点的温度下，它就能够液化。但它并不是借助其结晶水而液化的，而是它非常易熔的性质使得它能够在比水沸腾稍高一点的温度下就能从固态转变成液态。同样的，所有的中性盐都能够受热素的作用而被液化；但液化所需的温度各不相同。有一些，比如醋酸草碱和醋酸苏打，在很低的温度下就能融化变成液体；另一些则是相反的，比如硫酸石灰、硫酸草碱等，要使它们液化，则需要非常高的温度。盐通过热素的液化所呈现出的现象与冰

---

① 这里的两个“溶解”，法语中一个是 *solution*，另一个是 *dissolution*，但中文都是“溶解”的意思，前者的特征是溶解前后物质没有发生任何变化，而后者的溶解前后物质被分解，重新生成了其他的物质。

的液化完全相同。首先，与冰液化一样，每一种盐的液化都是在特定的温度中进行，并且在盐液化持续的整个过程中，该温度是恒定的。其次，盐融化时需要与热素结合，在凝结的时候则会释放热素，这是任何物体从固体状态转变为流体状态的过程中都会发生的一般现象，盐溶解的时候都会发生，反之亦然。

这些通过热素溶解的现象总是或多或少地与在水中溶解的伴生现象相联系。我们认为不能在没有真正使用混合溶剂、水和热素的情况下，将水倒在盐上来溶解它。现在，我们可以区分几种不同的情况，具体如何区分取决于每种盐的性质和存在方式。例如，如果某种盐在水中的溶解度非常差，但在热素中的溶解度非常高，那么很明显，这种盐在冷水中的溶解度非常差，而在热水中的溶解度就会非常高；硝酸草碱，特别是氧化盐酸草碱就是这样的例子。相反地，如果有一种盐，它既难溶于水，也难溶于热素，那么它在冷水和热水中同样难溶，两者之间的差别不会很大；硫酸石灰就是这样的例子。

我们可以看到这三者之间有种必然的联系；盐在冷水中的溶解度、同一种盐在热水中大的溶解度以及同一种盐只通过热素不通过水液化所需的温度；盐在冷热状态下的溶解度越大，则其在热素中的溶解度就越大，或者换句话说，就是这种盐在相对较低的温度下就能被液化。这是盐溶解的一般理论。但是到目前为止，由于缺乏具体的事实并且没有足够的确切经验，我只能形成一般的见解。补全化学该部分要做的事情很简单；就是确定每一种盐在温度计的不同温度下溶解在一定量的水的量。根据我和德·拉普拉斯先生已经发表的实验，更加精确地计算出在温度计的各个温度下，每古斤水所含热素的量，通过简单的实验就可以轻松确定每种盐溶解所需要的热素和水的比例，这些热素和水在盐液化时会被吸收，而在盐结晶的时候则会释放出来。

由此，即使我们看到溶于冷水的盐，在热水中比在冷水中的溶解要快得多也不会觉得惊讶了。在盐的溶解过程中，总会有热素的参与。当盐溶解所需的热量需由周围的物体一点一点地提供时，溶解的过程会非常缓慢。相反，当溶解所需的热素已经全部与水结合时，溶解就变得更加容易且迅速。一般来说，盐溶于水的过程中，其比重会增大，但这个规律并不是绝对没有例外的。

终有一天，我们将会知道构成每种中性盐的根、氧和基的量；我们将会知道溶解它所需的水和热素的数量、溶解于水时比重的增加量、其晶体的基本分子的形状；我们将能解释其结晶过程的情况和偶然性，只有到那时，化学的这一部分才能完成。塞干先生已经编制了一份与该主题相关的计划书，他也一定能胜任这份工作。

盐溶解于水这个操作不需要任何特殊仪器。在小规模操作中，我们一般使用大小不同的药用玻璃瓶（图版 *II*，图 16 和图 17）、粗陶钵（图版 *II*，图 1 和图 2）、长颈烧瓶（图 14）、铜和银勺皿或圆盘（图 13 和图 15）。

Ⅱ：浸滤

浸滤是制造业和化学实验中使用的一种操作，目的是将溶于水的物质与其他不溶于水的物质分离。对于这种操作，制造业和日常用途中一般会使用一个大盆 ABCD（图版 *II*，图 12），在接近底部的 D 处钻一个圆孔，在孔里插入一根木管 DE 或一个金属旋塞。首先在大盆底部铺薄薄一层稻草碎，然后在稻草碎上放上我们想要淋洗的物质，再用一块布将物质覆盖；接下来倒入冷水或热水，倒热水还是冷水，需根据物质溶解性的高低来决定。水开始渗入物质，为了让水更好地渗透物质，我们将旋塞 DE 关闭一段时间。当水渗透的时间足以将所有的盐分子溶解后，我们打开旋塞 DE 让水流出来；但是由于不溶物上总是残留着一部分水而不能流出来，且由于该水像流出来的水一样含有含盐物质，如果仅淋洗一次，而不用新的水重新淋洗数次，我们将会损失大量的盐分子。新的水主要用于稀释残留在不溶物上面的水，被水稀释后，含盐物质相互分离，在经过第三或第四次淋洗后，流出来的水几乎已经纯净。如本部分第一章中所述，所流出来的水的纯净度可以通过液体比重计来确定。

我们放置在大盆底部的薄层稻草碎用于制造空隙以供水流过；也可以使用我们在用漏斗过滤时用来防止过滤纸过快地粘在漏斗壁上的玻璃碎或玻璃条。至于放置在我们想要淋洗的物质上面的布块，它并不是多余的，它的作用是防止水在倒到物质上时将物质冲出一个凹坑并防止水形成一些特别的出口，使得物质无法完成淋洗。

在化学实验中，我们或多或少也会模仿这种通常是在制造业上使用的方法；但由于在化学实验中需要更加精确的数据且如果涉及化学分析，那就必须要保证残留物中不含任何的盐分子或者可溶物质，因此，我们必须采取一些特殊的预防措施。首先是使用比普通的冲洗操作更多的水，并在水流出之前使其尽可能地与物质接触，否则物质的浸滤程度将会不一致，甚至可能发生某些部分根本不被浸出的情况。另外，在第一次冲洗后，还需要用大量的水重复多次冲洗，只有当流出来的水完全不含盐（可用液体比重计确定）且水在淋洗大盆里前后比重不再发生变化，我们才能认为操作已经结束。

在一些很小型的实验中，我们通常会使用一些玻璃广口瓶或长颈烧瓶来淋洗物质。首先在需要淋洗的物质上倒入沸水，接着将混合物倒入带过滤纸的漏斗过滤。如图版Ⅱ，图 7 所示。然后再用沸水重新清洗。如果需要对数量较大的物质进行浸滤操作，可先将物质放到含有沸水的小锅中稀释，然后用覆盖有布块和滤纸的木框（图版Ⅱ，图 3 和图 4）进行过滤。最后，在一些大规模的操作中，则可以使用我在本节开头介绍的大盆或木桶。

Ⅲ：蒸发

蒸发的目的是将两种挥发度非常不同的物质相互分离，其中一种至少是液体。

当我们想要将溶于水的盐变成固体状态时，就会使用蒸发：加热，使水与热素结合并蒸发；同时，水中的盐分子屈服于分子间的吸引力相互靠近、相互结合，最终呈现出固态。之前我们一直认为空气的作用对蒸发的流体量有很大的影响，因此，我们犯了一些错误，这些错误有必要让大家了解一下。毫无疑问，在露天环境中流体表面上连续发生的蒸发作用本身就非常缓慢。尽管在某种程度上可以将这种蒸发作用视为空气对水的溶解，但实际上是热素促进了这种蒸发作用，因为热素总是伴随着冷却。我们必须将其视为一种空气与热素共同作用的混合溶解作用。但是还有另一种蒸发，它是在始终维持在沸腾状态的流体上发生的。与这种由热素作用引起的蒸发相比，通过空气作用发生的蒸发就变得微不足道了：严格来说，它不再是蒸发作用，而是一种汽化作用；而且，影响这种汽化作用速度的因素并不是汽化表面积的大小，而是与液体结合的热素的量的大小。在这些情况下，有时候一股过大的冷空气流能够影响蒸发的速度，因为气流会带走水中的热素，水转变成水蒸气的速度也因此变慢。对用来蒸发一直维持在沸腾状态的液体的容器进行一定程度的遮盖是没有任何坏处的，但前提是遮盖的盖板只能吸收少量的热量，用富兰克林先生的话说就是它需是热的不良导体；蒸汽只能通过预留给它们的开口逸出，而且蒸发的量至少与没有盖板时蒸发的量一样多，而且往往更多。由于在蒸发中热素所带走的液体绝对会丢失，或者说这部分液体被牺牲掉以保留与之结合的固定物质，因此只会蒸发那些不那么贵重的物质，例如水。如果涉及比较有价值的物质，我们会采取蒸馏的方式，这是另外一种可以同时保留固体物质和挥发性物质的操作。

蒸发所使用的器皿有铜或银盆，有时候也用铅质盆，如图版 *II*，图 13 所示以及同样是铜或银质的小锅，如图 15 所示。以及玻璃蒸发皿，如图版 *III*，图 3 和图 4 所示；陶瓷无翻口大碗；粗陶钵 A，如图版 *II*，图 1 所示。在所有蒸发皿中最好的是曲颈甑和玻璃烧瓶。它们的厚薄度均一，使它们比其他任何容器都更适合用来蒸发，而且在热量突然发生变化以及冷热交替时不会破碎。这些器皿在实验室中就能制作，而且要比在陶器商店买的器皿成本更低。不过现在还没有任何论著对玻璃的切割进行过描述，我将会简单地介绍一下。

取一个铁环 AC（图版 Ⅲ，图 5），将其焊接到配有木柄 D 的铁杆 AB 上。在炉子中烧红铁环，然后将铁环放到我们想要切割的烧瓶 G（图 6）上。当烧瓶的玻璃已被烧红的铁环充分加热时，在其上滴几滴水，烧瓶上与铁环接触的圆周便会破裂。

其他比较适用于蒸发液体的蒸发器皿还有玻璃小瓶，它在商业上被称为医药瓶。这些瓶子是普通的薄玻璃瓶，具有出色的耐火性能，而且非常便宜。无须担心它们的形状会干扰液体的蒸发。我已经通过实验向大家说明，在沸腾的温度下蒸发液体时，容器的形状对操作的速度几乎没有影响，特别是当容器的上壁像玻璃一样都很难导热时，就更加没有影响了。将这些烧瓶中的一个或多个置于铁网 FG（图版 Ⅲ，图 2）上并将铁网置于火炉的上部用柔火加热。通过这种方式可以同时进行大量实验。

另一个相当容易且便于操作的蒸发皿是一个置于沙池中的玻璃烧瓶，如图版 Ⅲ，图 1 所示，烧瓶用陶土圆顶覆盖。如果我们使用沙池，操作总是慢得多。由于沙子的加热不均匀，而玻璃不能承受局部的膨胀而常常容易破裂，因此进行此操作时难免会有危险。有时候热沙甚至完全发挥了用于切割玻璃的铁环（图版 Ⅲ，图 5 和图 6）的功能，使得容器定点破裂，特别是当容器中含有蒸馏液体时。在与沙环接触的地方，只要有一滴液体溅出并掉落在烧瓶壁上，烧瓶便能断裂成两个部分且断裂处呈完美的圆形。

在需要大火蒸发的情况下，我们可以使用土坩埚。但是一般来说，“蒸发”一词最通常是指在水沸腾的温度或比水沸腾温度稍高一点点的温度下所进行的操作。

Ⅳ：结晶

结晶是一种操作，在该操作中，由于流体的介入而彼此分离的物体，其组成分子通过彼此施加的吸引力而相互连接在一起形成固体。

如果物体分子只是简单地被热素分离且这种分离物体处于液态，那么，为了使物体结晶，只需要通过冷却消除分子中蕴含的热素就可以了。如果冷却过程很缓慢并且液体一直静置，则分子呈规则排列，就会产生纯净的结晶。相反，如果冷却迅速，或者如果假设冷却缓慢、在液体即将变成固体状态时搅拌液体，就会产生混杂的结晶。

水的溶解作用中也会发生同样的现象，或更准确地说，水的溶解总是混杂的，正如我在本章的第一段中已经表明的那样：水溶解的发生一部分是由于水的作用，一部分是由于热素的作用。只要有足够的水和热素将盐分子分离，使它们脱离分子间相互吸引力的范围，盐便会保持液态。而如果缺少水和热素，盐分子之间的相互吸引力占据优势，盐又变成了固态，而且晶体的形状更加规则，蒸发较慢且平和。

盐溶解过程中发生的所有现象也都在其结晶的过程中发现，但方向相反。当盐分子相互结合并以固体形式重新出现时，热素就会被释放出来。有一个新的证据表明盐溶解是由于水和热素的共同作用，因此，为了使容易被热素液化的盐结晶，从中除去使其溶解的水是不够的，还必须从其中除去热素，并且只有满足这两个条件盐才会结晶。硝石、氧化盐酸草碱、明矾、硫酸苏打就是这种情况。对于那些只需很少量的热素就能溶解的盐，情况则不相同，它们在冷水和热水中的溶解度几乎一样；只需去除使其溶解的水便能使其结晶，它们甚至能在沸水中以固态的形式出现，正如我们所观察到的有关硫酸石灰、盐酸苏打、盐酸草碱和许多其他物质的情况一样。

硝石的提炼正是基于盐的这些性质以及它们在热水和冷水中的溶解度的差异。经初步提炼的硝石是由各种不易结晶的潮解性盐（例如硝酸石灰和盐酸石灰）、在冷热水中溶解度几乎一样的盐（例如盐酸草碱和盐酸苏打）以及在热水中的溶解度要比在冷水中的溶解度大得多的硝石组成的。

我们首先往所有这些混合在一起的盐中倒入足量的水以使所有盐中

溶解度最低的盐，即盐酸苏打和盐酸草碱也被溶解。只要这些水是热的，所有的硝石盐就很容易被溶解；但如果水冷却下来情况就不一样了，硝石的主要组成部分结晶，仅有六分之一的物质还保持着溶解状态并且与硝酸石灰和盐酸盐混合在一起。

这样得到的硝石在某种程度上混合着杂质盐，因为它本身就含有杂质盐的水中结晶，但是我们可以通过用很少量的热水重新溶解结晶盐并使结晶盐重新结晶来将杂质完全剥离。

至于硝石结晶后留下的清液，其中含有硝石和不同盐的混合物，将它们蒸发以获得粗硝石，粗硝石通过两次新的溶解和结晶过程进行提纯。

对于那些含土质基但不能结晶的盐，如果它们完全不含硝酸盐，则直接丢弃；但如果它们含有硝酸盐，我们可以用水将其稀释，通过加入草碱使盐中的土质基与草碱结合沉淀下来，然后静置、倾析，再蒸发、结晶以获得纯净的硝酸盐。

硝石提炼的原理就是通过结晶来分离几种混合在一起的盐。因此，我们必须研究每一种盐的性质及其在一定量的水中溶解的比例和它们在热水和冷水中溶解度方面的差异。如果在这些主要特性的基础上再加上某些盐所具有的能够溶解于酒精或酒精和水的混合物中的属性，我们将会发现有很多种方法能够通过结晶将不同的盐分离。但同时，我们必须承认，通过这种方法提纯的盐并不是完全绝对纯净的。

我们用于盐结晶的器皿有粗陶钵 A（图版 *II*，图 1 和图 2）以及大型的扁平底器皿（图版 *III*，图 7）。

当我们将含盐溶液置于露天以及大气中缓慢蒸发时，必须使用一些较高的容器，例如以图版 *III*，图 3 所示的容器以使液体的厚度较大；可以通过这种方式获得我们所期望的更大更规则的晶体。

不仅所有盐都会以不同形态结晶，而且每种盐的结晶形态根据结晶所处的环境的变化而变化。我们不能由此得出结论，结晶时每一种盐的盐分子的形状都是不确定的；相反，没有什么比物体原始分子的形状更恒定的了，尤其是对于盐而言。但是在我们眼前形成的晶体是分子的聚集体，尽管这些分子的形状和大小完全相同，但它们可以采取不同的排列方式，从而产生了各种各样的规则形状，并且有时这些晶体与原始晶体的形状似乎完全不相似。拉贝·哈乌仪先生在其提交给科学院的几篇学术论文以及一部关于晶体结构的著作中对该主题进行了非常专业的论述，如今仅需对他为一些结晶石专门编制的盐种类进行扩展。

V：简单的蒸馏

蒸馏有两个明确的目的，因此，我将蒸馏分成两个类别：简单蒸馏和复合蒸馏。在本节中我将仅仅介绍第一种。

当我们将两个物体进行蒸馏时，其中一个物体的挥发性更强，也就是说，该物体与热素的亲和力比另一个物体与热素的亲和力更强，进行蒸馏的目的是将它们分离：挥发性最强的物体以气体的形式逸出，然后将其收集在适当的容器中，通过冷却使其凝结。蒸馏就像蒸发一样，只是一种在不分解物质、不改变物质性质的情况下以某种机械方式将两种物质彼此分离的操作。在蒸发过程中，我们想要保留的是固体物质而不必保留挥发性产物。相反，在蒸馏中，我们一般都致力于收集挥发性产物，除非打算同时保留两种产物。因此，严格来说，简单蒸馏不过就是一种发生在密闭容器中的蒸发作用。

所有的蒸馏仪器中，最简单的是长颈烧瓶 A（图版 *Ⅲ*，图 8），其中烧瓶 BD 处的瓶颈 BC 在玻璃厂中经处理被弯曲。该烧瓶或长颈瓶被赋予“蒸馏甑”的名称；将其放在一个反射炉（图版 *Ⅻ*，图 2）或者沙池中，沙池用熟土制圆顶盖板盖住（图版 *Ⅲ*，图 1）。为了收集并冷凝蒸馏产物，将蒸馏甑与容器 E（图版 *Ⅲ*，图 9）连接，该容器用封泥封住。有时候，特别是在制药业中，人们会使用被罩子 B 罩住的玻璃或粗陶蒸馏釜 A（图版 *Ⅲ*，图 12）和只带有一层罩子的玻璃蒸馏器（图 13）来进行蒸馏操作，在蒸馏器上设置一个管口，也就是开口 T 并用以金刚砂打磨过的水晶塞子塞住。蒸馏器的罩子 B 有一条槽沟 *rr*，用于接收冷凝的液体并将液体引至容器的喷嘴，通过喷嘴进入接收容器。

但是，由于几乎在所有蒸馏操作中都有蒸气膨胀，可能导致容器破裂，因此必须在球形蒸馏瓶或容器 E（图 9）上开一个小孔 T 并通过该小孔释放蒸气。但在这种蒸馏方式中我们失去了所有持续处于气态的产物，甚至那些不容易从这个小孔中逃逸出去的产物也没有足够的时间在球形瓶中冷凝。因此，此仪器只能用于实验室和药房的一些常规实验，但还不能适用于所有研究性实验。我将在有关复合蒸馏的章节中详细介绍一些能够收集所有产物而不会造成损失的方法。

由于玻璃容器非常易碎且不总是能抵抗冷热的突然变化，因此我们设计了一些用金属制作的蒸馏仪器。这些仪器对于从蒸馏水、含酒精液体或植物中获取精油等操作都是必需的。在一个装备齐全的实验室中必然少不了一个或两个这种大小不同的蒸馏器。

该蒸馏仪器由紫铜镀锡蒸馏釜 A 组成，如图版 *Ⅲ*，图 15 和图 16 所示，且在我们认为合适的时候，可以将一个锡质水浴器 D（图 17）放入其中，水浴器上盖上一个罩子 F。可根据实验的性质来决定蒸馏釜是否配置水浴器，如果没有水浴器，则该罩子也可以直接盖在铜质蒸馏釜上。罩子的内部必须由锡制成。

此外，蒸馏器罩 F 有必要配备一个冷却器 SS（图 16），特别是在蒸馏含酒精液体的时候，冷却器中一直装着冷水。如果我们发现该水过热，可以打开旋塞 R 让水流出并重新往冷却器中加入新的水。不难理解该水的用途是什么；蒸馏的目的是将蒸馏釜中所含的要蒸馏的物质转化为气体，并且这种转化是借助炉火提供的热素来完成的。但是如果气体没有在蒸馏器罩中冷凝即没有从气体状态变成液体，这就谈不上蒸馏了。因此，蒸馏出的物质必须要在蒸馏器罩里“丢弃”与之在蒸馏釜中结合的热素且蒸馏器罩壁的温度也需维持在使蒸馏保持气态的温度之下。而冷却器中的水正是起到这个作用。我们知道，在法式温度计的 80°，水会转化为气体；而酒精和乙醚则分别在 67°和 32°变成气态；因此可以想象，如果冷却器的温度不能分别维持在这些温度以下，这些物质将会以气态形式逸出。

在含酒精液体以及膨胀力很大的液体的蒸馏中，冷却器不足以使所有从蒸馏釜中逸出的蒸气都凝结；因此，与其将蒸馏器喷嘴 TU 中的液体直接收集到一个容器中，不如采取另一个方法：在喷嘴 TU 和接收容器之间插入一根盘管（图 18），这是一根在镀锡铜桶中盘绕了很多圈的螺旋形弯管，我们赋予了它“盘管”的名称。桶里一直装有水，当水变热时便会用新的水来更换。所有“生命之水”① 的生产车间都使用该仪器；在这些车间中，人们甚至都不使用蒸馏器罩和冷却器，仅用盘管来冷凝蒸馏出来的所有液体。图 18 所示的是一根双管，其中一根专门用于蒸馏有气味的物质。

有时，即使在简单蒸馏中，也必须在蒸馏甑和液体接收容器之间增加一个接管，如图 11 所示。这个设置有两个目的：将具有不同挥发性的产物彼此分开以及使接收容器远离火炉，以减少火炉传递给容纳在其中的物质的热量。但是这些装置以及古代人设计的其他几种更复杂的装置远未满足现代化学的需求，我将在有关复合蒸馏的章节中提供一些细节，通过这些细节，我们可以判断这个观点的真实性。

Ⅵ：升华

我们将最终的产物凝结成固体的蒸馏作用称为“升华”。因此，我们会说硫升华、氨盐升华或盐酸氨升华等。这些操作不需要特殊的设备；但在硫的升华操作中，我们习惯使用一种被称为“梨状坛”的仪器，该仪器由一组相互连接的陶土质或彩釉容器组成并被放置在含有硫的蒸馏釜上。

对于不是很易挥发的物质而言，最好的升华仪器之一是药物瓶，该药物瓶的三分之二被插入沙浴中，但这样我们会失去一部分的升华产物。每次我们想要保留蒸馏出来的所有产物时，都会用到气体化学装置，我将在下一章中对其进行介绍。

---

① 生命之水（*Eau de vie*）：一般指威士忌。

第六章 气体化学蒸馏、金属溶解以及其他一些需要十分复杂的仪器进行的操作

Ⅰ：复合蒸馏、气体化学蒸馏

我在上一章的第五节介绍到，蒸馏是一种简单的操作，其目的是将两种挥发性不同的物质彼此分离，但很多时候，蒸馏有更多的作用；它对受其作用的物体进行真正的分解：这时它不再是一种简单的操作，而是被纳入那些可以被认为是化学科学中最复杂的操作之列。

毫无疑问，所有蒸馏的本质是，通过与热量结合，被蒸馏的物质在蒸馏釜中被还原成气态；在简单蒸馏中，这部分热量被截留在冷却器或盘管中，物质会恢复其液体状态。在复合蒸馏中却不是这样；在该操作中，要蒸馏的物质会发生绝对分解：一部分物质（比如炭）以固体状态保留在蒸馏甑中，其余的全部还原为大量气体。一些能够通过冷却而凝结重新以固态或液态的形态出现；另一些则一直保持气态；这些气态物质一些能被水吸收，一些能被碱吸收，最后还有一些不能被任何物质吸收。普通的蒸馏仪器，比如我在前一章描述过的仪器，不足以截住并分离种类如此多的蒸馏产物，因此，我们不得不借助一些更加复杂的仪器。

我本可以在这里描述化学家们一直以来为了收集蒸馏过程中产生的

气态产物所做的一些尝试的历史过程；这也是一个援引哈尔斯、鲁埃尔、沃尔夫和其他几位著名化学家所做的实验的机会；但是，在撰写本书的时候，我为自己制定了一条尽可能简洁的规则，而且我认为描述最完美的仪器，比描述那些对其性质尚无确切了解的气体所进行的基础性实验的细节要好得多。接下来我将要描述的设备主要用于实施最复杂的蒸馏操作，然后可以根据操作的性质对其进行简化。

图版Ⅳ，图1所示的是一个在H处带有管口的玻璃蒸馏甑，甑颈B与一个带有两个管口的球形瓶GC相连。在球形瓶的上部管口D接一根玻璃管子DE*fg*，该管子通过其*g*端浸入装在细颈瓶L中的液体中，细颈瓶L在*xxx*处带有管口，与其连接的是其他三个都带有管口或瓶颈x'、x'、x'；x''、x''、x''；x'''、x'''、x'''的瓶子L′、L″、L‴。每个瓶子之间用一个玻璃管相连，它们分别是xyz'，$x'y'z''$，$x''y''z'''$；最后，瓶子L‴的最后一个管口接一根管子x'''RM，该管子一直通到一个玻璃钟形罩下方，而该钟形罩被放置在气体化学装置的隔板上。通常，在第一个瓶子中放一些已知重量的蒸馏水，在另外三个瓶子中放入被水稀释的苛性碱：这些瓶子的皮重和其中所含碱性液体的重量必须事先仔细称量好。所有的东西准备妥当后，将所有的接口用封泥封住，其中蒸馏甑与球形瓶相连的接口与球形瓶上部管口接口D用被涂有石灰和蛋清的布块覆盖着的油性封泥封住，其他所有接口用熟松脂和蜡融化在一起形成的封泥封住。

根据这些设置，我们可以看到，当在蒸馏甑A下方点火并且蒸馏甑所含物质开始分解时，挥发性较小的产物应在甑颈甚至是甑内凝结且固体物质主要汇集在蒸馏甑内；挥发性更强的物质，例如轻油，氨和许多其他物质，在烧瓶GC中冷凝；相反，不能通过冷水冷凝的气体在通过L、L′、L″、L‴这些瓶中的液体时会冒出泡；所有可被水吸收的产物都留在瓶子L中；所有能够被碱吸收的物质被留在L′、L″、L‴瓶中；最后既不能被水吸收也不能被碱吸收的气体通过RM管逸出，在RM管出口处我们可以将它们收集到玻璃钟形罩中。最后，原先称为“人造赭石颜料”的炭和土质物质留在了蒸馏甑中。

通过这种操作方式，我们可以对结果的准确性提供实质性的证明。因为操作之前和之后材料的总重量必须相同：如果我们使用 8 盎司阿拉伯树胶或淀粉进行操作，那么操作后残留在蒸馏甑 A 中的炭质残留物的重量，加上在瓶颈和 GC 烧瓶中收集的产物的重量、在钟形罩 M 中收集的气体的质量以及瓶子 L、L′、L″、L‴增加的重量之和必须是 8 盎司。如果存在误差，则必须重复进行实验，直到获得满意的结果为止，且每古斤投入实验的物质最后得出的产物总量误差在 6—8 格令内。

长期以来，我在这种实验中遇到了几乎无法克服的困难，如果当时没有通过非常简单的方法（哈森夫拉兹先生为此提供了主意）成功地消除这些困难，那我将不得不放弃这些实验。炉膛燃烧程度的丝毫减慢，以及许多其他与这种实验密不可分的情况，通常会导致气体重吸收。这种情况下，来自水槽的水迅速通过管 *x*‴RM 进入烧瓶 L″中；相同的情况也会在气体从一个瓶子转移到另一个瓶子的过程中发生，并且通常液体会上升到球形瓶 C 上。我们通过使用带有三个管口的瓶子来防止这些事故的发生，这些瓶子的其中一个与毛细管 S*t*、*s*′*t*′、*s*′*t*″、*s*″*t*‴连接，毛细管末端浸入到烧瓶的液体中。如果在蒸馏甑或某些烧瓶中有重吸收的现象，则外部空气会通过这些管进入，以占据由于气体被重吸收而留下的空隙，空隙被填满，我们获得了含有少量空气的混合物；但是至少实验并没有完全浪费。这些管子能够允许外部空气进入，但它们不能让其逸出，因为它们的下部 *t*、*t*′、*t*″、*t*‴ 被各种烧瓶中的流体阻塞。

要知道，在实验过程中，烧瓶中的液体必须在每一根管子中上升到与瓶子中的空气或气体所承受的压力相对应的高度；而且，该压力由跟随其后的所有瓶子中容纳的液体柱的高度和重量确定。因此，假设每个烧瓶中液体的高度为三法寸，水槽中水的高度也要比管子 RM 的开口高三法寸且烧瓶里所含液体的比重与水没有太大区别，那么烧瓶 L 中的空气将被相当于 12 法寸水柱重量的压力压缩。因此，水将在管 S*t* 中上升 12 法寸，由此得出该管的长度必须比液体 *ab* 的高度高 12 法寸以上。由于相同的原因，管子 *s*′*t*′应超过 9 法寸，管子 *s*″*t*″应超过 6 法寸，管子 *s*‴*t*‴应超过 3 法寸。另外，由于经常发生震动，这些管子只能更长而不能更短。在某些情况下，我们不得不在蒸馏甑和球形瓶之间插入类似的管子；由于在蒸馏出气体之前，该管都没有浸入水中，也没有被液体阻塞，所以必须用一点封泥封住其上部开口，仅在需要时或在烧瓶 C 中有足够的液体封闭管端时将其打开。

如果蒸馏的物质彼此之间作用太快，或者两者中的一个只能小部分依次引入，比如一混合就会产生剧烈的泡腾现象的物质，那么我刚刚描述的仪器就不适用。我们就会使用带管口的蒸馏甑 A（图版 *Ⅶ*，图 1），将两种物质中的一种，最好是固体物质，导入蒸馏甑中，然后在蒸馏甄的接口处接一根弯曲的管子 BCDA 并用封泥封住，管子的上部与一个漏斗连接并将其 A 端与一根毛细管相连，我们正是通过该管的漏斗 B 将液体倒入装置中的。高度 BC 必须足够大以使导入的液体能够与 L、L′、L″、L‴瓶（图版 *Ⅳ*，图 1）中液体的阻力相平衡。

那些不习惯使用我刚刚描述的蒸馏设备的人将会被那些必须用封泥封住的大量接口以及类似实验的准备工作所需时间之长所吓倒。的确，如果考虑到在实验之前和之后需要重复进行的称量，则准备工作要比实验本身长得多。但是，当实验成功时，我们所付出的辛劳也得到了充分的补偿，而且这样一次性获得的有关所蒸馏的动植物物质性质的知识要比我们经过数周不间歇的工作所获得的知识更多。

在没有带三个管口的瓶子的情况下，我们可以使用含两个瓶颈的瓶子；甚至可以将三根管子放在同一个开口中；而且只要开口足够大，还可以使用带有倒置瓶颈的普通瓶子。但是，我们必须小心调整瓶子上的塞子，这些塞子需用非常柔软的锉刀打磨，并在油、蜡和松节油的混合物中蒸煮；然后用一个被叫作“老鼠尾巴”的锉刀在瓶塞上穿足够多的供管子通过的孔，如图版 *Ⅰ*，图 16 所示；可在图版 *Ⅳ*，图 8 上看到这些塞子的其中一个。

Ⅱ：金属溶解

之前在谈到盐在水中的溶解时，我已经表明了该操作和金属溶解之间的区别。我们已经看到，盐溶解不需要任何特别的仪器，并且每个容器都适用。而金属的溶解则不同。为了在金属溶解的操作中不损失任何东西并获得真正有说服力的结果，必须使用非常复杂的仪器，而这些仪器的发明绝对属于我们这个时代的化学家。

金属通常溶解在酸中并产生泡腾。然而，我们称为“泡腾”的现象无非是由于大量从金属表面产生并从溶解液中喷出的气泡或气态流体在溶解液中激发的运动。

卡文迪什先生和普里斯特利先生是最先设计用于收集这些弹性流体的简单装置的人。普里斯特利先生设计的仪器由烧瓶 A（图版 Ⅶ，图 2）组成，其中烧瓶的 B 处用一个中间开了小孔的软木塞塞住，小孔穿过一根其 BC 处被弯曲的管子，该管子直通装满水的钟形罩下方，钟形罩倒置放在一个灌满水的水池中：首先将金属放入烧瓶 A 中，然后倒入酸并用连接着管子 BC 的软木塞塞住。

这种仪器的缺点在于它不适合用于非常精确的实验。首先，当酸非常浓且金属被研磨成粉末时，泡腾通常在还没来得及塞住瓶子之前已经开始，这样就会有气体损失，因此无法再精确地确定数量。其次，在所有必须加热的操作中，一部分酸被蒸馏，并与水槽中的水混合，因此在计算分解酸的量时会出现错误。最后，水槽中的水吸收了易于与水结合的所有气体，而我们不可能无损失地将它们从水中分离出来。

为了弥补这些缺点，我首先设想在双瓶颈的烧瓶 A（图版 Ⅶ，图 3）上连接一个玻璃漏斗 BC，漏斗用封泥死死封住以使得没有任何的空气能够进入或逸出。将一根 D 处用金刚砂打磨过的、带喇叭口的水晶棒 DE 插入漏斗，以像瓶塞塞住瓶子那样把漏斗封住。

当我们要操作时，首先将要溶解的物料引入到烧瓶 A 中：用封泥将漏斗封住，再用水晶棒 DE 将其塞住，然后将酸倒入其中，酸通过漏斗进入烧瓶，倒酸时轻轻抬起水晶棒且酸的量尽可能少，连续重复此操作，直到达到饱和点。

此后，我们采用了能实现相同目的、在某些情况下更可取的另一种方法，我在前一章中已经描述过。这种方法在于将一根弯管 DEFG 连接到烧瓶 A 的其中一个管口，如图版 Ⅶ，图 4 所示，其中 DEFG 弯管 D 端与一根毛细管连接，G 端与一个焊接在管子上的漏斗相连；然后将弯管小心翼翼地用封泥牢牢地固定在接口 C 处。当我们将一小滴液体通过漏斗 G 倒入管子中时，液体会落入 F 部分；如果添加更多液体，它将通过弯管的弯曲部分 E 进入瓶子 A：只要我们一直通过漏斗 G 提供新的液体，这种液体的流动就会一直持续下去。我们可以想象这些液体永远不会溢到 EFG 管外面且也不会有任何空气或气体从烧瓶中逸出去，因为液体的重量阻止了这种意外的发生并真正起到了软木塞的作用。

为了弥补第二个缺点，即该仪器在酸的蒸馏操作中所存在的缺点，尤其是溶解过程中伴有热量释放的蒸馏操作，我们将一个用于接收冷凝液体的带管口小长颈瓶接到蒸馏甑 A 上（图版 Ⅶ，图 1）。

最后，为了将溶于水的气体分离出来，比如碳酸气体，我们增加了一个双颈烧瓶 L，烧瓶中放入被水稀释的碱，该碱能够吸收所有的碳酸气体，这样一来，通常只会有一种或两种气体能够通过 NO 管到达钟形罩下方。在第三部分的第一章我已经说过怎么将这些气体分离了。如果一瓶碱溶液不够，那就一直增加直至气体能被完全吸收。

Ⅲ：与酒发酵和致腐发酵相关的仪器

酒发酵和致腐发酵需要使用仅用于这种实验的特殊仪器。我将描述的装置是在连续做出大量更正之后与实验目的最相适应的装置。

取一个容量大约为 12 品脱的大长颈烧瓶 A（图版 *X*）并在瓶上用油灰牢牢地黏合一个铜套圈 *ab*，然后在套圈里拧上一根装有旋塞 *e* 的肘管

cd。肘管与一种三接口的玻璃容器 B 连接，该容器下方放置一个烧瓶 C 并与其相连。紧跟容器 B 的是一根玻璃管 *ghi*，其 *g* 端和 *i* 端用油灰粘在铜套圈中，该管子主要用于盛放非常容易潮解的固体盐，比如硝酸石灰或盐酸石灰、醋酸草碱等。该管子与两个烧瓶 D、E 连接，烧瓶中装有溶于水的、完全不含碳酸的碱溶液，溶液高度至 *xy*。该仪器所有部件的连接处都用螺母和螺丝拧紧；接触点衬有油质皮革，可防止空气通过。最后，每个部件都配有两个旋塞，以便可以在两端将其封闭且实验过程中可在我们认为合适的任何时间段对这些部件进行称量。

在大长颈烧瓶 A 中放入可发酵的材料（例如糖）和用足量的水稀释的定量的啤酒酵母。有时，当发酵太快时，会形成大量的泡沫，这些泡沫不仅会充满球形瓶颈，而且会进入容器 B 并流入烧瓶 C。我们选用大容量的容器 B 和烧瓶 C 就是为了收集这种泡沫并防止它进入用于盛放易潮解固体物质的管子中。

在糖的发酵中，也就是说在酒的发酵中，仅释放出碳酸，其携带了少量的水并溶于水中。在通过含有粉末状潮解性盐的管子 *ghi* 时，它所含的大部分水会被这种盐吸收，可通过称量盐增加的量来计算所丢失的水量。然后，该碳酸通过 *klm* 管进入烧瓶 D 并与烧瓶中的碱性液体结合产生泡腾。未被第一个烧瓶中的碱吸收的一小部分碳酸气体几乎全部能够被第二个烧瓶截获，一般来说除了实验开始时就已经含在容器中的空气以外，应该绝对没有任何物质能够到达钟形罩 F 下方。

这种仪器也可用于致腐发酵，但在致腐发酵中会有大量的氢气从管子 *qrstu* 通过并被收集在钟形罩 F 中；由于氢气的释放速度过快，尤其是在夏天，因此必须经常更换钟形罩。因此，这些发酵需要连续监测，而酒发酵则不需要任何监测。

由此可以看出，通过这种仪器，我们可以非常精确地知道发酵物料的重量，以及从其中释放出来的所有液体或气态产物的重量。在本书第一部分的第十三章，我们可以看到关于酒发酵结果的详细信息。

Ⅳ：分解水所需的特殊仪器

在本书第一部分的第八章中，我已经解释了与水分解有关的实验。因此，我将避免不必要的重复并且只做非常简单的论述。具有分解水的特性的材料主要是铁和炭。但是为此必须将它们加热到“红色温度”①：如果低于这个温度，水就会简单地还原为水蒸气，然后通过冷却而冷凝，而本质不会发生丝毫变化。相反，在红色温度下，铁和炭从氢中夺走氧；如果是铁，则会形成黑色氧化铁，并且纯净的氢气以气体形式自由地释放；如果是炭，则形成碳酸气体，其与氢气混合后释放出来，通常氢气都会被碳化。

在用铁分解水的实验中，我们使用已经被拆掉枪栓的枪管来进行实验。这种枪管在废旧金属经销商那里很容易就能找到。我们需选择最长且最坚硬的枪管；如果它们很短且我们担心封泥过热时，可以用坚固的焊料将一根铜管焊接到枪管上。将该铁管放到一个长炉 CDEF 中，如图版Ⅶ，图 11 所示，长炉的 E 端向 F 端稍微倾斜几度，此倾斜度必须比图 11 中显示的略大。将一个含有水并放置在一个炉子 VVXX 上的曲颈甑与该铁管的上部 E 连接，并在其下部 F 端接一根盘管 SS′，接口用封泥封住，盘管本身也与一个带管口的小瓶 H 连接，分解过程中逃逸出来的水分在该瓶子中汇集。最后，释放出的气体通过插在小瓶 H 的管口 K 上的管子 KK 被输送到水槽并收集到隔板上的钟形罩下方。在这里，我们不使用蒸馏甑 A，而是使用其下部带有旋塞的封闭漏斗，通过该漏斗我们让水一滴一滴地流下来。一旦水到达管子被加热的部分，它就会蒸发，接下来的实验就像之前我们通过蒸馏甑 A 来制造蒸气的实验过程一样。

在科学院委员们的见证下，我和莫斯尼埃先生在所进行的实验中，采取了所有的措施以尽可能地获得更精确的结果，甚至一丝不苟地将各

---

① 前面已经对红色温度做出了解释。

种容器中的空气全部抽掉，这样得到的氢气就不会混有氮气。我们将向学院详细报告所获得的结果。

在大量研究性实验中，我们不得不用玻璃管、瓷管或铜管来代替枪管。但是玻璃管的缺点是容易熔化：如果实验不够充分，试管会变扁并变形；大多数的瓷管上都有无数个细小的不易察觉的孔，特别是当它被水柱压缩的时候，气体可以通过这些孔逸出。这就是我决定购买紫铜管的原因，德·拉布里希先生很友善地帮我在斯特拉斯堡①监督了该铜管的浇铸并在管上钻了孔。该管非常便于进行酒精的分解：实际上，我们知道，当暴露于赤热中时，酒精会分解成碳、碳酸气体和氢气。该管也可用于碳分解水的实验以及大量其他实验。

V：封泥的准备和使用

如果在某个时期，我们损失了大部分蒸馏产物且完全无法确定以气体形式分离的所有物质，也就是说我们没有进行任何严格且精确的实验，已经感到有必要仔细用封泥将蒸馏仪器的接头封住；由于我们不想再在蒸馏和溶解过程中损失任何物质，因此需要将大量容器组合在一起并将其密封以使它们像一个整体那样运作，所以我们需要大量的手动和机械操作；最后，只要获得的产品的总重量等于所测试的材料的总重量即可，这时实验才是完美的。

所有用于封住容器接头的封泥需要满足的第一个条件是它需与玻璃容器本身一样不可渗透，以使任何物质（不管是多么容易渗透的物质，热素除外）都无法渗透到容器中。一古斤融化蜡配以一盎司半或两盎司的松脂便是达到这个目的的最好选择；这两种物质混合形成的封泥非常容易操作且能够牢固地附着在玻璃上使其他物质很难渗透出来；我们还可以在其中加入不同的树脂使其更加黏稠，并使其在一定程度上变硬、

① 斯特拉斯堡：法国东北部城市。

变干且具有柔韧性。这种封泥具有能够被热量软化的优点，这使它们能很方便快速闭合容器的接头。但是，无论它们多么适用于容纳气体和蒸气，也不一定通用于所有的实验。在几乎所有化学操作中，封泥都被置于相当高的温度下且这个温度常常比沸水的温度要高：在这个温度下，树脂变软，几乎变成液体，并且容器中的膨胀蒸气很快便形成，接触到几乎变成液体的封泥后封泥便开始沸腾。

因此，我们不得不求助于更加耐热的材料，化学家们经过多次尝试后，确定了一种比较实用的封泥。之所以说这种封泥比较实用，并不是因为它没有缺点，它的缺点我在下面将会说明，而是因为相对于所有的封泥而言，它具有最多的优点。我将详细介绍这种封泥的准备方式，特别是它的使用条件：这种详尽的说明或许能够为他人在制作封泥的过程中排除很多的困难。

现在我要讨论的这种封泥被化学家们称为“油灰”。为了准备这种油灰，我们取纯净且非常干燥的未经烘烤的黏土，将其磨成细粉，然后用丝绸制作的筛子过筛。将黏土细粉放入铸铁研钵中，并用重铁杵反复敲打数小时，敲打过程中逐渐洒上熟亚麻籽油，通过加入混有少量石蜡的亚麻籽油将黏土氧化并干燥。如果我们使用黄琥珀油性漆代替普通脂肪油时，封泥会更耐用、更坚韧，它可以更好地附着在玻璃上。这种油性漆无非是黄琥珀溶解于亚麻籽油中得到的一种液体。但是只有在先前单独将琥珀熔融的情况下才能够将其进一步溶于亚麻籽油中：在此初步操作中，黄琥珀会损失少量的琥珀酸和油。正如我所说的，用油性漆制成的封泥比用亚麻籽油制成的封泥好一些，但是价格却昂贵得多。由于它的性价比不高，因此在实际的实验中很少使用这种封泥。

油性封泥能够耐高温，酸和酒精都不能渗透；它适用于金属、粗陶、陶瓷和玻璃制作的容器，但前提是事先将它们彻底干燥。如果在操作过程中不幸渗透出蒸馏液和少量的水分，无论是在玻璃容器和封泥之间，还是同一种封泥的不同层之间，都很难将已经形成的开口封住。这是使用油性封泥的主要缺点之一，也许也是唯一的缺点。

热量使这种封泥软化，甚至使其变成液体流出来。因此最好的方法是用囊袋将封泥包裹住，囊袋需事先用水润湿后拧干。然后用粗线将封泥上下绑住，再用大量的丝线缠绕封泥的表面，也就是覆盖封泥的囊袋表面：采取了这些预防措施的封泥将能够避免所有的渗透事故。

很多时候，一些容器接头的形状使得我们无法对封泥进行绑扎，三颈烧瓶的瓶颈就是这种情况；此外，束紧丝线的时候需要非常灵巧，不能扰动仪器，在一些有非常多需要用封泥封住接头的实验中，我们经常在绑扎一个仪器的时候扰动了好几个仪器。因此我们用在掺了石灰的鸡蛋清中浸泡过的布条代替了囊袋和绑绳，将仍然湿润的布条敷在油性封泥上；不一会儿，布条变干且获得了足够大的硬度。这些布条同样可被用于蜡和树脂的封泥上，而且可以用掺在水中的强力胶来代替鸡蛋清。

在将任何封泥涂在容器接头上之前，必须首先注意的是将它们牢牢地固定住，以使它们不会发生任何移动。如果要在曲颈瓶瓶颈与另一个容器瓶颈的接头处使用封泥，则两个瓶颈对接时位置必须要精准；如果有一点偏差，则必须通过将两根非常短的火柴或软木塞插入瓶颈之间来固定两个容器。如果两个瓶颈的大小差异过大，则选择一个刚好插入烧瓶或容器的瓶颈的塞子；在该塞子的中间开一个圆孔，该圆孔的大小足以让曲颈瓶瓶颈插入。

对于弯管与烧瓶瓶颈连接的接口处，也需要采取同样的预防措施，如图版 *Ⅳ*，图 1 所示。首先我们选择一个正好能塞住瓶颈的塞子，然后用一种被叫作“老鼠尾巴”的锉刀在塞子上开一个孔。图版 *Ⅰ*，图 16 展示了这些锉刀中的一种。如果同一个瓶颈需要连接两根管子，这种情况经常发生，特别是在缺乏双颈和三颈烧瓶的时候，这时我们便在塞子上分别开两个或三个孔以插入两根或三根管子。我们可以在图版 *Ⅳ*，图 8 中看到这些塞子的示例。

只有这样牢牢地固定了仪器，使得任何一个部件都不能移动，我们才可以开始进行泥封。为此，我们首先要通过揉捏使封泥软化；有时候，特别是在冬天的时候，我们甚至不得不将其稍稍地加热；软化后把它放在手指之间揉搓，搓成一个个小小的圆柱体，然后敷在我们想要封住的容器上，小心地按压并碾平，使其产生附着力。在第一个小圆柱体上添加第二个圆柱体，用同样的方式将其按压碾平，但是它的边缘会覆盖前一层封泥的边缘，依此类推。虽然此操作非常简单，但并不是每个人都能做得好的，有些人试了很多次都没有成功，这种情况并不少见，然而有些人在第一次就成功了。封泥完成后，就像我在上面说的那样，用被绳捆扎并束紧的囊袋或者浸泡过鸡蛋清和石灰混合物的布条把封泥盖住。我再次重申，在进行泥封的时候，特别是在用绳绑紧的时候，我们必须小心谨慎，不要扰动其他所有仪器。否则，我们精心准备的杰作就会被毁坏，永远也不可能完全将容器封住。

在没有对封泥的密封性进行过试验之前，绝对不要开始实验。要对其进行试验，我们可以稍稍加热曲颈瓶 A（图Ⅳ，图 1）或者通过管子 s、s'、s''、s'''的其中一根灌入空气；由此导致的容器内压力的变化也会改变所有管子中的液位；但如果仪器在某个地方渗漏出空气，那么管子内的液位很快就会回到原来的状态；相反，如果仪器完全密封，那么液位会一直保持不变，保持在原来液位之上或之下。

一定不能忘记，现代化学的所有成功都取决于容器密封的方式、我们执行实验的耐心以及实验结果的精确性。因此，没有任何的操作比这个需要更多细心的了。

对于化学家们，特别是气动力学化学家们而言，要做到仪器完全不需要用封泥来密封而保持它们原来的状态进行实验，或者至少大大减少封泥接口的数量，这将会是一项伟大的突破。一开始，我想到的是制造一些仪器，仪器的各个部件的塞子都通过摩擦力紧紧将部件密封住，就像被水晶瓶塞塞住的烧瓶一样；但在实际操作中，我遇到了很大的困难。在我看来，用几法分高的汞柱来代替封泥似乎更为可取。前不久我按照这种想法让人制作了这样的一种仪器，在我看来，在许多情况下，该装置似乎都是很有用且很方便的，接下来我将对其进行描述。

该装置主要由一个双颈烧瓶 A 组成（图版Ⅻ，图 12）；内颈 bc 与烧瓶内部连通，内外颈之间留有一定的间隔，而外颈 *de* 环绕烧瓶形成一个深深的小槽 *dbce*，用于接收汞。

我们很容易看到，当管子安装好、小槽 *dbce* 中装满汞的时候，烧瓶被封闭，只能通过管子与外界连通。

这种装置在很多实验中都是非常方便的；但我们只能将其用于蒸馏对汞不起任何作用的物质的蒸馏实验。

塞金先生经常积极地帮助我，给我提出了一些非常棒且有用的主意，他甚至在玻璃制品厂定制了一些与容器紧密连接的蒸馏瓶，这样就用不着任何封泥了。我们可以在图版 Ⅻ，图 14 中看到根据我刚刚所论述的原则组装的一个装置。

第七章　与燃烧和爆炸相关的操作

根据我在本书第一部分所论述的，燃烧不过就是氧气被可燃物质分解的作用。形成这种气体的基的氧被吸收，热素和光变成游离状态被释放出来，因此，所有的燃烧都会导致氧化作用，而氧化作用从理论上来讲并不会导致燃烧作用，因为更准确地说，如果没有热素和光的释放，燃烧就不会发生。因此，为了产生燃烧作用，氧气的基与可燃物质的亲和力必须要比其与热素的亲和力更强；而且，根据伯尔曼先生的说法，这种有择亲和力只有在一定的温度下才能发生，而且甚至对于每一种可燃物质，所需的温度都不同。因此，需将可燃物质靠近一个发热的物体才能促进燃烧的发生。这种加热我们想要燃烧的物体的必要条件尚未引起任何物理学家的注意，请允许我暂停片刻来说明一下这个概念，将会发现它并没有偏离我们的主题。

自然所呈现在我们眼前的状态是一种平衡状态，而且只有在所有可能在我们生存的温度下发生的自发燃烧作用以及所有的氧化作用都发生之后，它才能达到这种平衡状态。因此，在自然中不会有新的燃烧作用或氧化作用，除非我们跳出这种平衡状态并将可燃物质带到一个更高的温度下。让我们通过一个例子来阐明这个抽象的概念。假设地球的常温发生了小小的改变，仅仅与水沸腾的温度相等，很明显，磷在比这个温度低得多的温度下就能燃烧，因此，这个时候自然界中再也不存在纯净简单的磷，磷会一直呈现出酸的状态，也就是说，它被氧化了，它的根也不会为人所知。如果地球的温度变得越来越高，所有的可燃物质都会相继发生相同的情况，最后，我们会达到一个状态，在这个状态下，所有可能发生的燃烧作用都已经发生，再也不存在可燃物质，所有的可燃物质都被氧化，因而都变成了不可燃烧的物质。

回到我们刚刚所说的，在自然界中，除了那些在我们生存的温度下不能燃烧的可燃物体，再也没有其他可燃物体了；或者用另外一种表达方法来说就是在我们生存的温度下，所有可燃物体的本质再也不能发挥它们可燃的属性了，除非我们将它加热至能使其燃烧的温度。一旦达到了这个温度，燃烧便会开始，由于氧气的分解而被释放出来的热素维持着燃烧所需的温度。如果发生另外一种情况，也就是说由氧气分解提供的热素不足以维持燃烧所需的温度，那么燃烧便会停止：因此当我们说一个物体不好烧的时候，就是说这个物体非常不易燃。

虽然燃烧作用与蒸馏作用有一些相同的地方，特别是与复合蒸馏，但燃烧作用与蒸馏作用有一个非常关键的不同。在蒸馏作用中，放在蒸馏瓶中的物体的部分要素分离，相同的这些要素重新以另一种顺序结合，具体的顺序由进行蒸馏的温度下各种要素之间的亲和力而定；在燃烧作用中，有新要素——氧的加入并有另外一种要素——热素的消散。

正是这种需要使用气体状态的氧并要精确确定氧的质量的必要性，使得与燃烧相关的实验变得尤其困难。这些实验还有另外一个不可避免的困难，就是燃烧的产物几乎总是以气体的状态被释放出来；如果说截取并收集蒸馏作用产生的气体就已经很困难了，那么收集燃烧作用产生的气体就更加困难；而且古时的化学家中没有任何一个有收集这些气体的意愿，所以说，这种实验是绝对属于现代化学的范畴。

在总体回顾了与燃烧相关的各种实验目的之后，接下来我将描述一下为达到这些目的所要采用的不同的仪器。在组成本章的节段中，我将不会按照可燃物质的属性来分类，而是按照适用于这些物质的燃烧作用的仪器性质来分类。

Ⅰ：磷和炭的燃烧

我已经在本书第一部分第五章描述了我用于炭和磷的燃烧的仪器。但是，由于我当时更多的是想要给大家呈现这些燃烧作用的结果，而不是获取燃烧产物所需的方法的细节，所以在这种实验的相关操作上，我并没有展开来叙述。

对于磷或炭的实验，我们首先在一个容量至少为 6 品脱的钟形罩中充满氧气，如图版 *V*，图 1 所示。当钟形罩表面充满水且有气体从钟形罩下方逸出时，在钟形罩下方放置一个非常扁平的玻璃或陶瓷器皿，通过这个器皿将钟形罩中的气体转移到汞气体化学装置中，如图版 *IV*，图 3 所示。完成该操作后，用吸墨纸将钟形罩内外汞表面的水吸干。该操作有几个注意事项：在将汞导到钟形罩下方之前如果不小心将吸墨纸完全浸没在汞中一段时间，紧紧地吸附在吸墨纸上的空气就会被导入汞中。

在另一边放一个小的铁质或陶瓷质的圆底大喇叭口器皿 D，在该器皿上面放上我们要燃烧的物体，放之前要用试验天平非常精确地确定其重量；然后用一个稍大一点的同类圆底器皿 P 将 D 盖住，这时的 P 充当了钟形罩的角色，我们将整个装置置于汞中，仅仅将作为封盖之用的器皿 P 从汞中抽出。我们可以通过将钟形罩的一边稍稍抬起很短的、几乎无法察觉的时间，然后将带有可燃物体的圆底皿 D 迅速放到钟形罩中以避免将物质通过汞时所带来的困难。在这第二种操作方式中，氧气中会混进少量的普通空气，但混合的量是微不足道的，根本不影响实验的成功，也不会影响实验的准确度。

当圆底皿 D 被导入钟形罩下方时（图版 *IV*，图 3），吸走一部分的氧气以将汞的液位提升至 EF。如果不这样做，一旦可燃物质被点燃，热量会使空气膨胀，将会有一部分空气从钟形罩下方逃逸出去，这样我们就不能精确地确定空气的质量了。为了吸出一部分空气，我们可以将一个虹吸管 GHI 直接通到钟形罩下方且为了吸管不会充满汞，我们在吸管的 I

端粘上一小块纸片。

通过吸走钟形罩中的一部分空气来将汞柱提升至它原来的液位上方几法寸的地方是有技巧的：如果用我们的肺来吸出空气，那么汞上升的量将是非常小的，比如一法寸或一法寸半，因此，要达到预期的目标我们只能花费很大的力气来吸；但如果用嘴巴的肌肉来吸气，我们便能毫不费力，将汞柱提升 6—7 法寸。还有一种更加方便的方法，就是在虹吸管 GHI 一端连接一个小气泵，便可以将汞柱提升到我们认为合适的高度，但不能超过 28 法寸。

如果可燃物质极其易燃，比如磷，我们可以将一根用火烧红的弯铁（图版 *IV*，图 16）迅速插入钟形罩下方来将其点燃：一旦弯铁与磷接触，磷就会点燃。对于那些不那么易燃的物体，比如说铁、其他的几种金属、炭等，我们可以使用一小块引火木，引火木上方放一些磷粉：同样地，我们用一根烧红的弯铁来点燃磷，磷的火焰将引火木点燃，进而引火木将可燃物质点燃。

在刚开始燃烧的时候，空气会膨胀，汞会下降，一旦不再有弹性流体形成，比如在铁或磷的燃烧过程中，可燃物体对氧气的吸收将会非常微弱，汞就会回升到钟形罩中非常高的位置。因此需要注意在定量的空气中不要燃烧太大量的可燃物体，否则，在燃烧的末期，圆底皿 D 就会过于靠近钟形罩的圆顶，圆顶上积聚的大量热量可能会使圆底皿破裂。

在本部分第二章第五节、第六节中我已经描述了测量气体体积的方法以及根据气压计的高度和温度计的温度进行校正的方法。因此，在这方面，我没有什么需要补充的了，特别是我已经给出了从磷的燃烧中得到的精确的结果。

我刚刚所描述的方法适用于所有固体物质甚至是固态油的燃烧并能获得成功。我们可以在灯泡中燃烧这些物质，可以通过磷、引火木以及热铁棒来轻易地在钟形罩下方将它们点燃；但这种方法对于燃烧那些在很低的温度下就能蒸发的物质来说并不是没有危险的，比如说乙醚、酒精、精油。这些易挥发的物质能够大量溶解于氧气中，如果我们将其点燃，会迅速发生爆炸，爆炸的冲击力会将钟形罩弹到很高的高度并将其粉碎。我经历了两次这样的爆炸，科学院的成员以及我都是受害者。此外，这种操作方式具有很大的缺点：虽然它能够很精确地确定被吸收的氧气的量以及形成的碳酸的量，但这些物质并不是燃烧作用产生的唯一产物；每次我们用植物或动物物质进行实验时，都会有水产生，因为所有的这些物质中含有过量的氢；而且我刚刚描述的仪器，既不能收集这些水，也不能确定它的量。简言之，即使是磷酸，实验也是不完整的，因为在这种操作方式中没有办法证明磷酸的量等于磷的量与所吸收的氧气的量相加的总和。因此，我不得不按照具体的情况而采用不同的燃烧仪器，甚至是同一个实验采用几种仪器，接下来我会进行简单的说明：首先从描述磷燃烧的装置开始。

取一个白色的玻璃或者水晶球形瓶（图版Ⅳ，图 4），球形瓶的开口 EF 直径必须有两法寸半至三法寸。此开口用一块用金刚石打磨过的黄铜板盖住，并在板上穿两个孔以供管子 *xxx*、*yyy* 通过。

在用黄铜板将球形瓶封住之前，在球形瓶中放入一个支撑件，支撑件上放置一个陶瓷质圆底皿，皿中放有磷。用封盖盖住球形瓶开口 EF 并用油性封泥将封口封住，再用浸泡过鸡蛋清、撒上了石灰的棉麻布条将封泥包裹起来。接下来将装置放置几天，等待封泥变干后用天平称量整个装置的重量。做完这些准备工作之后，将气泵装置与管子 *xxx* 连接并将球形瓶中的空气抽空；接着用图版Ⅷ，图 1 所示的气量计通过管子 *yyy* 将氧气导入球形瓶中，对于气量计我已经在第二章第二节中进行过描述。接下来，我们用一块灼热的玻璃点燃磷，任其燃烧直至所形成的固体磷酸雾停止燃烧，然后将封泥拆开并称量球形瓶的重量。用该重量减去毛重，便是球形瓶中所含磷酸的重量。为了更加精确，还需要测定燃烧过后球形瓶中所含的空气或气体的重量，因为它可能比空气重或者比空气要轻，所以在与实验相关的计算中，需要考虑这种重量差。

出于促使我制造出一种用于磷燃烧的特殊装置的相同动机，我决定为炭的燃烧也制造一种特殊装置。该装置主要由经过锻打的铜质的锥形小炉组成，如图版Ⅶ，图9所示，该炉的内部视图如图11所示。整个装置有用于燃烧炭的小炉ABC、炉条*de*和炉灰盒F。在炉子的中间有一根管子GH，我们可以通过这个管子将炭导入炉子中且该管子也可充当烟囱，用于排放燃烧后的空气。

将管子*lmn*与气量计连接，我们正是通过该管子来输送维持燃烧的空气，输入的空气在炉灰盒F中散发开来，气量计对其施加的压力使得其穿过炉条*de*并吹向立即放在炉条上方的炭。

占大气分数$\frac{28}{100}$的氧气在炭的燃烧中转化成碳酸。而相反，空气中的氮气完全没有发生改变，因此，在燃烧过后，炉中应剩下氮气和碳酸气体的混合物。为了将这种气体混合物排放出去，我们在“烟囱”GH上接了一根管子*op*，该管子在G处被牢牢地拧紧，以防止任何空气泄漏出来。通过这根管子，这两种气体被引至一些装满了完全去除碳酸的液态草碱的烧瓶中，在通过这些烧瓶时，混合气体开始沸腾。碳酸气体被草碱吸收，仅剩下氮气被排放出来，我们用第二个气量计来收集这部分氮气以确定它的量。

在使用该装置的过程中，其中的一个困难是点燃炭使燃烧开始，以下是达到这个目的的方法：在往炉子ABC中装满炭之前，用一个非常精良的天平称量炭的质量，以确保没有超过一格令或者两格令的误差；然后在“烟囱”GH中插入管子RS，如图10所示，该管子的重量也需事先精确地称量。该管子是中空的，两端是开放式的：其S端需插进炉子底部与炉条接触并完全占据炉条。只有放置好RS管之后我们才将炭导到炉子中。重新称量装置的重量以确定导入到炉子中的炭的量。做完这些准备工作之后，将炉子安装好，将与气量计连接的管子*lmn*（图9）拧紧；将与装满草碱溶液的烧瓶连接的管子*op*拧紧；在我们想要开始燃烧实验的时候，将气量计的旋塞打开，通过管子RS的R端将点燃的小炭块放到炉子中；该炭块掉落到炉条上，炉条上的空气流维持着炭的燃烧。我们迅速撤掉管子RS，将用于排放空气的管子*op*拧紧到烟囱GH上，然后继续燃烧。为了确保燃烧已经开始且实验已经成功，我们准备一根管子 *qrs*，其 *s* 端用油灰粘一个玻璃块，通过这根管子我们可以观察炭是否被点燃。我忘了说明，该炉子及其附件都浸没在一个加长的小木桶 TVXY 中，如图 11 所示，该木桶中装满水甚至是冰块，以尽可能地减少燃烧所产生的热量。该热量永远也不会非常强，因为燃烧的量与气压计供应的空气量成正比，而且只有即时放在炉条上的小块炭能够燃烧。随着这一小块炭燃烧完，另一小块炭会通过倾斜的炉壁掉落到炉条上并与穿过炉条的空气流接触，然后像第一小块炭那样燃烧。

至于用于燃烧的空气，气量计对其施加的压力使其穿过还没有燃烧的炭块，进而通过管子 *op* 排放出来，然后再穿过灌满草碱溶液的烧瓶。

在这个实验中，可以看到，我们拥有对空气和炭进行完整分析所需的所有数据。实际上，我们知道炭的重量；通过气量计我们也可以测出燃烧中所使用的空气的量；还可以确定燃烧过后剩余的空气的量；还有积聚在炉灰盒中的烟灰的重量；最后，根据含草碱溶液的烧瓶重量的增加，可以知道燃烧形成的碳酸的量。通过这个实验，我们还可以非常精确地知道组成该酸的碳和氧的比例。

我在《科学院文集》中汇报了我使用该装置在所有植物炭和动物炭上所做的一系列实验。不难发现，只要对该装置稍做更改，我们就能使其变成一个适用于观察呼吸现象的仪器。

Ⅱ：油的燃烧

炭，当它非常纯净的时候，至少是一种简单的物质，因此用于炭燃烧的仪器也不会太复杂。该仪器只需要能够为炭提供燃烧所需的氧气并能将形成的碳酸气体与氮气分离开来就可以了。而油相对于炭来说，是一种复合物质，因为它至少由两种要素结合而成，即碳和氢；因此，在普通空气中燃烧油，最后会剩下水、碳酸和氮气。因此，用于实施这种实验的仪器必须能够分离并收集这三种产物。

为了进行油的燃烧实验，我使用了一个大的广口瓶 A，如图版 Ⅻ，图 4 所示，图 5 是该广口瓶的盖子。广口瓶配有一个铁环 BCDE，其 DE 处紧贴在广口瓶上，用油灰牢牢地粘住。该铁环在 BC 处直径较大，使得铁环与广口瓶壁形成一个沟槽 *xxxx*，在这个槽中灌满汞；图 5 中所示的盖子在其 *fg* 侧也套有一个铁环，该铁环与广口瓶的 *xxxx* 槽嵌合并浸泡在汞中。通过这种方式，广口瓶不需要封泥就能密封住；由于 *xxxx* 槽能够盛接两法寸高的汞，因此可以使广口瓶内的空气承受两法尺多水的压力而没有泄出的风险。

在图 5 的盖子上穿四个孔以供同样数量的管子通过。开口 T 首先配置一个皮盒以穿过一个如图 3 所示的旋塞杆。这个旋塞杆用来升降灯芯，我会在下面对这个杆进行说明；其他三个孔 *h*、*i*、*k*，*h* 用来穿过导油的管子，*i* 用来穿过将空气导入灯里以维持燃烧的管子，而 *k* 则是用来穿过将燃烧后的空气排放出去的管子。

放置在广口瓶中的用于油燃烧实验的灯如图 2 所示；在这个装置中我们可以看到储油器 *a* 以及用来往储油器里灌油的漏斗；虹吸管 *bcdefgh*，用来将油输送到灯中；管子 7、8、9、10 用来将气量计中的空气导入到同一个灯中。

管子 *bc* 的下部 *b* 在外围形成一个阳螺旋，旋进储油器 *a* 的盖子中的阴螺旋中；我们可通过旋转储油器使其上升或下降并在任何合适的位置将油输送到灯中。

如果要将虹吸管注满油使储油器与灯 11 连通，首先要将旋塞 *c* 关闭并将旋塞 *e* 打开，通过虹吸管最高处的开口 *f* 将油倒入。当我们看到出现在灯中的油达到一个适当的高度时，也就是说高度为三分或四分时，关闭旋塞 *k*，继续通过开口 *e* 灌油以将虹吸管的 *bcd* 端灌满。当该段已经被灌满，关闭旋塞 *f*，这时虹吸管的左右两段都已经灌满油，没有中断，储油器和灯之间的连通性已经建立。

图版 Ⅻ，图 1 展示了被放大后的灯的剖面图，以便能更加清楚地看到灯的构造细节。在图上，我们可以看到用来导油的管子 *ik*、灯芯所在

的 *aaaa* 部分以及将空气导入灯中的管子 9、10：该空气在 *dddd* 部分中散发开来，然后通过 *cccc* 和 *bbbb* 通道按照阿甘德、奎因奎特和兰格的灯具原理分配到灯芯的内外。

为了让大家更好地了解整个装置并通过该装置更好地领会所有其他相同种类装置的原理，我在图版 *XI* 中描绘了完全连接起来的以供使用的装置。我们可以看到：供气的气量计 P；管嘴 1、2，空气就是从这里出来的；将第一个气量计与第二个气量计连接起来的管子 2、3，第一个气量计的空气消耗完，我们可以将第二个灌满，以保证空气的供应在实验的整个过程中不中断；装有中等大小的易潮解盐块的玻璃管子 4、5，可以将通向各个通道的空气中的水分吸收掉并吸附在盐块中。由于我们已经知道管子的重量和管子中易潮解盐的重量，因此很容易就能知道盐所吸收的水的重量。

从装着易潮解盐的管子 4、5 通过后，空气经 5、6、7、8、9、10 管子通向灯 11，在这里空气按照阿甘德、奎因奎特和兰格的灯具原理被分成两部分，一部分供应灯芯里面的火焰，另一部分在灯芯外面。用于油燃烧的那部分空气通过将油氧化形成碳酸气体和水。该水的一部分在广口瓶 A 的瓶壁上凝结，另一部分由于燃烧的热量溶解于空气中，但该空气在气量计压力的推动下，不得不通过管子 12、13、14、15 从而进入烧瓶 16 和盘管 17、18 中，在盘管中，随着空气被冷却，水完全凝结。最后，如果仍有一小部分的水溶解于空气中，那么水将会在通过管子 19、20 的时候被含在管子中的易潮解盐吸收掉。

我们刚刚描述的所有预防措施只有一个目的，就是收集所形成的水并确定它的量；接下来就是确定碳酸和氮气的量。我们可以通过烧瓶 22 和 25 达到这个目的，这两个瓶中装着半瓶用石灰完全去除了碳酸的草碱溶液。燃烧后的空气通过管子 20、21 和管子 23、24 被导到这些瓶子中，空气中混杂的碳酸气体被瓶中的草碱截取。为了简化图片，我们只描绘了两个装满草碱溶液的烧瓶，但实际上需要更多，我认为使用的烧瓶应不少于九个。最好在最后一个瓶子中装上石灰水，因为石灰水是检测碳酸最稳妥且最敏感的化学试剂：我们可以通过它来确保排出来的空气中不含有碳酸，或者只是含有非常微量的碳酸。

在这里，我们不应该认为燃烧后的空气在经过了九个瓶子之后就只剩下氮气；该气体中仍然混有大量从燃烧中逃逸出来的氧气。我们将该混合气体通过含有易潮解盐的玻璃管子 28、29 以去除该气体通过装有草碱溶液和石灰水的那些瓶子时可能会混杂的水蒸气。最后，将残余的混合气体通过管子 29、30 导入一个气量计中，通过这个气量计来确定混合气体的量；取该气体的一些样品，用硫酸草碱做试验，以确定该混合气体中氧气和氮气的比例。

我们知道，在油的燃烧过程中，灯芯在一定的时间之后会烧成炭，妨碍油的上升。此外，灯芯必须达到一定的长度，但不能超过这个长度，否则就会有过多的油通过灯芯的毛细管升上来，而空气流不能完全消耗掉这些油，灯里就会产生烟雾。因此，我们需要在不打开装置的情况下从灯芯外侧延长或缩短灯芯的长度；我们可以通过旋塞杆 31、32、33、34 来达到这个目的，该旋塞杆穿过一个皮盒与灯芯支座连接。我们可以通过转动齿轨上的小齿轮来轻轻移动该旋塞杆，进而延长或缩短灯芯的长度。该杆及其配件被单独描绘在图版 *XII*，图 3 中。

在我看来，如果用如图版 *XI* 所示的两头开口的小广口瓶罩住灯中的火焰，燃烧的效果就会更好。

对于该仪器的结构，我就不进行更加详细的描述了，因为该仪器在很多方面仍可以做出改动和调整。需要补充的是，如果我们想要进行这样的实验，需首先称量带有储油器并装有油灯的重量；然后像前面描述的那样放置它们并点燃油；当打开气量计的旋塞，空气进入灯中时，将广口瓶 A 放到一个小板子 BC 上并用两根穿过小板子且拧紧在瓶盖上的铁杆将广口瓶固定住。在这种方式中，当我们将广口瓶调整到瓶盖上时会有少量的油被燃烧，从而丢失这部分油燃烧的产物；同时还有一小部分的空气从气量计中逃逸出来，而我们没有办法收集；但在大型的实验中，这些量相对来说并不是很大；此外，也有可能测出这些量的具体值。

我将在《科学院文集》中汇报与这种实验相关的一些特别的困难以及克服这些困难的方法。这些困难使得我还无法获得关于这些量的严格准确的结果。我有证据表明，固定油可以完全溶解在水和碳酸气体中并且是由氢和碳组成的；但是我对氢和碳的比例没有绝对的把握。

Ⅲ：酒精的燃烧

在迫不得已的时候，酒精的燃烧可以在我在上面描述的用来燃烧炭和磷的仪器中进行。在图版Ⅳ，图3中的钟形罩下方放置一个装满酒精的灯；在灯芯上粘一点磷粉，用一根烧红的弯铁插入钟形罩下方将磷点燃；这种操作方式会导致很多不便。首先使用氧气就会有爆炸的风险；即使使用大气空气，也不能完全避免这种风险。在科学院几位成员的见证下，我进行了一个对他们和我来说都很危险的实验。我没有像往常那样在进行实验前的一刻才开始准备实验，这一次我提前一个晚上就已经准备好了。因此钟形罩中的空气就有足够的时间来溶解酒精：提升至EF的汞柱高度也大大促进了酒精的挥发，如图版Ⅳ，图3所示。因此，当我想要用烧红的弯铁点燃小磷块和灯的时候，发生了剧烈的爆炸，钟形罩被爆炸的冲击力掀翻，掉落在实验室的地板上，碎裂成无数个小碎块。在使用氧气进行操作的时候，我们只能通过这种方式燃烧非常少量的酒精，比如10—12格令，而在燃烧如此少量酒精的实验中，只要犯一点错误，就会影响实验结果的可信度。因此，在我向科学院汇报的实验中（详看1784年的《科学院文集》第593页），尝试着在普通空气中点燃酒精灯，并在空气被消耗完之后从钟形罩下方缓缓加入氧气来延长燃烧的时间；但在这种情况下，所形成的碳酸气体会阻碍燃烧，何况酒精本身并不是非常易燃，因而它在比普通空气质量更差的空气中就更加难以燃烧了；因此，在这种方法中，我们也只能燃烧非常少量的酒精。

也许酒精的燃烧能够在图版Ⅺ所示的仪器中成功完成，但我迄今仍未敢尝试。进行燃烧的广口瓶A容量大约为1400立方法寸；如果在如此大的容器中发生爆炸，气体泄漏的情况将会极为糟糕且难以防范。但是，我不会放弃尝试。

正是由于一系列的这些困难，到目前为止，我只做过非常小的酒精实验，或在敞口容器中进行实验，敞口容器如图版 *IX*，图 5 所示，对于该仪器，我将会在本章的第五节进行描述。

如果能设法消除实验中的困难，我将重新开始这种探索。

Ⅳ：醚的燃烧

虽然在密闭容器中进行醚的燃烧实验并不会遇到与酒精燃烧相同的困难，但是它会呈现出另一种不同的、丝毫不比克服酒精燃烧的困难简单的困难，这些困难妨碍着我的实验进展。

我认为，为了进行醚的燃烧实验，我们可以利用醚能够溶解于大气空气的属性使其变得易燃而不会发生爆炸。根据这个想法，我命人制作了一个储醚器 *abcd*，如图版 *XII*，图 8 所示，气量计中的空气通过管子 1、2、3、4 被输送到该储罐中。空气首先在储醚器上部 *ac* 的双盖中扩散，由此被分配至 *cf*、*gh*、*ik* 等七个下端通向储醚器底部的管子，气量计对其施加的压力使得 *abcd* 中所含的醚沸腾。

随着醚溶于空气中并被空气携带走，我们可以通过另外一个储醚器 E 来恢复 *abcd* 储醚器中的醚，两个储醚器之间用一根铜管 *op* 连接，管子有 15—18 法寸高并用旋塞封住。我不得不将该管子尽量加高，以使储醚器 E 中醚的重力能够战胜气量计施加的阻力从而能够落入储醚器 *abcd* 中。

因此，携带了醚蒸气的空气通过管子 5、6、7、8、9 到达广口瓶 A，再从广口瓶的一根非常细的导出管中逃逸出来，我们在导出管的末端点燃该空气。燃烧过后的同一种空气依次通过图版 *XI* 中烧瓶 16、盘管 17、18 和装有易潮解盐的管子 19、20，在这里，空气中的水分被盐吸收；接下来，继续通过烧瓶 22 和 25，空气中的碳酸气体则被这些烧瓶中的草碱溶液吸收掉。

我在命人制造这样一个装置的时候犯了一个错误，我假设空气和醚在容器 *abcd*（图版 Ⅻ，图 8）中正是按照适合燃烧的比例来结合的；然而，实际上，从 *abcd* 中导出的混合物中有过量的醚，所以，为了使醚完全燃烧，需要补充足量的大气空气。因此，根据这个原理，我制作了一个在空气中燃烧的灯，这种空气能够提供醚燃烧过程中缺失的氧。但该灯不能在无法加入新鲜空气的密闭容器中燃烧。因此，在我将灯放入广口瓶 A（图版 Ⅻ，图 8）中之后不久灯就熄灭了。为了弥补这个不足，我尝试通过侧管 9、10、11、12、13、14 和 15 来为灯供应空气并将空气环绕着灯芯。但是，由于火焰是如此跳跃，灯芯的作用很小，以至于一股微弱的空气流便能将其熄灭，因此，迄今我仍未成功地进行过一次醚的燃烧实验。但我并不气馁，仍希望能够通过对该仪器做出一些改变来完成一次成功的实验。

Ⅴ：氢的燃烧以及水的形成

水的形成具有这种特殊性，即促使水形成的两种物质——氧气和氢气在燃烧前均处于气态，通过燃烧，两者转变成一种液态物质，即水。

如果可能获得完全纯净、能够燃烧而不残留杂质的氧气和氢气，这种燃烧作用非常简单，并且不需要太复杂的仪器。我们可以在非常小的容器中进行；通过持续往容器中输入适当比例的两种气体，便能无限期地维持燃烧。但迄今为止化学家们只使用了氧气和氮气的混合气体。结果，他们只能在有限且非常短的时间内维持密闭容器中氢气的燃烧，而且事实上，随着燃烧的继续，氮气残留物持续增加，火焰变弱，最终熄灭。我们所使用的氧气纯度越低，该缺点就越严重。我们只有两种选择：要么任燃烧停止，只用少量的氧气和氢气进行实验；要么将容器中的氮气抽空。但在第二个情况中，实验中形成的水一部分会蒸发，而我们没有估量蒸发的这部分水的量的方法，这就使得实验的精确性非常差。

这些思考使得我想用完全没有掺杂氮气的氧气来重复这个气体化学

的主要实验；我们可以通过氧化盐酸草碱来获得纯净的氧气。如无意外，通过这种方式提取的氧气几乎不含氮，因此，只要做好预防措施，我们就能获得纯净的氧气。在等待我能够重新进行这一系列实验的同时，以下是我和莫斯尼埃先生用来进行氢气燃烧实验的设备。当我们能够获得纯净的气体时，除了可以缩小进行燃烧的容器的容量以外，装置不需做任何改变。

取一个大开口的长颈瓶或球形瓶 A，如图版 Ⅳ，图 5 所示，开口处放一块小板 BC，板上焊接一个中空的铜质套筒 *g*FD，套筒上部封闭并接三根管子。第一根管子 *d*D*d*′的 *d*′端开口非常细，仅能通过一根针；该管与图版 Ⅷ，图 1 中所示的气量计相连，气量计中装满氢气。与第一根管子相对的管子 *gg* 与另一个基本相同的气量计相连，该气量计中装着氧气。第三根管子 H*h* 与一个气泵装置连接，以将球形瓶 A 中的气体排空。最后，小板 BC 上还要穿一个孔，以插入一根玻璃管，管中穿过一根金属线 *g*L，金属线的一端连接一个小铜球 L，使得电火花能够从 L 传导到 *d*′，用电火花来点燃通过管子 *d*D*d*′输送进来的氢气。

为了让两种气体进入球形瓶的时候尽可能干燥，我们在两根直径大约为一法寸半、长度为一法尺的管子 MM、NN 中装满完全去除了碳酸并能让气体自由通过的固体草碱粉末。我用完全干燥的粗粉状硝酸石灰或盐酸石灰进行过实验，但发现草碱更好，对于一定量的空气，它相对于前两者能够吸收更多的水分。

为了使用这个仪器进行操作，我们首先用连接在管子 FH*h* 上的气泵将球形瓶中的空气抽空；然后，打开 *gg* 管子上的旋塞 *r* 往球形瓶中导入氧气。通过气量计刻度盘上导气前后的读数来计算进入球形瓶中的氧气的量。打开管子 *d*D*d*′上的旋塞 *s* 使氢气进入球形瓶；随后立即用电机或莱顿罐将电火花通过铜球 L 传导至输送氢气的管子 *d*D*d*′的一端 *d*′，氢气立即被点燃。为了让燃烧不会太慢或者太快，输送氢气的压力保持在相当于一法寸半至两法寸水柱的压力，而氧气则相反，输送氧气的压力最多只能为三分。

燃烧一旦开始，就会继续进行；随着两种气体燃烧剩下的氮气含量增加，燃烧逐渐减弱。最终，在某一个时间点上，氮气的含量足够多，使得燃烧无法再进行，火焰熄灭。我们必须要防止火焰的自发熄灭，因为氢气罐的压力比氧气罐的压力大，而球形瓶中含有两种气体的混合物，一旦火焰熄灭，这种混合物立即会由于压力差而进入氧气罐。因此，一旦发现火焰变弱，需通过关闭管子 *d*D*d′* 的旋塞来停止燃烧。这个过程中一定要非常注意，以免发生意外情况。

进行了第一次实验后，我们可以接着进行第二次、第三次实验。我们像第一次那样重新排空球形瓶中的空气并灌入氧气，然后打开管子的旋塞导入氢气并用电火花点燃混合气体。

在所有这些实验的过程中，所形成的水在球形瓶的瓶壁凝结并顺着各个方向流下，最终积聚在瓶底。如果事先知道球形瓶的净重，那我们很容易就能确定瓶底的水的重量。我和莫斯尼埃先生将会在 1785 年 1 月或 2 月的某一天在科学院成员的面前汇报我们利用该仪器所进行的实验的一些细节。在实验中，我们采取了大量我们认为对实验有用的预防措施。根据我们得到的结果，100 份重量的水由 85 份氧气和 15 份氢气组成。

还有另一种燃烧仪器，虽然它不能像前面的仪器那样能够进行精确的实验，但是表现出非常惊人的结果，非常适合在物理与化学课程中进行实验。该仪器由一个密封在金属桶 ABCD 中的盘管 EF 组成，如图版 *IX*，图 5 所示。盘管的上部 E 连接着一个烟筒 GH，烟筒由两个管子组成，内管是盘管的延长管，外管是一个镀锡铁皮套管。这两根管子之间的间隙大约为一法寸，间隙中灌满沙子。

在内管 K 的内端，连接着一根玻璃管，玻璃管上配一盏奎因奎特酒精灯 LM。

所有的东西都准备好并精确确定酒精灯中的酒精量之后，点燃酒精灯。酒精燃烧过程中形成的水通过管子 KE 上升并在桶 ABCD 中的盘管里凝结，最终以水的形态从盘管的 F 端流出，流到瓶子 P 中。间隙中用填满了沙子的烟筒双管来防止管子上部冷却，并进一步防止水在此冷凝。如果水在此凝结，就会沿着管子流下，这样我们就不能确定它的量了；此外，它还会继续一滴一滴地落到灯芯上使火熄灭。该装置的目的是使“烟筒”的部分始终保持高温并使盘管部分始终保持较低的温度，从而使得实验产生的水在上升部分一直处于气态并在下落部分凝结。该装置是由莫斯尼埃先生设计的，我在1784年的《科学院文集》第593页和第594页对其进行了描述。通过采取预防措施，也就是使环绕着盘管的水一直维持着冷凝的状态，我们便可以在燃烧16盎司的酒精之后获得17盎司的水。

Ⅵ：金属氧化

我们主要用“煅烧”或“氧化”的名称来描述将金属置于一定的温度中通过吸收空气中的氧转变成氧化物的操作。这种化合作用得以发生是因为氧在某个温度下，与金属之间的亲和力比其与热素的亲和力强。因此，热素变成游离状态并释放出来；但当实验是在普通空气中进行的时候，由于实验是连续发生且非常缓慢的，所以热素的释放并不会很明显。如果煅烧是在氧气中进行的，情况则不相同，煅烧的速度要快得多并且经常伴随着光和热的释放。因此我们有理由怀疑金属物质是真正的可燃物体。

每一种金属与氧的亲和力都不一样。比如说，金和银，甚至是铂在任何的温度下都不能剥离热素与氧结合。至于其他金属，它们都能或多或少地与氧结合，一般来说，当氧在热素的力与金属对它的吸引力之间保持平衡的时候，它们便不再与该要素结合。在所有化合作用中，这种平衡都是自然界的一般规律。

在所有的矿石分析操作以及所有与制造业相关的操作中，人们会通过使金属自由接触外部的空气来加快金属的氧化进程。有时候人们甚至会用风箱将空气流直接吹到金属的表面。如果直接吹入氧气流，氧化作用还会更快；可以通过我在本部分第二章第二节中描述的气量计来轻易地制造这种氧气流。这种情况下，金属会燃烧并带有火焰，氧化作用在几秒钟内就能完成。这种方法只能用于一些非常小型的实验，因为氧气的成本非常高。

在矿石实验以及实验室所有的常规操作中，我们都是将金属放到一个熟土制作的盘子或碟子上（图版Ⅳ，图 6）并将盘子放入一个制作精良的火炉中来进行金属的煅烧或氧化实验；我们将这些盘子或碟子命名为“烤钵”。煅烧过程中，需时不时地晃动我们想要煅烧的物质，以更新燃烧面使煅烧更加均匀。

每次我们用不易挥发且在操作过程中不会消散的金属物质进行实验时，到最后金属的总量总会增加。

但是，在露天进行实验时，我们永远也不知道金属在氧化过程中重量增加的原因。直到我们开始在密闭容器中并以完量的空气进行操作，才真正发现产生这一现象的原因。第一种方法是普利斯特利先生想出来的，将想要煅烧的金属放到一个瓷杯 N 上，如图版Ⅳ，图 11 所示，并将瓷杯放在一个较高的支座 IK 上；用一个水晶钟形罩 A 将支座罩住，钟形罩浸没在一个灌满水的水盆 BCDE 中，用一个虹吸管从钟形罩下方吸出一定量的空气，使水位上升至 GH；接下来，将一块炽热的玻璃的焦点集中到金属上。几分钟后，氧化开始；空气中所含的一部分氧与金属结合；空气的体积成比例地减少，但它并不是只剩下氮气，该氮气中还含有少量的氧气。我已经在 1773 年发表的物理化学著作的第 283 页至第 286 页中给出了我用该仪器进行实验的细节。如用汞来代替水，实验结果会更加有说服力。

另一个用于此目的的方法是波义耳先生想出来的，我已经在 1774 年的《科学院文集》第 351 页给出了通过这种方法进行的实验结果。该方法在于将想要进行操作的金属放入一个曲颈瓶 A（图版Ⅲ，图 20）中，并将 C 端密封住。然后将曲颈瓶置于炭火上小心加热使金属氧化。用这种方法，只要曲颈瓶瓶嘴的 C 端不断裂，曲颈瓶及其所含的物质重量就不会改变；但当末端破裂，外部的空气就会涌进瓶中，并发出嘶嘶的声音。

如果在密封曲颈瓶之前没有事先将瓶中的空气抽空，这种操作就会有危险；由于高温导致的空气膨胀会使容器破裂，会对拿着容器或者在容器附近的人造成危险。为了预防这种危险，我们应在密封曲颈瓶之前将瓶放在灯上加热以排出里面的空气，并将其收集到气体化学装置中的钟形罩下方以确定它的量。我所进行的氧化实验并没有我希望的那么多，只有在用锡进行的实验中获得了令人满意的结果；用铅进行的实验并不是很成功。希望有人能重拾这项工作并在不同的气体中进行金属的氧化实验；我相信，他在这种实验中所遇到的麻烦将因实验的成功而得到充分的补偿。

由于汞的所有氧化物无须加成便能再生且能使其先前吸收的氧恢复到纯净的状态，因此没有任何一种金属的煅烧和氧化实验比它的煅烧实验更加有说服力的了。为了在密闭容器中进行汞的氧化实验，我首先将一个曲颈瓶灌满氧气并导入少量的汞，然后在瓶颈上接一个装了半袋空气的囊袋，如图版 *Ⅳ*，图 12 所示。接着加热瓶中的汞，通过长时间的操作，我成功地氧化了一小部分汞并形成一种漂浮在液面的红色氧化物；通过这种方式氧化的汞量是如此小，以至于只要在确定氧化前后的氧气量的过程中犯一丁点儿的错误，都会使实验结果有着极大的不确定性；此外我一直担心（这种担心也不是没有理由的）囊袋因在操作过程中受到炉子的高热而收缩时，空气会从囊袋的空隙中逃逸出去，除非我们用一块始终湿润的棉布将囊袋覆盖住。

我们可以用图版 *Ⅳ*，图 2 中的仪器以更加安全的方式进行实验（详看 1775 年的《科学院文集》第 580 页）。该仪器主要由一个曲颈瓶 A 组成，瓶嘴处焊接一根直径为 10—12 法分的玻璃弯管 BCDE，弯管伸入口朝下倒立在装满水或者汞池中的钟形罩 FG 下方。该曲颈瓶置于炉子 MMNN 的炉栅上，我们也可以使用沙池。通过该装置，我们可以在几天的时间里利用普通空气氧化少量汞，并获得少量漂浮在液面上的红色氧化物。我们甚至可以将它收集起来再生并将获得的气体量与煅烧过程中吸收的气体量做对比（详看第一部分第三章，我已经给出了该实验的细节），但这种方法只能用于非常小型的实验，且实验结果并不精确。

在这里我必须说明，铁在氧气中的燃烧是一种真正的氧化。英根豪茨先生使用的仪器如图版 Ⅳ，图 17 所示。我已经在第一部分第三章中描述过这个仪器，请读者查阅该部分的内容。

我们也可以用燃烧磷或炭相同的方式在灌满氧气的玻璃钟形罩下方燃烧并氧化铁。在这个操作中，我们照样使用图版 Ⅳ，图 3 中的仪器，我已经在第一部分第五章中描述过该仪器。在该实验中，正如在燃烧实验中一样，需在想要燃烧的铁丝或铁屑的其中一端系上一小块引火木和一点磷粉：用烧红的铁穿过钟形罩下方将磷点燃，磷再将引火木点燃，引火木的火焰将铁点燃。我们从英根豪茨先生那里知道，除了金、银和汞以外的所有金属都能够以相同的方式燃烧并氧化。最关键的在于将这些金属制作成非常细的线或者用切割带将金属切割成薄片；再将铁丝和这些金属拧成一根，这样铁就会将其燃烧和氧化的属性传递给其他金属。

我们刚刚看到了如何成功地在封闭的容器和有限的空气中氧化非常少量的汞：成功地氧化这种金属是非常困难的，即使在露天的情况下。对于这种操作，在实验室中我们一般会使用如图版 Ⅳ，图 10 中所示的一个底部非常平的长颈甑 A，该长颈甑的颈部非常长且瓶颈末端的开口非常小：该容器被命名为“波义耳巢”。往长颈甑中导入足量的汞以覆盖甑的底部，然后将长颈甑放置在沙池中，沙池的温度几乎接近汞沸腾的温度。通过几个月的时间、前后更换了五个或六个长颈甑并时不时地更换新的汞之后，我们成功地获得了几盎司的汞氧化物。

该仪器有一个很大的缺点，即不能充分地更新空气，但从另一方面来说，如果我们让外部的空气过于自由地循环，则会带走能溶于空气中的汞，几天之后容器中就不再有汞了。由于在我们所做的所有金属氧化实验中，汞的实验最具说服力，因此，希望能发明一个简单的装置，在大学公共课程中利用这个装置来证明这种氧化作用以及我们所获得的结果。在我看来，可以通过类似于我描述过的用于油或炭燃烧的方法来实现。不过由于其他事务，我至今还未能重新开始这些实验。

正如我所说的，汞氧化物在不加成的情况下就能再生，只需要将其加热至微微炽热即可。在这个温度下，氧与热素的亲和力比其与汞的亲和力强，因此氧会变成氧气。但氧气总会混合着少量的氮气，这表明汞在氧化的过程中吸收了一小部分氮气。氧气中也几乎总是含有一点碳酸气体，毫无疑问，这归因于其中混杂的污染物，这种污染物碳化之后便将一部分氧气转变成碳酸气。

如果化学家们非要从通过煅烧获得的氧化汞中提取所有用于实验的氧气，那么这种制备方法所需的高昂费用将使稍大规模的实验变得完全不可行，这种方法仅适用于小型实验。但我们也可以通过硝酸将汞轻微氧化来获得比通过煅烧获得的更纯净的红色氧化物。我们在市场上就能够找到制备好的、价格适中的氧化汞：最好选择触感柔软、黏结在一起的片状硬块。因为粉状的氧化汞有时候会掺杂红色的氧化铅，固体的氧化汞中似乎就不含这样的杂质。有时候我自己也尝试着用硝酸来制备这种氧化物：在将汞溶解之后，将溶液蒸发至干燥，将干燥后的固体物质放到蒸馏甑或者用我在上面已经描述过的方法来切割的长颈甑碎块制成的圆底器皿中进行煅烧。但我从来没有成功地获得过市面上那样纯净的氧化汞。我想，市面上的氧化汞应该是从荷兰进口的。

为了从氧化汞中得到氧气，我通常会使用一个瓷质曲颈瓶，瓶上接一根长长的玻璃管子，放到水气体化学装置中的钟形罩下方。在管子的末端放置一个浸没在水中的器皿，该器皿用来接收再生的汞。只有当曲颈瓶变红了氧气才开始出现。这是贝多莱先生总结的一般原则，即暗红的温度不足以形成氧气，还需要有光：似乎有证据证明光是其组成要素之一。在红色氧化汞的再生实验中，我们必须丢弃最初形成的那部分气体，因为这部分气体混合了容器中本来就存在的普通空气。但即使采取了这个预防措施，我们也无法获得完全纯净的氧气。一般来说，十份的氧气中都会含有一份的氮气，且几乎总是含有非常少量的碳酸气体。我们可以将获得的混合气体通过苛性碱溶液来去除其中的碳酸气体。至于氮气，我们还没有任何的办法将它从氧气中分离出来。但我们可以通过将氧气与硫化苏打或硫化草碱接触，静置 15 天来确定氧气中氮气的含量。在此过程中，氧气被吸收，与硫结合形成硫酸，最后仅剩下氮气。

还有很多其他办法来获得氧气：我们可以在炽热的温度下从黑色氧化锰或硝酸草碱中提取氧气，这种实验所用的仪器与我已经描述过的用红色氧化汞提取氧气所用的仪器几乎相同。只需要将温度调至比软化玻璃所需的温度稍高或者至少相等的温度，因此，我们只能使用粗陶质或陶瓷质的曲颈瓶。在提取氧气的各种方式中，能获得最纯净的氧气的方式，当属我们在普通的温度下从氧化盐酸草碱中进行提取的操作。该操作可在玻璃曲颈瓶中进行且只要我们将最初的那部分混杂着普通空气的气体丢弃，剩下所获得的气体就绝对纯净。

Ⅶ：爆炸

我在第一部分第九章已经介绍过，氧在与不同的物体结合的过程中，并不总是放弃其处于气体状态时所含的全部热素；比如说，它几乎携带着其全部的热素与其一起参与形成硝酸和氧化盐酸的化合作用。因此，硝酸盐中的氧，尤其是氧化硝酸盐中的氧在某种程度上处于压缩的气态并缩小至其所能占据的最小体积。

在这些化合物中，热素持续对氧施加一种力，使其恢复到气体状态：氧对这些化合物的附着力很小，只需要很小的力便能将其还原成游离状态，而且，一旦施加这种力，它常常在几乎无法察觉的瞬间重现气体状态。我们将物质突然从固态变成气态的这种转变称为“爆炸”，因为实际上，这种转变常常伴随着爆裂声。炭与硝酸盐或者氧化盐酸盐的化合作用中就经常发生这种爆炸。有时候为了促进燃烧，人们会在其中加入硫。火药正是通过以正确的比例混合这些配料并配以适当的操作来制成的。

氧在与碳结合发生爆炸的过程中性质会发生改变，从而转变成碳酸。

因此，在此过程中，至少当该混合物是以正确的比例配量的时候，所释放出来的不是氧气，而是碳酸气体。此外，在与硝酸盐结合发生爆炸的过程中释放出来的是氮气，因为氮是硝酸的组成要素之一。

但这些气体突然的、即时的膨胀并不足以解释所有与爆炸相关的现象。如果这是唯一的影响因素，那么在一定的时间里，释放出来的气体量越大，火药粉末的爆炸就越强，而这却不总是与实验相符。我实验了若干种，虽然它们释放出来的气体比普通火药爆炸过程中释放的气体少了六分之一，但产生的冲击力却几乎是普通火药的两倍。看来，在爆炸时释放的热素有助于极大地提高其作用力。对于这一点，我们可以设想几个原因。

第一，尽管热素能够足够自由地穿过所有物体的孔隙，但它们只能在给定的时间内依次通过这些孔隙，因此，如果同时释放出来的热素数量非常庞大且比物体的孔隙所能排出的量大得多（如果我能使用这种表达方式的话），它必定就会以普通弹性流体相同的方式起作用，摧毁阻止热素通过物体孔隙的一切障碍。当我们在炮筒中点燃火药时，就必定会发生爆炸，至少是在一定程度上发生：虽然组成火药的金属能使热素渗入，但由于爆炸时所释放的热素量是如此之大，以至于它不能足够迅速地找到可以通过的金属孔隙。因此，热素就会在所有的方向上释放出力量以摧毁阻挡它通过的障碍，正是这种力量推动了炮筒内的圆炮弹。

第二，热素必然产生第二种作用力，这种作用力也取决于分子间互相施加的排斥力：这种作用力使点燃火药时释放出来的气体膨胀，温度越高，膨胀的程度就越大。

第三，火药燃烧时可能会有水的分解，分解后的氧与炭结合形成碳酸。如果真是这样，那么在火药爆炸的时候，会迅速释放出大量氢气，这些氢气分散开来并加强了爆炸的冲击力。如果我们知道每品脱火药仅产生 $1\frac{2}{3}$ 格令的氢气、只需要非常少量的氢气便能占据非常大的空间且当氢气从液态转变成气态时会施加惊人的膨胀力，我们就能感觉到氢气对火药爆炸效果的增强作用有多大了。

第四，在火药燃烧的过程中，未分解的那部分水会还原成水蒸气，我们知道，气态的水所占据的容积为液态水的 17—18 倍。

我已经做了大量的实验来研究硝石与炭以及硝石与硫结合发生爆炸的过程中所释放的弹性流体的性质，硝石与氧化盐酸草碱的也做了几个。这是一种准确了解这些盐的组成要素的方法，我在外国学者提交给科学院的文集的第 11 册的第 625 页中给出了我所进行的实验的一些主要结果以及从这些实验中得出的一些与硝酸分析相关的推论。现在我已经弄到了一些更加方便的仪器并准备重复相同的实验，但规模更大一些，这样，我将能够得到更精确的结果。在准备实验的同时，我将会论述至今为止所采纳并使用的方法。我强烈建议那些想要重复这些实验的人在实验过程中一定要极其谨慎，当心那些含有硝石、碳和硫的混合物，以及那些含有与这三种物质结合或混合的氧化硝酸草碱的混合物。

我准备了一些大约 6 法寸长、直径为 5—6 法分的枪管。将一个铁钉牢固地钉进枪管的火门，并使铁钉逐渐与火门相合从而塞住火门以免光透入，滴进一点白铁工的焊料，以使得枪管开口无法通过任何空气。往枪管中灌入一些磨成极细的粉末并用水调成糊状，这些粉末是已知配比的硝石和炭制成的混合物或者其他能够发生爆炸的混合物。每一份导入枪管的糊状混合物都需用直径几乎与枪管相同的撞杆塞下去，就像给烟火筒装火药一样。不要把糊状混合物填充至枪筒口，需预留 4—5 法分的空间；装料筒末端放置大约 2 法寸长的速燃引爆线。这种实验唯一的困难（特别是当在混合物中加入硫的时候）是找到适当的润湿度，如果混合物太湿润，可能就无法点燃；如果混合物太干，爆炸就会过快从而会导致危险。

如果我们的目的并不是进行严格精确的实验，我们将引爆线点燃，当引爆线即将燃至混合物时，我们就将枪管放到气体化学装置中充满水的大钟形罩下方。爆炸在水中发生并持续，气体根据混合物的干燥程度或快或慢地释放出来。只要爆炸还在持续，就应将枪管的一端倾斜以免水进入枪管内部。通过这种方式，有时候我能收集到由一盎司半或两盎司硝石爆炸产生的气体。

在这种操作方式中，不可能确定释放出来的碳酸气体的量，因为该气体在通过钟形罩中的水的时候会被水吸收掉一部分，一旦碳酸被吸收，就会留下氮气；如果将其放到苛性碱溶液中并持续搅动几分钟，就能得到纯净的碳酸并很容易确定它的体积和重量。通过这种方法，重复进行大量的实验并改变炭的比例，直至找到能使硝石全部爆燃的正确的比例，这样我们甚至能够足够精确地了解碳酸气体的量。因此，根据所使用的炭的重量，我们可以确定饱和这部分炭所需的氧气量，进而可以推断出一定量的硝石所含的氧的量。

我还使用了另一种方法，通过这种方法所获得的实验结果要准确得多。该方法是将释放出来的气体收集到装满汞的钟形罩中。我所使用的汞池大得足以容纳容量为 12—15 品脱的钟形罩。而正如我们所知道的那样，装满汞的钟形罩并不是很容易控制，所以要用一些特殊的方法将钟形罩装满汞，我将会对这些方法进行说明。将钟形罩放到汞池中，在钟形罩下方插入一根玻璃虹吸管，虹吸管外端接一个小小的气泵：打开气泵的阀门，抽空钟形罩中的空气，使得汞上升到钟形罩顶部。当这个钟形罩装满汞之后，以与用水时相同的方式将爆炸的气体导入到钟形罩中。但是，我必须重申一点，在进行这种实验的时候一定要非常小心。有时候我看到过，当爆燃气体释放过快，装满一百五十多古斤汞的钟形罩被爆炸的冲击力掀起：汞飞溅得很远，而钟形罩也被摔成碎片。

当实验获得成功且释放出来的气体都被收集到钟形罩中时，我们便可以用本部分第二章中介绍的方法来确定气体的体积。往钟形罩中导入少量的水，然后再加入被水稀释且去除了碳酸的草碱溶液，便可以根据我在第二章中介绍的方法来进行精确的分析了。

我已经迫不及待地要一股气完成我已经开始的爆炸实验了，因为这些实验与我目前的目标有着直接的联系，同时我也希望这些实验能为与火药制作相关的一些操作带来一些启示。

第八章　在极高的温度中处理物体所需的仪器

Ⅰ：熔化

当我们用水将一种盐的分子相互分离，这种操作，正如我们在上面所说的，叫作“溶解”。在该操作中，无论是溶剂还是溶解在溶剂中的物体，都没有发生分解，而且，导致分子间相互分离的因素一旦停止，这些分子就会重新聚合，含盐物质就会恢复到溶解前的状态。

我们也可以通过火来进行真正的溶解操作，也就是说在一个物体的分子间导入并积聚大量的热素。这种通过火来溶解物体的操作称为“熔化”。

一般来说，熔化都是在我们称为“坩埚”的容器中进行的。选择坩埚的首要条件就是坩埚必须比其要容纳的物体更不易熔。因此，无论是哪个时代的化学家，都非常重视选购一些用耐火材料制成的坩埚，也就是说能够抵御极高温的坩埚。最好的就是那些用非常纯净的黏土或者瓷土制成的坩埚。在这种实验中，我们要避免使用那些用含有硅石或石灰土的黏土制成的坩埚，因为它们非常易熔。巴黎附近生产的所有坩埚就是这种情况，而且在这个城市中生产的坩埚在比较平缓的温度下就能熔化，因此它们只能用于极少数的化学实验。而那些来自德国黑森州的坩埚质量就非常好，但我们更喜欢用里摩日的土制成的坩埚，因为它们似乎完全不会熔化。在法国，有大量适合用来制作坩埚的黏土，比如，圣·戈宾玻璃厂用来制作坩埚的黏土就是如此。

我们根据实验类型来选择不同形状的坩埚。图版Ⅶ，图 7、图 8、图 9、图 10 中描绘的就是最常用的几种坩埚。图 9 中顶部开口几乎封闭的坩埚叫作“锤形锅”。

虽然熔化过程中物体的性质没有发生改变而且也没有分解，但这种操作常常被化学家们用作分解物体并使物体再化合的手段。人们正是通过熔化将金属从矿中提取出来的，并通过这种方法再生、浇铸、使多种金属彼此熔合；碱和沙子也是通过熔化形成玻璃的，彩色宝石、珐琅等也是靠这种方法制作的。

老化学家们常常用猛火来熔化物体，这种方法现已不用了。由于我们对实验方法的要求更加严格，因此相对于干法，我们更倾向于使用湿法，而只有在用尽其他分析手段的时候我们才会采用熔化的方法。

为了通过火的作用力来熔化物体，我们会使用加热炉来进行操作，接下来我将要介绍那些用于各种化学操作的加热炉。

Ⅱ：加热炉

加热炉是化学操作中用途最广的一种仪器：很多实验的成功与否都取决于这些加热炉的质量好坏。因此，为实验室配置优质的加热炉极为重要。加热炉是一种中空的圆柱塔 ABCD，有时候上部会比下部更宽，如图版Ⅻ，图 1 所示。它至少带有两个侧口，一个在其上部 F 处，为炉门；另一个在下部 G 处，与灰孔相通。

在两个侧口之间，水平放置着一块用来盛放炭的炉栅，像隔膜一样将该加热炉分成上下两个部分。炉栅的位置已经用 HI 线标出。炉栅上面的部分，也就是说 HI 线上面的部分被称为“炉膛”；而炉栅下面的部分则被称为“炉灰箱”，因为在燃烧过程中形成的烟灰正是聚集在这一部分。

图版Ⅻ，图 1 中所描绘的加热炉是化学实验中使用的所有加热炉中最简单的，但是它能用于多种目的。我们可以在里面放置坩埚并在坩埚里熔化铅、锡、铋以及所有不需要非常高的火温就能熔化的物质。我们还可以在里面煅烧金属，或者在加热炉上放置要加热的大盆、蒸发容器以及形成沙浴所需的圆底器皿，正如图版Ⅲ，图 1 和图 2 所展示的那样。为了让它适用于各种不同的实验，我们把加热炉的上部设置了一些弧形凹口 *mmmm*；如果在加热炉上放置一个大盆，大盆将会挡住空气进入，那么炭就会熄灭。这种炉子只能产生中等程度的热量，因为它所能够消耗的炭量受由炉灰箱 G 口进入的空气量限制。我们可以通过加大这个开口进而大大地增强燃烧的效果。但另一方面，适用于某一些实验的强劲空气流在其他很多实验中会有不利的影响，因此，必须在实验室中配备各种形状不同、用于不同的目的的加热炉。尤其应当配备几个与我刚刚描述的加热炉类似但大小不同的加热炉。

还有另一种炉，对于实验室来说它或许比前一种更加有必要配备，它就是如图版Ⅻ，图 2 所示的反射炉。像普通炉子那样，它由下部的一个炉灰箱 HIKL、上部的一个炉膛、一个熔炼室 MNO、一个圆顶 RSRS 和圆顶上的一根管子 TTVV 组成，我们也可以根据实验类型在圆顶上增加几根管子。

曲颈瓶 A 放置在所谓的“熔炼室”MNOP 部分，我们已经用点线标出了曲颈瓶的位置；曲颈瓶用两根穿过反射炉的铁棒支撑着，瓶颈通过侧口伸出，该侧口一部分在熔炼室中，另一部分在圆顶中。将容器 B 与曲颈瓶连接。

巴黎陶器商所销售的大部分现成反射炉中，上部和下部的开口都特别小；这些小口并不能使足够体积的空气通过；由于消耗的炭量，或者用另一种方式来说，由于释放出来的热素量基本与进入反射炉的空气量成正比，因此，这些反射炉在很多实验中并不能产生我们所需的热量。首先，为了能让足够的空气从反射炉下方进入，应在炉灰箱处设置两个开口 GG，而不仅仅是一个开口 G：如果我们只需要中等程度的火温，只需将其中一个开口关闭；相反，如果我们想要反射炉产生最强的火力，就把两个开口都打开。圆顶的上部开口 SS 以及管子 VVXX 的开口也需比我们平时做的大得多。

有一点很重要，就是不要使用相对于反射炉的大小而言尺寸过大的曲颈瓶。反射炉壁与其所含的容器壁之间必须要有足够的空间以供空气通过。图 2 中的曲颈瓶 A 相对于该炉子来说过小，然而我发现指出错误比纠正错误要更加容易。

圆顶的目的是迫使火焰和热包围着曲颈瓶并反射到曲颈瓶的每个部分：这就是“反射炉”这个名字的由来。如果没有这种热量的反射，曲颈瓶就只会在其底部受热，而其所含物质的上升蒸气便会在反射炉上部凝结成液体，这些液体不会流到容器 B 中，而是持续回流到曲颈瓶底部。但有了圆顶之后，曲颈瓶的各个部分都能均匀受热。因此，蒸气只能在瓶颈和容器 B 中凝结，而停留在瓶颈的蒸气也会受热气的逼迫离开曲颈瓶。

有时候，为了防止曲颈瓶底部加热过快或冷却过快，也为了避免冷热交替使曲颈瓶破裂，我们在铁棒上放置一个熟土烧制的小圆底皿并往里放入沙子形成小沙浴，然后再将曲颈瓶底部放到沙浴上。

在很多实验中，我们会用不同的封泥涂刷曲颈瓶。这些封泥中，一些只是为了帮助曲颈瓶抵御冷热交替，而有一些是为了包裹玻璃从而形成另一个曲颈瓶来充当玻璃曲颈瓶的补充，以便在一些强温的实验中支撑住被高温软化的玻璃曲颈瓶。

用于前一种情况的封泥使用掺了少量母牛毛屑或毛发的烤炉土制成：将这些物质加水搅成糊状并将其涂抹在玻璃或粗陶曲颈瓶上。如果没有已经混合的烤炉土，而只有纯净的黏土或陶土时，则需要往里加入沙子。至于母牛的毛屑，它对于黏结烤炉土非常有用：虽然遇火的时候它会燃烧，但它留下来的孔隙能够阻止烤炉土中所含的水分通过蒸发而破坏封泥的连续性导致封泥变成灰尘掉落。

用于第二种情况的封泥由黏土和粗捣的粗陶器碎块组成。我们加水将其调成相当坚硬的糊块并涂抹在曲颈瓶上。该封泥经火烘烤之后会变干变硬并形成一个真正的补充曲颈瓶，当玻璃曲颈瓶被高温软化的时候，它能盛接玻璃曲颈瓶中所含的物质。但在那些目的是收集气体的实验中，这种封泥派不上任何用场，因为这种封泥总是有孔隙，而弹性流体能够通过这些孔隙逃逸出去。

在很多实验中，一般来说，当我们都不需要用太高的温度来加热要处理的物体的时候，反射炉就可以充当一个熔化炉，这时我们会撤掉熔炼室 MNOP 并将圆顶 RSRS 装在熔炼室的位置上，正如我们在图版 XIII，图 3 所看到的那样。

最方便的熔化炉当属图 4 中描绘的那种炉子。它由一个炉膛 ABCD、一个不带门的炉灰箱以及一个圆顶 ABGH 组成。它在 E 处开了一个孔，用来连接风箱的一端，接口处用封泥牢牢封住。它应成比例地低于图中所示的炉子。该炉子不能产生很高的火温，但它足以应付所有的常规实验，而且方便移动，可以将它放到实验室中任何我们觉得合适的地方。但实验室中的这些特殊的炉子难免需要配置一个带风箱的锻炉以及一个熔化炉。我将对使用的特殊炉子进行描述并详细说明制造这些炉子的一些原理。

空气只有在通过正在燃烧的炭并被炭加热时才会在炉中流动：这时的空气受热膨胀，变得比周围的空气更轻，因此它便会受两侧空气的压力作用往上升，其原来的位置就会被来自四面八方的新鲜空气所取代，但主要是来自下面的空气。即使在简单的炉子中燃烧炭，也能发生这种空气循环。但是很容易想象，在其他条件都相同的情况下，从一个四面敞开的炉子中通过的空气流不会比限制在由中空的塔筒形成的炉子（一般的化学加热炉就是这种情况）中通过的空气流大，且燃烧的速度也不会比后者快。

比如，假设有一个上部敞开、装有炽热的炭的加热炉 ABCDEF，如图版 XIII，图 5 所示；逼迫空气通过炭块的力可以通过两个气柱 AC（一个是炉外的冷气柱，另一个是炉内的热气柱）的比重差来测量。但是炉子开口 AB 仍有一部分被加热的空气，可以肯定的是，无论它多么轻盈，也需要被纳入计算中。但由于这部分空气持续冷却并被外部的空气带走，因此这部分空气对测量结果没有很大的影响。

如果我们在这个炉子中加入一根直径与管子 GHAB 直径相同的大中空管用来阻止被炽热的炭加热的空气被冷却、消散乃至被周围的空气带走，那么空气流的比重差就再也不是 AC 高度的内外两根空气柱之差了，而是与 GC 相等的两根空气柱之差。相同的温度下，如果 GC 长度是 AC 的三倍，那么空气循环就有三倍的力。当然，这些推论的前提是 GHCD 部分所含的空气与 ABCD 部分所含的空气受热相同，但严格来说，两者受热并不相同，因为从 AB 到 GH，温度是逐渐增加的。由于 GHAB 部分的空气明显比外部的空气要热得多，因此，中空塔筒 GHAB 的增加总是能够加快空气流动的速度，这样就会有更多的空气穿过炭块，因此燃烧的程度也更大。

那我们是否可以根据这些原理得出结论——要让炭块更好地燃烧，就必须无限度地增加 GHAB 管的长度？当然不是。由于该空气与管壁接触而被冷却，因此从 AB 到 GH，空气的温度逐渐降低，空气的比重也逐渐变小；当管子的长度被延长到一定的程度，我们就会到达一个点，在这个点上管子内外空气的比重将会相等；在这种情况下，冷空气不会再上升，而是变成一个下沉的气团，阻止下部空气的上升。而且，该空气必定混合着碳酸气体，体积相同时后者比大气空气要重，如果该管子足够长，使得空气能在到达管子的顶端之前接近外部空气的温度，那么它就会有下落的趋势。因此，得出的结论是，给炉子增加的管子长度一定有个临界点。

通过这些思考，我们可以得出：1. 给炉子圆顶增加的第一法尺长度的作用要比第六法尺（比如）的大，而第六法尺的作用比第十法尺的大；但是还没有任何的实验能够告诉我们应该在哪一个长度终止；2. 管子的热传导能力越差，所需增加的长度就越长，因为这种情况下空气冷却得越少，所以，熟土比铁皮更加适合用来制作炉子的管子，我们甚至可以在这些管子的外围增加第二层外壳并用捣碎的炭块填充两层外壳之间的间隔，要知道，炭是最不容易导热的物质之一，以此便能减缓空气的冷却，并提高空气流动的速度和使用更长的管子的可能性；3. 炉子的炉膛是整个炉子中最热的地方，通过这里的空气膨胀程度最大，炉子的该部分也应是体积最大的，必须在此处留一个相当大的凸起。给炉子的这部分提供更大的容量就显得尤为重要，因为这部分不仅能起到使空气流通促进燃烧的作用，还要用来盛放炭块和坩埚。因此燃烧依靠的仅仅是从炭块之间通过的那部分空气。

根据这些原理，我制作了属于我自己的熔化炉，我相信没有任何一个熔化炉能比它产生更大的威力。然而，我还不敢自吹已经获得了化学熔炉中所能产生的最大热量。我们还没有通过实验来确定空气在通过熔化炉时所增加的体积，因此我们根本不知道炉子上部侧口与下部侧口之间的关系，更不知道这些侧口最适合的绝对大小是多少。我们缺乏很多的数据，只能通过反复摸索反复实验来达到目的。

该熔化炉如图版 XIII，图 6 所示，根据我刚刚论述的原理，将它做成了椭圆球状，炉子的两端被两个平面切割，且每个平面都穿过与轴线垂直的炉膛。通过这种形状所形成的凸起，炉子能够容纳大量的炭块，且炭块之间也有足够的空隙以供空气流通过。

为了防止任何东西阻止外部空气的自由进入，我像马凯先生那样将炉子的下方完全敞开（马凯先生已经在他的熔化炉中采取了这个措施），再将炉子放到一个三脚架上。我所使用的炉栅是柳条形并且是用扁铁制成的，以尽可能地减少炉条对空气的阻碍，这些炉条并不是放在平整的一侧，而是放在了最窄的那一侧，如图 7 所示。最后，我在炉子的上部 AB 增加了一根熟土烧制的、长 18 法寸的管子，管子的内径几乎是炉子内径的一半。虽然我已经通过这个炉子获得了迄今任何一个化学家都还未能获得的火力，但我觉得还能通过已经描述的一些简单方法来显著地增强火力，比如尽可能使用导热性很差的材料来制作管子 FGAB。

结束这一节之前我还需要稍微说明一下试金炉或试验炉。如果我们想要知道铅中是否含有金或者银，可以将其放在用煅烧的骨头制作的小型圆底皿中并用猛火加热，这些小型圆底皿，用实验术语来说，就是“烤钵”。在这个过程中，铅被氧化，变成玻璃状渗入烤钵并成为烤钵的一部分，而金或银不能被氧化，从而保持纯态。铅只有在与空气接触的时候才能被氧化，因此该操作不能在空气无法自由进入且置于炉子中的炽热炭火上的坩埚中进行，因为炉子内部的空气已经被炭燃烧产生的物质污染且大部分都已经被还原为氮气和碳酸气体，所以，这些空气不再适用于金属的煅烧和氧化。为此必须设计一个特殊的仪器，在这个仪器中，金属既能暴露在强火中，也能与在通过炭块之后变得不可燃的空气接触。在制造业上，能满足这两种条件的炉子被称为“试金炉”。这种炉子一般是方形的，如图版 XIII，图 8 所示。所有配置齐全的试金炉，都应含有一个炉灰箱 AABB、一个炉膛 BBCC、一个熔炼室 CCDD 和一个圆顶 DDEE。

我们正是在这个熔炼室中放置一个熟土烧制、底部封闭的小烘箱 GH（这是一种小型的炉子，如图 9 和图 10 所示）的：将小烘箱放在穿过炉子的铁棒上，对准开口 G，再用掺了水的黏土封住。烤钵就放在这种炉子中。通过圆顶和炉膛门在小烘箱的上面和下面放上炭块，通过炉灰箱进入的空气在燃烧过后从上部的开口 EE 逃逸出来。至于小烘箱，外部的空气通过 GG 门进入烘箱以维持金属的煅烧。

只要略加思考，我们很容易就发现该炉子的构造方式是有很大的瑕疵的。它主要有两个缺陷：当 GG 门关闭的时候，由于缺少空气，金属的氧化就会很缓慢而且很困难；而当门打开的时候，进入的冷空气流就会使金属冻结并使得金属氧化作用停止。弥补这些缺陷并不难，只需在制造小烘箱和炉子的时候确保始终都有新鲜的外部空气掠过金属的表面。我们让空气通过一个用炉火持续保持炽热的土质管子以使小烘箱内部永远也不会冷却，这样我们就能在几分钟内完成通常需要花费大量时间才能完成的操作。

萨奇先生在其他原理的指导下也获得了类似的结果。他将装有细合金铅的烤钵放在普通炉子的炭中，然后用一个瓷质的小烘箱将烤钵覆盖住，当整个炉子都足够热的时候，他用一个普通的手持风箱往金属表面送风：这种灰吹法执行起来非常容易而且精确度极高。

Ⅲ：用氧替代空气，显著提高火的作用力

我们使用现今制造的大型凸面镜（比如特彻诺森和德·特鲁戴恩先生的凸面镜）获得的热强度要比通过化学炉获得的要高一些，甚至比烧制硬瓷的炉子中的热量还要高。虽然它们产生的热量甚至都足以熔化天然铂，但凸面镜价格非常昂贵，以至于相对于它们产生的效果来说，其优势不足以弥补其缺陷。

相同直径的情况下，凹面镜的效果要比凸面镜强一点。我们可以通过马凯先生和博梅先生通过阿贝·布里奥特先生的凹面镜所进行的实验来证明这一点。但是由于反射光线的方向是从下到上，因此必须在没有支撑的情况下在空中操作。这使得大多数化学实验绝对不可能用这种仪器完成。

这些考虑因素让我决定首先在一个灌满氧气的囊袋上接一根能够用旋塞来关闭的管子，并用这些氧气来维持已经点燃的炭火。通过这种方法产生的热量强度是如此之大，以至于非常容易就熔化了少量的天然铂。

正是由于这种尝试的成功，我才想出了已经在本部分第一章第二节及其后几页中描述的气量计。我用气量计代替了囊袋。通过气量计，我们可以对氧气施加合适的压力，这样不仅能获得持续的空气流，还能大大增加空气流灌入的速度。

对于这种类型的实验，我们唯一需要的仪器是一个桌子 ABCD，如图版 *XII*，图 15 所示，在桌子的 F 处钻一个孔，孔中穿一根铜或银管 FG，G 端的开口非常小，并且能用旋塞 H 打开或关闭。该管子延伸到桌子的下方 *lmno* 处并与气量计的内腔连接。如果我们想要进行实验，首先用螺丝

刀 KI 在一个黑色大炭块上钻一个几分深的孔。在这个孔中放入我们想要熔化的物体，接着用蜡烛的火焰通过玻璃吹管将炭块点燃，然后将炭块置于从管子 FG 的喷嘴 G 端快速喷出的氧气流中。

这种操作方式只能应用于那些与炭接触不会发生反应的物体上，比如金属、简单的土质物质等。对于那些所含要素与炭有亲和力从而能将炭分解的物体，比如硫、磷、几乎所有的中性盐、金属玻璃、珐琅等，我们需使用一盏搪瓷灯，并使氧气流通过其火焰。为了达到这个目的，我们用肘状管接头来代替弯管接头以引导氧气流通过搪瓷灯的火焰。通过第二种方法所获得的热强度没有通过第一种方法获得的大，因此，要熔化铂金就困难得多。

在第二种操作方式中我们所使用的支撑物是用煅烧骨头制作的烤钵或者小型的瓷质圆底皿甚至是金属的圆底皿或勺形容器。只要后者不太小，它们就不会熔化，因为金属是良好的热导体，所以，产生的热素会迅速地分布在整个器皿上，这样器皿的每个部分所受的热量就不会很高。

我们可以在 1782 年的《科学院文集》第 476 页以及 1783 年的《科学院文集》第 573 页看到我用该仪器进行的一系列实验，以下是一些主要实验结果：

1. 水晶，也就是纯硅土，是不熔的；一旦混有杂质，它就很容易软化并熔化。

2. 石灰、锰和重晶石无论在单独的时候还是混合在一起的时候都不会熔化，但它们（尤其是石灰）能促进其他物质的熔化。

3. 矾土本身是完全可熔的，熔化后的矾土会产生一种非常坚硬的、不透光的玻璃状物质。

4. 所有的复合土和石头都非常容易熔化并形成一种褐色的玻璃状物质。

5. 所有的含盐物质，甚至是固定碱，都能在很短的时间内挥发掉。

6. 金、银等，可能还有铂，在这种火温下挥发缓慢，在没有任何特殊操作的情况下就会消散。

7. 除汞之外的其他所有金属物质都能氧化，不过要放在炭上；这些物质在炭上燃烧，伴随着或大或小不同颜色的火焰，最终完全消散。

8. 所有的金属氧化物在燃烧时也伴随着火焰，这似乎确定了这些物质的独特特征并使我相信，正如伯格曼先生所怀疑的那样，重晶石是一种金属氧化物，尽管我们尚未成功地获得纯态的重晶石。

9. 在一些珍贵的石头中，有一些，比如红宝石，能够软化并连成一块，其颜色与重量都没有发生变化；另一些，比如固定性与红宝石类似的红锆石，很容易就失去其原本的颜色；萨克森州的黄玉、巴西的黄玉和红宝石在这种火温下不仅能迅速改变颜色，甚至还会丢失五分之一的重量，且当它们发生这种改变的时候，会变成一种外观上看起来很像白色石英或素瓷的白土；最后，绿宝石、贵橄榄石、石榴石几乎会立即熔化，变成不透光的有色玻璃。

10. 至于钻石，它具有独一无二的特性，即以与可燃物体相同的方式燃烧并完全消散。

还有另外一种借助氧气进一步增加火力的方法，但我还没有使用过；该方法在于将氧气直接送进锻炉中。阿查得先生是最先想到这个办法的人，但他所使用的目的是脱去空气中的燃素，他所得到的结果并不令人满意。我想要制造的仪器非常简单：主要由一个用极其耐火的土制成的炉子或锻炉；这种炉的形状与图版 *XII*，图 4 中描绘的炉子非常像，但没有后者高且一般都会制成较小的尺寸。该炉子有两个开口，一个在 E 处用来使风箱的管嘴通过，另一个完全一样的开口插一根与气量计连接的管子。首先，在尽可能远的地方用风箱的风把火吹起来；然后，突然关闭风箱的风，打开气量计的旋塞往火中输入氧气，气量计的压力调到四或五法寸。因此我把几个气量计的氧气结合起来，使得同时有 8—9 立方法寸的氧气通过炉子，这样将必定能产生比之前所知的要高得多的火温。炉子上部的开口必须做得非常大，以使得燃烧所产生的热素能自由地释放出去，这样的话即使这种弹性极强的流体膨胀过快也不会发生爆炸。

附　录

供化学家们使用的表格

附录一　马克重量即盎司、格罗斯和格令向古斤的十进制小数转换表

表 1　格令向古斤的十进制小数转换表

格令	相应的古斤十进制小数	格令	相应的古斤十进制小数
1	0. 000108507	51	0. 005533857
2	0. 000217074	52	0. 005642364
3	0. 000325521	53	0. 005750871
4	0. 000434028	54	0. 005859378
5	0. 000542535	55	0. 005967885
6	0. 000651042	56	0. 006076372
7	0. 000759549	57	0. 006184899
8	0. 000868056	58	0. 006293406
9	0. 000976563	59	0. 006401913
10	0. 001085070	60	0. 006510420
11	0. 001193577	61	0. 006618927
12	0. 001302084	62	0. 006727434
13	0. 001410591	63	0. 006835941
14	0. 001519098	64	0. 006944448
15	0. 001627605	65	0. 007052955
16	0. 001736112	66	0. 007161462
17	0. 001844619	67	0. 007269969
18	0. 001953125	68	0. 007378456
19	0. 002061633	69	0. 007486983
20	0. 002170140	70	0. 007595490
21	0. 002278647	71	0. 007703997
22	0. 002387154	72	0. 007812504
23	0. 002495661	73	0. 007921011
24	0. 002604168	74	0. 008029518
25	0. 002712675	75	0. 008138025
26	0. 002821182	76	0. 008246532
27	0. 002929689	77	0. 008355039
28	0. 003038196	78	0. 008463546
29	0. 003146703	79	0. 008572053
30	0. 003255210	80	0. 008680560
31	0. 003363717	81	0. 008789067

续 表

格令	相应的古斤十进制小数	格令	相应的古斤十进制小数
32	0.003472224	82	0.008897574
33	0.003580731	83	0.009006081
34	0.003689238	84	0.009114588
35	0.003797745	85	0.009223095
36	0.003906252	86	0.009331602
37	0.004014759	87	0.009440109
38	0.004123266	88	0.009548616
39	0.004231773	89	0.009657123
40	0.004340280	90	0.009765030
41	0.004448787	91	0.009874137
42	0.004557294	92	0.009982644
43	0.004665801	93	0.010091151
44	0.004774308	94	0.010199658
45	0.004882815	95	0.010308165
46	0.004991322	96	0.010416672
47	0.005099829	97	0.010525179
48	0.005208336	98	0.010633686
49	0.005316843	99	0.010742193
50	0.005425350	100	0.010850700

表2　格令、盎司向古斤的十进制小数转换表

格罗斯	相应的古斤十进制小数	盎司	相应的古斤十进制小数
1	0. 0078125	1	0. 0625000
2	0. 0156250	2	0. 1250000
3	0. 0234375	3	0. 1875000
4	0. 0312500	4	0. 2500000
5	0. 0390625	5	0. 3125000
6	0. 0468750	6	0. 3750000
7	0. 0546875	7	0. 4375000
8	0. 0625000	8	0. 5000000
9	0. 0703125	9	0. 5025000
10	0. 0781250	10	0. 6250000
11	0. 0859375	11	0. 6875000
12	0. 0937500	12	0. 7500000
13	0. 1015625	13	0. 8125000
14	0. 1093750	14	0. 8750000
15	0. 1171875	15	0. 9375000
16	0. 1250000	16	1. 0000000

附录二　古斤十进制小数向普通小数的转换表

古斤的一位小数				古斤的二位小数			
古斤十进制小数		相应的普通小数		古斤十进制小数		古斤十进制小数	
古斤	盎司	格罗斯	格令	古斤	盎司	格罗斯	格令
0.1	1	4	57.60	0.01		1	20.16
0.2	3	1	43.20	0.02		2	40.32
0.3	4	6	28.80	0.03		3	60.48
0.4	6	3	14.40	0.04		5	8.64
0.5	8	8	0	0.05		6	28.80
0.6	9	4	57.60	0.06		7	48.96
0.7	11	1	43.20	0.07	1	0	69.12
0.8	12	6	28.80	0.08	1	2	17.28
0.9	14	3	14.40	0.09	1	3	37.44
1.0	16	0	0	0.10	1	4	57.60
古斤的三位小数				古斤的四位小数			
古斤	盎司	格罗斯	格令	古斤	格令		
0.001			9.22	0.0001	0.92		
0.002			18.43	0.0002	1.84		
0.003			27.65	0.0003	2.76		
0.004			36.86	0.0004	3.69		
0.005			46.08	0.0005	4.61		
0.006			55.30	0.0006	5.53		
0.007			64.51	0.0007	6.45		
0.008		1	1.73	0.0008	7.37		
0.009		1	10.94	0.0009	8.29		
0.010		1	20.16	0.0010	9.22		
古斤的五位小数				古斤的六位小数			
古斤	格令			古斤	格令		
0.00001	0.09			0.000001	0.01		
0.00002	0.18			0.000002	0.02		
0.00003	0.28			0.000003	0.03		
0.00004	0.37			0.000004	0.04		
0.00005	0.46			0.000005	0.05		
0.00006	0.55			0.000006	0.06		
0.00007	0.64			0.000007	0.07		
0.00008	0.74			0.000008	0.08		
0.00009	0.83			0.000009	0.09		
0.00010	0.92			0.000010	0.10		

附录三　确定的水重量相应的立方法寸数表

表 1　格令重量的水相应的立方法寸数表

格令（马克重量）	相应的立方法寸数	格令（马克重量）	相应的立方法寸数
1	0.003	37	0.100
2	0.005	38	0.103
3	0.008	39	0.105
4	0.011	40	0.108
5	0.013	41	0.111
6	0.016	42	0.113
7	0.019	43	0.116
8	0.022	44	0.119
9	0.024	45	0.121
10	0.027	46	0.124
11	0.030	47	0.127
12	0.032	48	0.130
13	0.035	49	0.132
14	0.038	50	0.135
15	0.040	51	0.138
16	0.043	52	0.140
17	0.046	53	0.143
18	0.049	54	0.146
19	0.051	55	0.148
20	0.054	56	0.151
21	0.057	57	0.154
22	0.059	58	0.157
23	0.062	59	0.159
24	0.065	60	0.162
25	0.067	61	0.165
26	0.070	62	0.167
27	0.073	63	0.170
28	0.076	64	0.173
29	0.078	65	0.175
30	0.081	66	0.178
31	0.084	67	0.181
32	0.086	68	0.184
33	0.089	69	0.186
34	0.092	70	0.189
35	0.094	71	0.192
36	0.097	72	0.194

表 2　格罗斯和盎司重量的水相应的立方法寸数表

格罗斯	相应的立方法寸数	盎司	相应的立方法寸数
1	0. 193	1	1. 543
2	0. 386	2	3. 086
3	0. 579	3	4. 629
4	0. 772	4	6. 172
5	0. 965	5	7. 715
6	1. 158	6	9. 258
7	1. 351	7	10. 801
8	1. 543	8	12. 344
		9	13. 887
		10	15. 430
		11	16. 973
		12	18. 516
		13	20. 059
		14	21. 602
		15	23. 145
		16	24. 687

表 3　古斤重量的水相应的立方法寸数表

格令（马克重量）	相应的立方法寸数	格令（马克重量）	相应的立方法寸数
1	24. 678	20	493. 740
2	49. 374	21	518. 427
3	74. 061	22	543. 114
4	98. 748	23	567. 801
5	123. 420	24	592. 448
6	148. 122	25	617. 175
7	172. 809	26	641. 862
8	197. 496	27	666. 549
9	222. 180	28	691. 236
10	246. 870	29	715. 923
11	271. 557	30	740. 610
12	296. 244	40	987. 480
13	320. 931	50	1234. 200
14	345. 618	60	1481. 220
15	370. 305	70	1728. 000
16	394. 992	80	1974. 960
17	419. 676	90	2221. 800
18	444. 360	100	2328. 700
19	469. 050		

附录四　法分和法分小数向法寸十进制小数的转换表

法分小数的转换表		法分转换表	
法分十二分之一	相应的法寸十进制小数	法分	相应的法寸十进制小数
1	0. 00694	1	0. 08333
2	0. 01389	2	0. 16667
3	0. 02083	3	0. 25000
4	0. 02778	4	0. 33333
5	0. 03472	5	0. 41667
6	0. 04167	6	0. 50000
7	0. 04861	7	0. 58333
8	0. 05556	8	0. 66667
9	0. 06250	9	0. 75000
10	0. 06944	10	0. 83333
11	0. 07639	11	0. 91667
12	0. 08333	12	1. 00000

附录五　钟形罩或广口瓶中观察到的水高转换为以法寸的十进制小数表示的相应的汞高表

以法分表示的水高	以法寸十进制小数表示的相应汞高	以法分表示的水高		以法寸十进制小数表示的相应汞高
法分	法寸	法寸	法分	法寸
1	0. 00614		20	0. 12284
2	0. 01228		21	0. 12898
3	0. 01843		22	0. 13512
4	0. 02457		23	0. 14126
5	0. 03071	2		0. 14741
6	0. 03685	3		0. 22111
7	0. 04299	4		0. 29481
8	0. 04914	5		0. 36852
9	0. 05528	6		0. 44222
10	0. 06142	7		0. 51593
11	0. 06756	8		0. 58963
12	0. 07370	9		0. 66333
13	0. 07985	10		0. 73704
14	0. 08599	11		0. 81074
15	0. 09213	12		0. 88444
16	0. 09827	13		0. 95815
17	0. 10441	14		1. 03185
18	0. 11055	15		1. 10556
19	0. 11670	16		1. 17926

附录六　普里斯特利先生采用的盎司制向法制立方法寸的转换表

普里斯特利先生采用的盎司制	相应的法制立方法寸	普里斯特利先生采用的盎司制	相应的法制立方法寸
1	1. 567	20	31. 340
2	3. 134	30	47. 010
3	4. 701	40	62. 680
4	6. 268	50	78. 350
5	7. 835	60	94. 020
6	9. 402	70	109. 690
7	10. 969	80	125. 360
8	12. 536	90	141. 030
9	14. 103	100	156. 700
10	15. 670	200	313. 400
11	17. 237	300	470. 100
12	18. 804	400	626. 800
13	20. 371	500	783. 500
14	21. 938	600	940. 200
15	23. 505	700	1096. 900
16	25. 072	800	1253. 600
17	26. 639	900	1410. 300
18	28. 206	1000	1567. 000
19	29. 773		

附录七　28 法寸的压力和 10°的温度下不同气体的比重表

空气或气体的名称	立方法寸重量	立方法尺重量			备注
	格令	盎司	格罗斯	格令	
大气空气	0.46005	1	3	3.00	根据我的实验
氮气	0.44444	1	2	48.00	根据我的实验
氧气	0.50691	1	4	12.00	根据我的实验
氢气	0.03539	0	0	61.15	根据我的实验
碳酸气	0.68985	2	0	40.00	根据我的实验
亚硝气	0.54690	1	5	9.04	根据柯万先生的实验
氨气	0.27488	0	6	43.00	根据柯万先生的实验
亚硫酸气	1.03820	3	0	66.00	根据柯万先生的实验

附录八　从布里松先生的著作中摘抄的矿物质的比重表

金属物质									
金属物质名称	种类	比重	立方法寸重量			立方法尺重量			
			盘司	格罗斯	格令	古斤	盘司	格罗斯	格令
金	熔而未锻的 24K 纯金	192581	12	3	62	1348	1	0	41
	熔且锻了的 24K 纯金	193617	12	4	28	1355	5	0	60
	熔而未锻的巴黎标准或 22K 纯金	174863	11	2	48	1224	0	5	18
	熔且锻了的巴黎标准或 22K 纯金	175894	11	3	15	1231	4	1	2
	熔而未锻的 $21\frac{22}{32}$ K 法国标准铸币金	174022	11	2	17	1218	2	3	51
	熔且锻了的 $21\frac{22}{32}$ K 法国标准铸币金	176474	11	3	36	1235	5	0	51
	熔而未锻的 20K 珠宝金	157090	10	1	33	1099	10	0	46
	熔且锻了的 20K 珠宝金	157746	10	1	57	1104	3	4	30
	熔而未锻的法国辅币金	104743	6	6	22	733	3	1	52
	熔且锻了的法国辅币金	105107	6	6	36	735	11	7	43
银	熔而未锻的 12 丹尼尔纯银	104743	6	6	22	733	3	1	52
	熔且锻了的 12 丹尼尔纯银	105107	6	5	36	735	11	7	43
	熔而未锻的巴黎标准或 11 丹尼尔 10 格令纯银	101752	6	4	55	712	4	1	57
	熔且锻了的巴黎标准或 11 丹尼尔 10 格令纯银	103765	6	5	58	726	5	5	32
	熔而未锻的法国标准铸币或 10 丹尼尔 21 格令纯银	100476	6	4	7	703	5	2	36
	熔且锻了的法国标准铸币或 10 丹尼尔 21 格令纯银	104077	6	5	70	728	8	4	71
铂	天然铂粒	156017	10	0	65	1092	1	7	17
	用盐酸剥离表层的铂粒	167521	10	6	61	1172	10	2	59
	熔化的纯净铂	195000	12	5	8	1365	0	0	0
	纯净锻铂	203366	13	1	32	1423	8	7	67
	拉成丝的纯净铂	210417	13	5	8	1472	14	5	46
	轧制的纯净铂	220690	14	2	31	1544	13	2	17
铜	熔而未锻的紫铜	77880	5	0	28	545	2	4	35
	拉成丝的同样的紫铜	88785	5	6	3	625	7	7	26
	熔而未锻的黄铜	83958	5	3	38	587	11	2	26
	拉成丝的同样的黄铜	85441	5	4	22	598	1	3	10

续 表

金属物质									
金属物质名称	种类	比重	立方法寸重量			立方法尺重量			
铁	熔铁	72070	4	5	27	504	7	6	52
	冷锻或非冷锻的条形铁	77880	5	0	28	545	2	4	35
	没淬过火的非冷锻钢	78331	5	0	44	548	5	0	41
	没淬过火的冷锻钢	78404	5	0	47	548	13	1	71
	淬过火的冷锻钢	78180	5	0	39	547	4	1	20
	淬过火的非冷锻钢	78163	5	0	38	547	2	2	3
锡	来自康沃尔郡的非冷锻熔锡	72914	4	5	58	510	6	2	68
	同样的冷锻熔锡	72994	4	5	61	510	15	2	45
	来自梅拉克的非冷锻熔锡	72963	4	5	60	510	11	6	61
	同样的冷锻熔锡	73065	4	5	64	511	7	2	17
铅	铅水	113523	7	2	62	794	10	4	44
锌	锌水	71908	4	5	21	503	5	5	41
铋	铋水	98227	6	2	67	687	9	3	44
钴	钴水	78119	5	0	36	546	13	2	41
锑	锑水	67021	4	2	54	469	2	2	59
	结块锑	40463	2	5	5	284	8	0	9
	锑玻璃	49464	3	1	47	346	3	7	64
砷	砷水	57633	3	5	64	403	6	7	12
镍	镍水	78070	5	0	35	545	7	6	52
钼		47385	3	0	41	331	11	1	69
钨		60665	3	7	33	424	10	3	60
汞		135681	8	6	25	949	12	2	13
宝石									
宝石名称	种类	比重	盎司	格罗斯	格令	古斤	盎司	格罗斯	格令
钻石	东方白钻	35212	2	2	19	246	7	5	69
	东方粉红钻	35310	2	2	22	247	2	5	55
红宝石	东方红宝石	42833	2	6	15	299	13	2	26
	尖晶石，浅红宝石	37600	2	3	36	263	3	1	43
	红尖晶石，玫红尖晶石	36458	2	2	65	255	3	2	26
	巴西红宝石	35311	2	2	22	247	2	6	47
黄玉	东方黄玉	40106	2	4	57	280	11	6	70
	东方黄绿宝石	40615	2	5	4	284	4	7	3
	巴西黄玉	35365	2	2	24	247	8	7	3
	萨克逊黄玉	35640	2	2	35	249	7	5	32
	萨克逊白玉	35535	2	2	31	248	11	7	26

续 表

宝石									
宝石名称	种类	比重	盎司	格罗斯	格令	古斤	盎司	格罗斯	格令
蓝宝石	东方蓝宝石	39941	2	4	51	279	9	3	10
	东方白水蓝宝石	39911	2	4	50	279	6	0	18
	火山丘水蓝宝石	40769	2	5	10	285	6	1	2
	巴西蓝宝石	31307	2	0	17	219	2	3	5
青蛋白石		40000	2	4	53	280	0	0	0
黄锆石	锡兰黄锆石	44161	2	6	65	309	2	0	18
红锆石	普通红锆石	36873	2	3	9	258	1	5	22
朱红石榴石		42299	2	5	67	296	5	3	65
石榴石	波西米亚石榴石	41888	2	5	52	293	3	3	47
	十二面体水晶石榴石	40627	5	5	5	284	6	1	57
	24 面火山石榴石	24684	1	4	58	172	12	4	62
	叙利亚石榴石	40000	2	4	53	280	0	0	0
绿宝石	秘鲁纯绿宝石	27755	1	6	28	194	4	4	35
贵橄榄石	制作珠宝的贵橄榄石	27821	1	6	31	194	11	7	44
	巴西贵橄榄石	26923	1	5	69	188	7	3	1
海蓝宝石	东方或巴西海蓝宝石	35489	2	2	29	248	6	6	10
	西方海蓝宝石	27227	1	6	8	190	9	3	28
硅石									
硅石名称	种类	比重	盎司	格罗斯	格令	古斤	盎司	格罗斯	格令
水晶	马达加斯加透明水晶	26530	1	5	54	185	11	2	64
	巴西水晶	26526	1	5	54	185	10	7	21
	欧洲胶状水晶	26548	1	5	55	185	13	3	1
石英	晶状石英	26546	1	5	55	185	13	1	16
	非晶石英	26471	1	5	52	185	4	6	1
砂岩	铺路砂岩	24158	1	4	38	169	1	5	41
	磨刀砂岩	21429	1	3	8	150	0	0	28
	刀剪砂岩	21113	1	2	68	147	12	5	18
	枫丹白露发光砂岩	25616	1	5	20	179	4	7	67
	奥弗涅中粒人造石	25638	1	5	21	179	7	3	47
	洛兰人造石	25298	1	5	8	177	1	3	1
玛瑙	东方玛瑙	25901	1	5	31	181	4	7	21
	缟玛瑙，带纹玛瑙	26375	1	5	49	184	10	0	0
玉髓	透明玉髓	26640	1	5	59	186	7	5	31

续 表

硅石									
硅石名称	种类	比重	盎司	格罗斯	格令	古斤	盎司	格罗斯	格令
光玉髓		26137	1	5	40	182	15	2	54
肉红玉髓	透明肉红玉髓	26025	1	5	36	182	2	6	39
葱绿玉髓		25805	1	5	27	180	10	1	20
枪火石	棕色枪火石	25941	1	5	32	181	9	3	10
	黑色枪火石	25817	1	5	28	180	11	4	2
砾石	条纹石	26644	1	5	59	186	8	1	2
	雷恩石	26538	1	5	55	185	12	2	3
磨石粗砂岩		24835	1	4	63	173	13	4	12
玉	白玉	29502	1	7	21	206	8	1	57
	翡翠，绿玉	29660	1	7	27	207	9	7	26
玉石	红玉石	26612	1	5	58	186	4	4	25
	棕玉石	26911	1	5	69	188	6	0	18
	黄玉石	27101	1	6	4	189	11	2	36
	紫玉石	27111	1	6	4	189	12	3	33
	灰玉石	27640	5	6	24	193	7	5	32
	条纹或带状碧玉	28160	1	6	43	197	1	7	26
	六面体棱柱形黑电气石	33636	2	1	32	235	7	1	62
	黑晶电气石	33852	2	1	40	236	15	3	28
	被称为“古代黑玄武岩”的非晶电气石	29225	1	7	11	204	9	1	43
黏土质或铝质石头									
黏土质或铝质石头名称	种类	比重	立方法寸重量			立方法尺重量			
			盎司	格罗斯	格令	古斤	盎司	格罗斯	格令
蛇纹石	被称为“佛罗伦萨辉长岩”的意大利不透明的蛇纹石	24295	1	4	43	170	1	0	23
滑块石	布里昂松粗白垩	27274	1	6	10	190	14	5	56
	西班牙白垩	27901	1	6	34	195	5	0	14
	多菲内片状滑石绿泥石	27687	1	2	26	193	12	7	40
	瑞典片状滑石绿泥石	28531	1	6	57	199	11	3	56
滑石粉	莫斯科滑石粉	27917	1	6	34	195	6	5	46
	黑云母片	29004	1	7	3	203	0	3	42

续 表

黏土质或铝质石头									
黏土质或铝质石头名称	种类	比重	立方法寸重量			立方法尺重量			
			盎司	格罗斯	格令	古斤	盎司	格罗斯	格令
页岩	普通页岩	26718	1	5	61	187	0	3	24
	新板岩	28535	1	6	57	199	11	7	26
	白色剃刀石	28763	1	6	66	201	5	3	47
	黑白剃刀石	31311	2	0	17	219	2	6	47
石灰石									
石灰石名称	种类	比重	盎司	格罗斯	格令	古斤	盎司	格罗斯	格令
方解石	被称为“爱尔兰水晶”的偏长菱形方解石	27151	1	6	6	190	0	7	21
	被称为“猪牙”的金字塔形方解石	27141	1	6	5	189	15	6	24
白石	古东方白石	27302	1	6	11	191	2	6	42
大理石	康庞绿色大理石	27417	1	6	16	191	14	5	46
	康庞红色大理石	27242	1	6	9	190	11	0	60
	意大利卡拉地方出产的白色大理石	27168	1	6	6	190	2	6	38
	（希腊）帕洛斯白色大理石	28376	1	6	51	198	10	0	65
建筑用石灰石	圣·乐采石场脂光石	16593	1	0	43	116	2	3	24
	圣母院采石场脂光石	18094	1	1	28	126	10	4	16
	（瓦兹河畔产的）粗粒软石灰岩	16542	1	0	42	115	12	5	46
	亚捷石料	20605	1	2	49	144	3	6	6
	马·里卡多采石场巴热坚硬灰岩	20778	5	2	56	145	7	1	6
	奥利采石场巴热坚硬灰岩	23902	1	4	28	167	5	0	14
	布雷采石场石料	13864	0	7	14	97	1	6	10
	多奈尔附近的帕西石料	23340	1	4	7	163	6	0	46
晶石									
晶石名称	种类	比重	立方法寸重量			立方法尺重量			
			盎司	格罗斯	格令	古斤	盎司	格罗斯	格令
重晶石	白色重晶石	44300	2	6	70	310	1	4	58
氟石或氟化石灰	白色氟石	31555	2	0	26	220	14	1	20
	红色氟石	31911	2	0	39	223	6	0	18
	绿色氟石	31817	2	0	36	222	11	2	17
	蓝色氟石	31688	2	0	31	221	13	0	32
	紫色氟石	31757	2	0	34	222	4	6	20

续 表

沸石									
沸石名称	种类	比重	立方法寸重量			立方法尺重量			
			盎司	格罗斯	格令	古斤	盎司	格罗斯	格令
沸石	厄戴尔伕红色发光沸石	24868	1	4	64	174	1	1	52
	白色发光沸石	20739	1	2	54	145	2	6	10
	晶状沸石	20833	1	2	58	145	13	2	26
松脂岩									
松脂岩名称	种类	比重	立方法寸重量			立方法尺重量			
			盎司	格罗斯	格令	古斤	盎司	格罗斯	格令
松脂岩	黑色松脂岩	20499	1	2	45	143	7	7	7
	黄色松脂岩	20860	1	2	59	146	0	2	40
	红色松脂岩	26695	1	5	61	186	13	6	52
	发黑松脂岩	23191	1	4	2	162	5	3	10
混合石料									
混合石料名称	种类	比重	立方法寸重量			立方法尺重量			
			盎司	格罗斯	格令	古斤	盎司	格罗斯	格令
斑岩	红色斑岩	27651	1	6	24	193	8	7	21
	多菲内红色斑岩	27933	1	6	35	195	8	3	70
蛇纹石	绿色蛇纹石	28960	1	7	1	202	11	4	12
	被称为“多菲内球粒玄武岩”的黑色蛇纹石	29339	1	7	15	205	5	7	54
	多菲内绿色蛇纹石	29883	1	7	36	209	2	7	12
纤闪辉绿岩		29722	1	7	30	208	0	6	66
二云花岗岩		30626	1	7	63	214	6	0	65
	埃及花岗岩	26541	1	5	55	185	12	4	53
	亮红色花岗岩	27609	1	6	23	193	4	1	48
	孚日山脉吉拉德玛斯山谷花岗岩	27163	1	6	6	190	2	2	3
火山石									
火山石名称	种类	比重	立方法寸重量			立方法尺重量			
			盎司	格罗斯	格令	古斤	盎司	格罗斯	格令
火山石	浮石，轻石	9145		4	53	64	0	1	66
	被称为“黑曜石”的火山熔岩石	23480	1	4	13	164	5	6	6
	沃尔维克石	23205	1	4	2	162	6	7	49
	吉恩斯路面玄武岩	28642	1	6	61	200	7	7	17
	奥弗涅棱柱形玄武岩	24215	1	4	40	169	8	0	46
	被称为“试金石”的玄武岩	24153	1	4	38	169	1	1	6

续 表

人造玻璃									
人造玻璃名称	种类	比重	立方法寸重量			立方法尺重量			
			盘司	格罗斯	格令	古斤	盘司	格罗斯	格令
玻璃	胆玻璃	28548	1	6	58	199	13	3	1
	瓶玻璃	27325	1	6	12	191	4	3	14
	绿色的或普通的窗玻璃	26423	1	5	50	184	15	3	1
	法国白色或水晶玻璃	28922	1	7	0	202	7	2	8
	圣戈宾冰晶	24882	1	4	65	174	2	6	20
	被称为“燧石玻璃”的英国水晶	33293	2	1	19	233	0	6	38
	硼砂玻璃	26070	1	5	37	182	7	6	52
瓷	塞弗斯河或国王硬瓷	21457	1	3	9	150	3	1	34
	利摩日瓷	23410	1	4	10	163	13	7	26
	中国瓷	23847	1	4	26	166	14	6	66
易燃物质									
易燃物质名称	种类	比重	立方法寸重量			立方法尺重量			
			盘司	格罗斯	格令	古斤	盘司	格罗斯	格令
硫	天然硫黄	20332	1	2	39	142	5	1	34
	熔融硫	19907	1	2	23	139	5	3	56
沥青	硬泥炭	13292		6	64	93	0	5	46
	龙涎香	9263		4	58	64	13	3	47
	黄色透明琥珀	10780		5	42	75	7	2	63
液体比重									
液体名称	种类	比重	立方法寸重量			立方法尺重量			
			盘司	格罗斯	格令	古斤	盘司	格罗斯	格令
水	蒸馏水	10000		5	13	70	0	0	0
	雨水	10000		5	13	70	0	0	0
	过滤的塞纳河水	10001.5		5	13.4	70	0	1	25
	亚捷水	10004.6		5	13.5	70	0	4	9
	阿夫赖城水	10004.3		5	13.5	70	0	3	61
	海水	10263		5	23	71	13	3	47
	阿斯法提特湖或死海水	12403		6	31	86	13	1	6
含酒精的液体									
含酒精的液体名称	种类	比重	立方法寸重量			立方法尺重量			
			盘司	格罗斯	格令	古斤	盘司	格罗斯	格令
葡萄酒	勃艮第葡萄酒	9915		5	10	69	6	3	60
	波尔多葡萄酒	9939		5	11	69	9	1	25
	希腊马德拉马尔瓦齐葡萄酒	10382		5	28	72	10	6	20
	红啤酒	10338		5	26	72	5	6	61
	白啤酒	10231		5	22	71	9	6	70
	苹果酒	10181		5	20	71	4	2	13

续 表

含酒精的液体										
含酒精的液体名称	种类		比重	立方法寸重量			立方法尺重量			
				盘司	格罗斯	格令	古斤	盘司	格罗斯	格令
酒魂或酒精	普通商业酒精		8371		4	25	58	9	3	30
	高度精馏酒精		8293		4	22	58	0	6	38
	含水酒精									
	酒精（份）	水（份）								
	15	1	8527		4	30	59	11	0	14
	14	2	8674		4	36	60	11	4	3
	13	3	8815		4	41	61	11	2	17
	12	4	8947		4	46	62	10	0	37
	11	5	9075		4	51	63	8	3	14
	10	6	9199		4	55	64	6	2	22
	9	7	9317		4	60	65	3	4	2
	8	8	9427		4	64	65	15	6	43
	7	9	9559		4	67	66	10	1	2
	6	10	9598		4	70	67	2	7	58
	5	11	9674		5	1	67	11	3	66
	4	12	9733		5	3	68	2	0	55
	3	13	9791		5	6	68	8	4	53
	2	14	9852		5	8	68	15	3	28
	1	15	9919		5	10	69	6	7	31
醚	硫醚		7396		3	60	51	12	2	59
	硝酸醚		9088		4	51	63	9	6	61
	盐酸醚		7296		3	56	51	1	1	16
	醋酸醚		8664		4	35	60	10	2	68
酸性液体										
酸性液体名称	种类		比重	立方法寸重量			立方法尺重量			
				盘司	格罗斯	格令	古斤	盘司	格罗斯	格令
无机酸	硫酸		18409	1	1	39	128	13	6	33
	硝酸		12715		6	43	89	0	0	46
	盐酸		11940		6	14	83	9	2	17
植物酸	红色亚醋酸		10251		5	23	71	12	0	65
	白色亚醋酸		10135		5	18	70	15	0	69
	蒸馏亚醋酸		10095		5	17	70	10	5	9
	醋酸		10626		5	37	74	6	0	65
动物酸	蚁酸		9942		5	11	69	9	4	2
挥发性碱或氨										
名称	种类		比重	立方法寸重量			立方法尺重量			
				盘司	格罗斯	格令	古斤	盘司	格罗斯	格令
氨	液体氨		8970		4	47	62	12	5	9

续 表

油性液体									
油性液体名称	种类	比重	立方法寸重量			立方法尺重量			
			盘司	格罗斯	格令	古斤	盘司	格罗斯	格令
挥发性油或精油	松节油	8697		4	37	60	14	0	37
	液态松脂	9910		5	10	69	5	7	26
	薰衣草精油	8938		4	46	62	9	0	32
	罗兰花精油	10363		5	27	72	8	5	18
	肉桂油	10439		5	30	73	1	1	25
固定油或脂肪	橄榄油	9153		4	54	64	1	1	6
	甜巴旦杏油	9170		4	54	64	3	0	23
	亚麻籽油	9403		4	63	65	13	1	6
	罂粟油	9288		4	57	64	10	5	18
	山毛榉油	9176		4	55	64	3	5	50
	鲸油	9233		4	57	64	10	0	55

动物液体									
名称	种类	比重	立方法寸重量			立方法尺重量			
			盘司	格罗斯	格令	古斤	盘司	格罗斯	格令
动物液体	人乳	10203		5	21	71	6	5	64
	马奶	10346		5	26	72	6	6	1
	驴奶	10355		5	27	72	7	6	6
	山羊奶	10341		5	26	72	6	1	39
	母羊奶	10409		5	29	72	13	6	33
	牛奶	10324		5	25	72	4	2	22
	牛乳清	10193		5	20	71	5	4	67
	人尿	10106		5	17	70	1	6	70

一些动物物质和植物物质的比重									
名称	种类	比重	立方法寸重量			立方法尺重量			
			盘司	格罗斯	格令	古斤	盘司	格罗斯	格令
树脂	松树黄色或白色的树脂	10727		5	40	75	1	3	28
	松香	10857		5	45	75	15	7	63
	海松树脂	10819		5	54	75	11	5	59
	松节油	10441		5	30	73	1	3	10
	山达脂，桧树脂	10920		5	48	26	7	0	23
	玛脂，玛胶	10741		5	41	75	3	0	60
	苏合香脂	11098		5	54	77	10	7	58
	不透明柯巴脂（树脂）	11398		5	28	72	12	4	44
	透明柯巴脂	10452		5	30	73	2	4	71
	马达加斯加树脂	10600		5	36	74	3	1	43
	中国树脂	10628		5	37	74	6	2	50
	榄香脂	10182		5	20	71	4	3	5
	东方树脂	10284		5	24	71	15	6	23
	西方树脂	10426		5	29	72	15	5	50

续 表

一些动物物质和植物物质的比重										
名称	种类	比重	立方法寸重量			立方法尺重量			
			盎司	格罗斯	格令	古斤	盎司	格罗斯	格令
树脂	劳丹脂，半日花脂（用于香料工业）	11862		6	11	83		4	25
	编织劳丹脂	24933	1	4	67	174	8	3	70
	愈疮树脂	12289		6	27	86	0	2	68
	球根牵牛树脂	12185		6	23	85	4	5	55
	龙血竭	12045		6	18	84	5	0	23
	虫胶	11390		5	65	79	11	5	32
	红厚壳树脂	10463		5	31	73	3	6	61
	安息香脂	10924		5	48	76	7	3	65
	阿劳希树脂	10604		5	36	74	3	5	13
	卡拉涅树脂（墨西哥）	11244		5	60	78	11	2	4
	弹性树脂	9335		4	61	65	5	4	12
	樟脑	9887		5	9	69	5	4	12
胶树脂	氨草胶	12071		6	19	84	7	7	44
	七叶树胶	12008		6	16	84	0	7	12
	常春藤胶	12948		6	51	90	10	1	29
	藤黄树脂	12216		6	24	85	8	1	39
	大戟胶	11244		5	60	78	11	2	45
	乳香胶，蓝丹胶	11732		6	6	82	1	7	63
	没药树脂	13600		7	4	95	3	1	43
	芳香树胶	13717		5	65	79	10	1	57
	阿勒墨牵牛子树脂	12354		6	29	86	7	5	13
	士麦那墨牵牛子树脂	12743		6	44	89	3	1	52
	波斯树脂，古蓬香胶	12520		6	20	84	13	3	37
	阿魏胶	13275		6	64	92	14	6	29
	甘草味胶	12684		6	42	88	12	4	62
	愈伤草胶	16226	1	0	30	113	9	2	36
树胶	普通或樱桃树胶	14817		7	49	103	11	4	2
	阿拉伯树胶	14523		7	38	101	10	4	44
	西黄耆胶	13161		6	59	92	2	0	18
	巴士拉树胶（伊拉克）	14346		7	32	100	6	6	1
	槚如胶	14456		7	36	101	3	0	41
	门巴树胶	14206		7	26	99	7	0	41

续 表

一些动物物质和植物物质的比重									
名称	种类	比重	立方法寸重量			立方法尺重量			
			盎司	格罗斯	格令	古斤	盎司	格罗斯	格令
浓汁	甘草汁	17228	1	0	67	120	9	4	21
	金合欢汁	15153		7	62	106	1	1	6
	槟榔汁	14573		7	40	102	0	1	29
	儿茶树汁	13980		7	18	97	13	6	6
	欧龙牙草芦荟剂	13586		7	3	95	1	5	4
	索科特拉芦荟剂	13795		7	11	96	9	0	23
	圣约翰植物汁	15263		7	66	106	13	3	47
	鸦片酊	13366		6	67	93	8	7	3
淀粉	靛蓝植物	7690		3	71	53	13	2	17
	红木	5956		3	6	41	11	0	41
蜡和油脂	黄蜡	9648		5	0	67	8	4	44
	白蜡	9686		5	2	67	12	6	47
	奥劳希蜡	8970		4	47	62	12	5	9
	可可树脂	8916		4	45	62	6	4	53
	白色鲸蜡	9433		4	64	66	0	3	70
	牛油	9232		4	57	64	9	7	63
	小牛油	9341		4	61	65	6	1	39
	羊油	9235		4	57	64	10	2	40
	动物脂	9419		4	64	65	14	7	31
	猪油	9568		4	62	65	9	1	52
	猪肥肉	9478		4	66	66	5	4	21
	黄油	9423		4	64	65	15	3	1
树木	60 年的橡树：树芯	11790		6	5	81	14	3	14
	软木	2400		1	18	16	12	6	29
	榆树：树干	6710		3	35	46	15	4	12
	梣树：树干	8450		4	27	59	2	3	14
	山毛榉	8520		4	30	59	10	1	66
	桤木	8000		4	11	56	0	0	0
	枫树	7550		3	66	52	13	4	58
	法国胡桃树	6710		3	35	46	13	4	12
	柳树	5850		3	2	40	15	1	43
	椴树	6040		3	9	42	4	3	60
	雄冷杉	5500		2	61	38	8	0	0
	雌冷杉	4980		2	42	34	13	6	6
	杨树	3830		1	71	26	12	7	49
	西班牙白色杨树	5294		2	54	37	0	7	31
	苹果树	7930		4	8	55	8	1	20
	梨树	6610		3	31	46	4	2	40
	木瓜树	7050		3	47	49	5	4	58
	枇杷树	9440		4	64	66	1	2	17

续 表

一些动物物质和植物物质的比重									
名称	种类	比重	立方法寸重量			立方法尺重量			
			盎司	格罗斯	格令	古斤	盎司	格罗斯	格令
树木	李子树	7850		4	5	54	15	1	43
	橄榄树	9270		4	58	64	14	1	66
	樱桃树	7150		3	51	50	0	6	29
	榛树	6000		3	8	42	0	0	0
	法国黄杨木	9120		4	52	63	13	3	37
	荷兰黄杨木	13280		6	64	92	15	2	63
	荷兰红豆杉	7880		4	6	55	2	4	35
	西班牙红豆杉	8070		4	13	56	7	6	52
	西班牙柏树	6440		3	24	45	1	2	17
	崖柏	5608		2	65	39	4	0	55
	石榴树	13540		7	1	94	12	3	60
	西班牙桑树	8970		4	47	62	12	5	9
	愈疮木	13330		6	66	93	4	7	49
	橙子树	7050		3	47	49	5	4	58

图 版

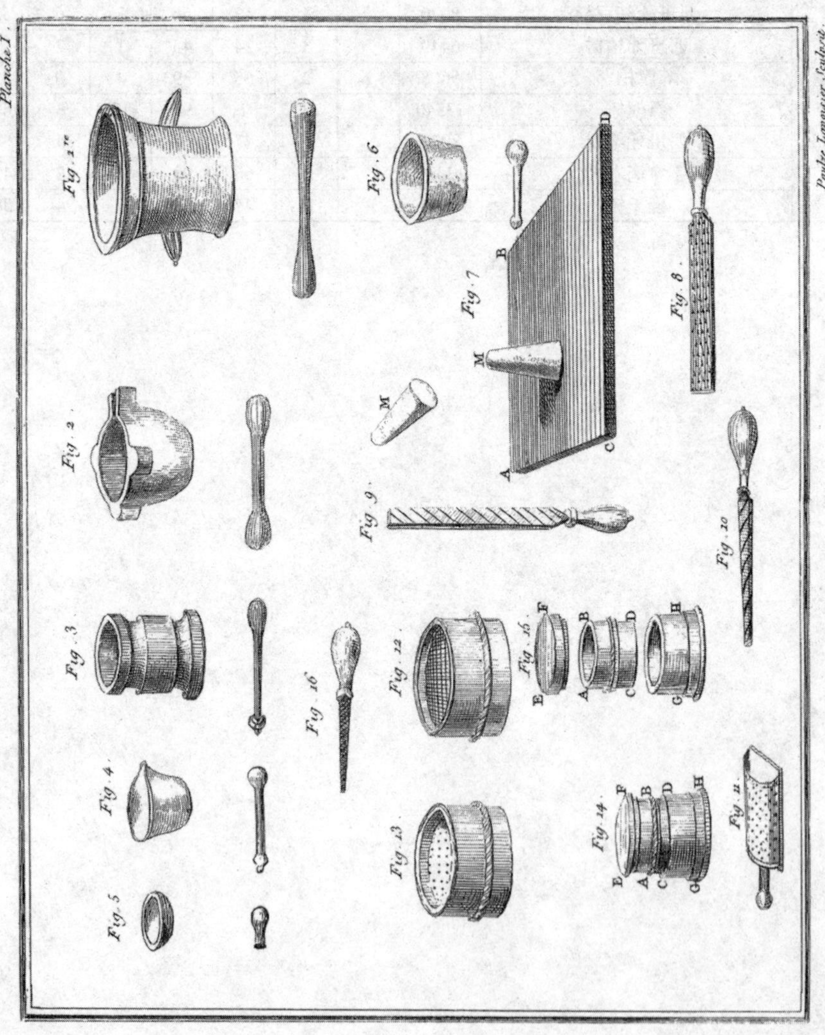
Planche I.
Paulze Lavoisier Sculpsit.
Fig. 1re
Fig. 2
Fig. 3
Fig. 4
Fig. 5
Fig. 6
Fig. 7
Fig. 8
Fig. 9
Fig. 10
Fig. 11
Fig. 12
Fig. 13
Fig. 14
Fig. 15
Fig. 16

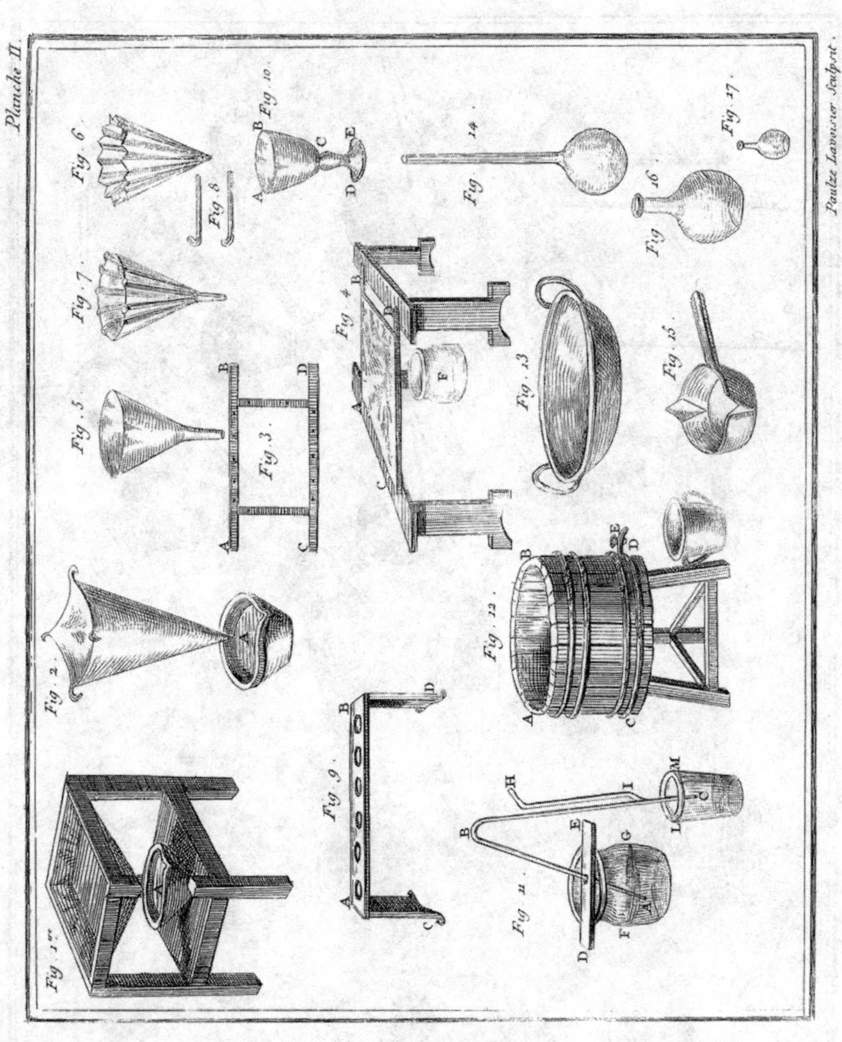
Planche II.
Fig. 1re.
Fig. 2.
Fig. 3.
Fig. 4.
Fig. 5.
Fig. 6.
Fig. 7.
Fig. 8.
Fig. 9.
Fig. 10.
Fig. 11.
Fig. 12.
Fig. 13.
Fig. 14.
Fig. 15.
Fig. 16.
Fig. 17.
Paulze Lavoisier Sculpsit.

Planche III.

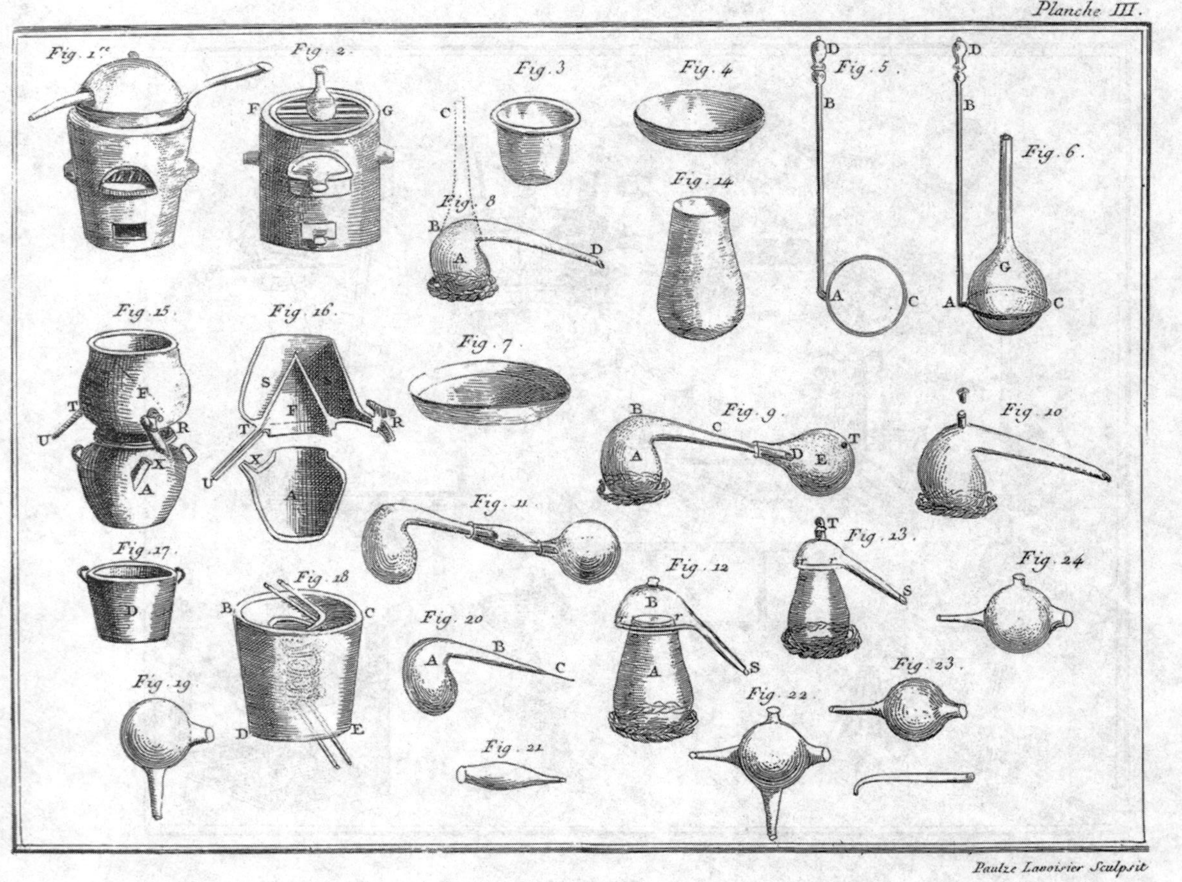

Paulze Lavoisier Sculpsit

Planche IV.

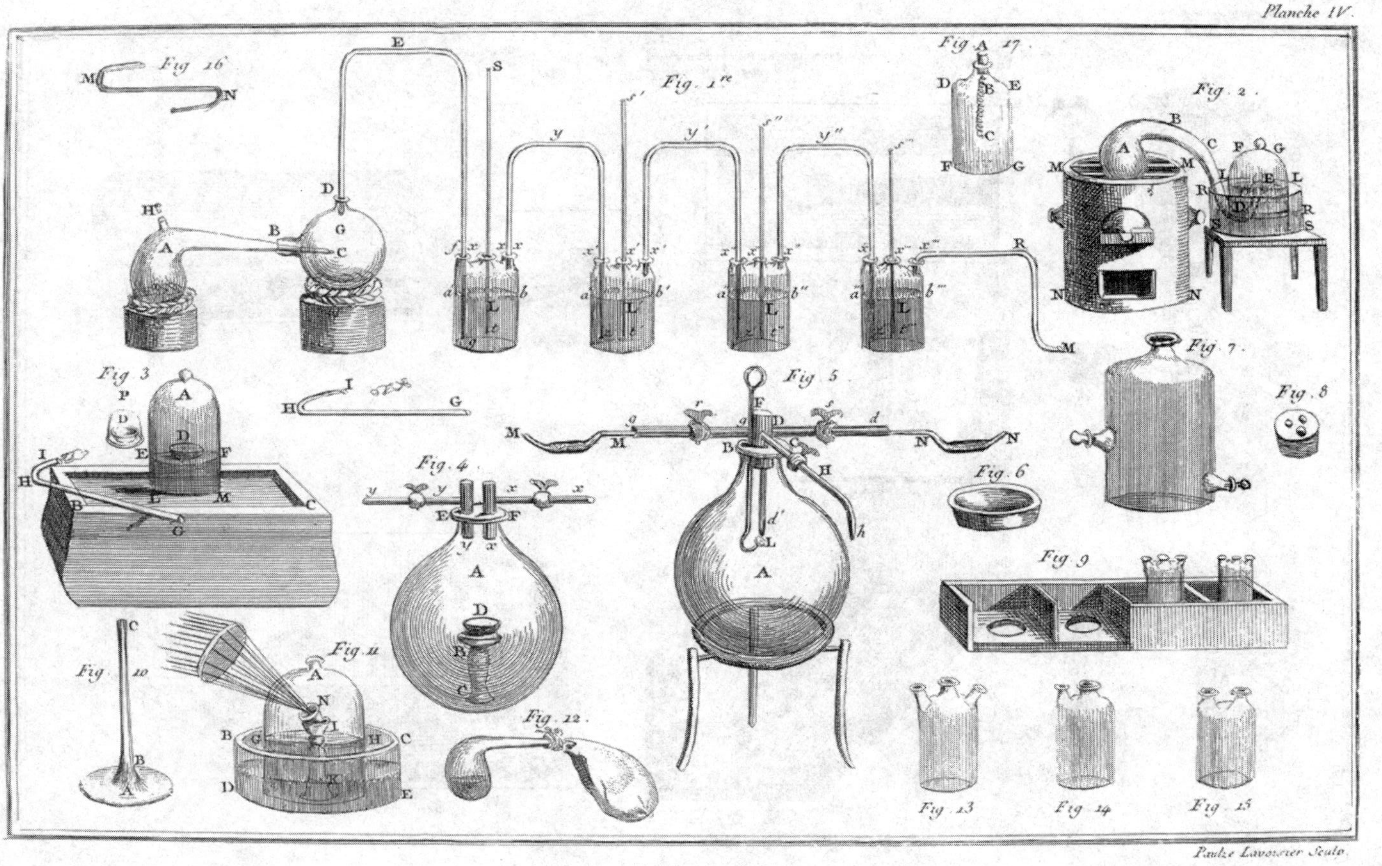

Paulze Lavoisier Sculp.

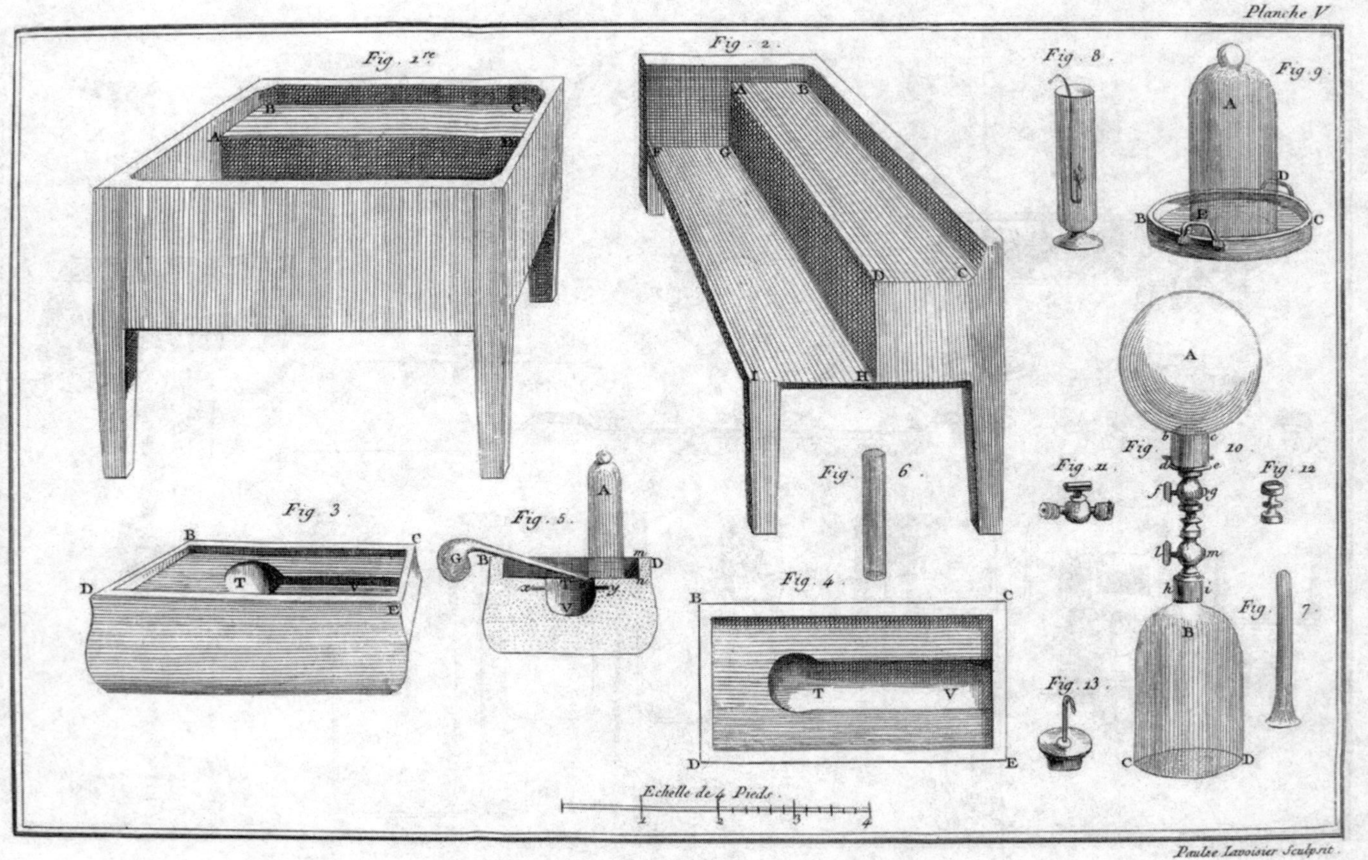
Planche V
Fig. 1re
Fig. 2.
Fig. 3.
Fig. 4.
Fig. 5.
Fig. 6.
Fig. 7.
Fig. 8.
Fig. 9.
Fig. 10.
Fig. 11.
Fig. 12.
Fig. 13.
Echelle de 4 Pieds.
Paulze Lavoisier Sculpsit.

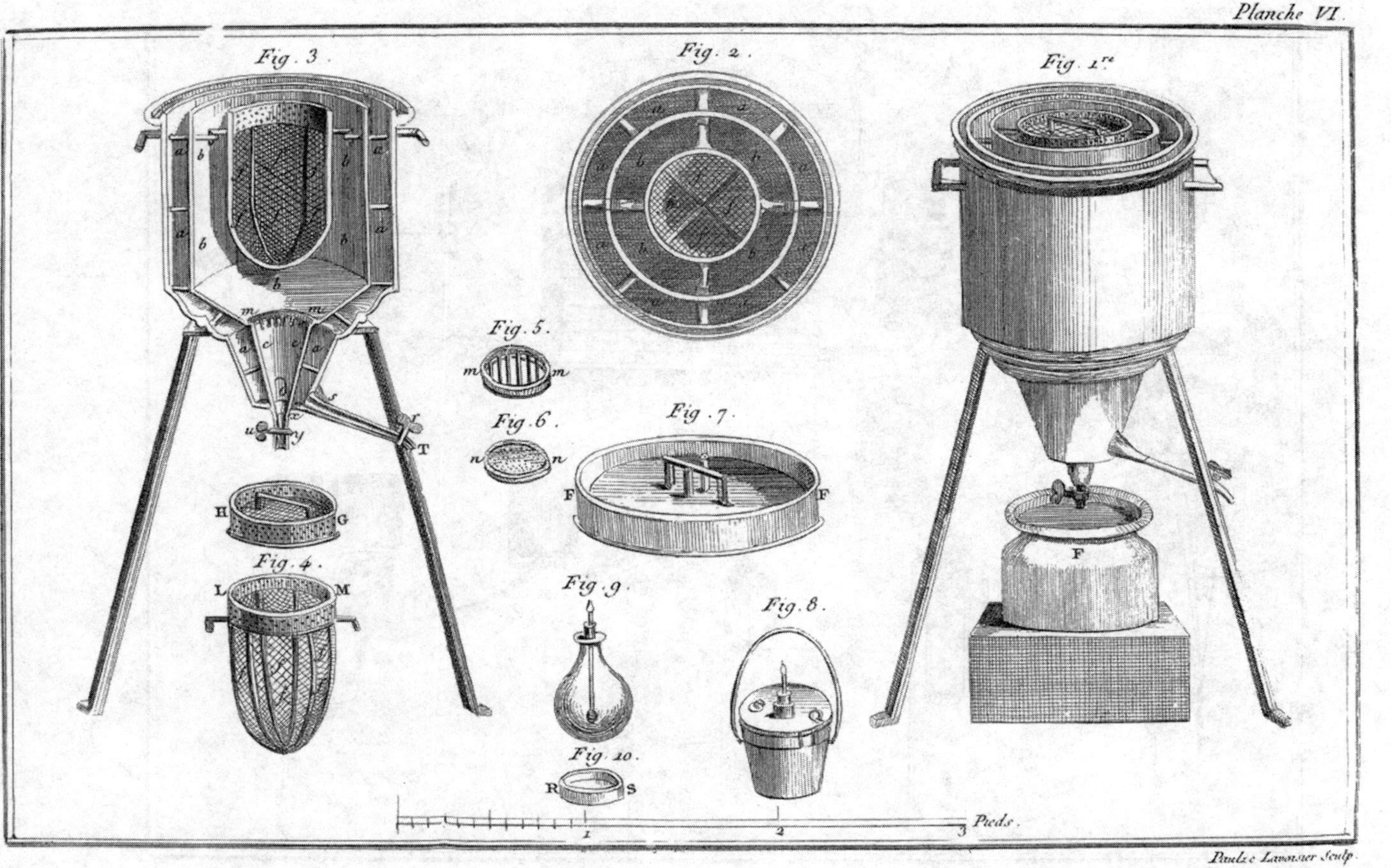
Planche VI.
Fig. 3.
Fig. 2.
Fig. 1re
Fig. 5.
Fig. 6.
Fig. 7.
Fig. 4.
Fig. 9.
Fig. 8.
Fig. 10.
Pieds.
Paulze Lavoisier Sculp.

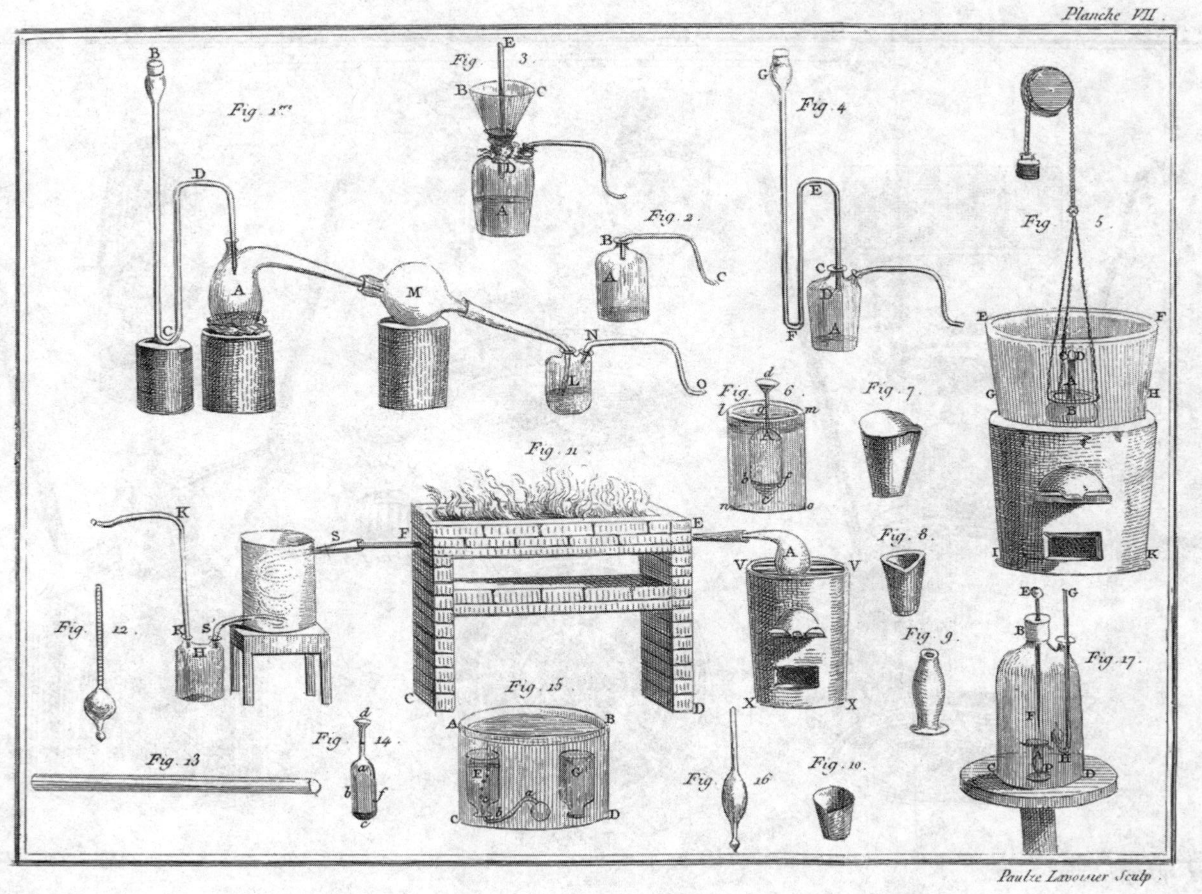
Planche VII.
Fig. 1.re
Fig. 2.
Fig. 3.
Fig. 4.
Fig. 5.
Fig. 6.
Fig. 7.
Fig. 8.
Fig. 9.
Fig. 10.
Fig. 11.
Fig. 12.
Fig. 13.
Fig. 14.
Fig. 15.
Fig. 16.
Fig. 17.
Paulze Lavoisier Sculp.

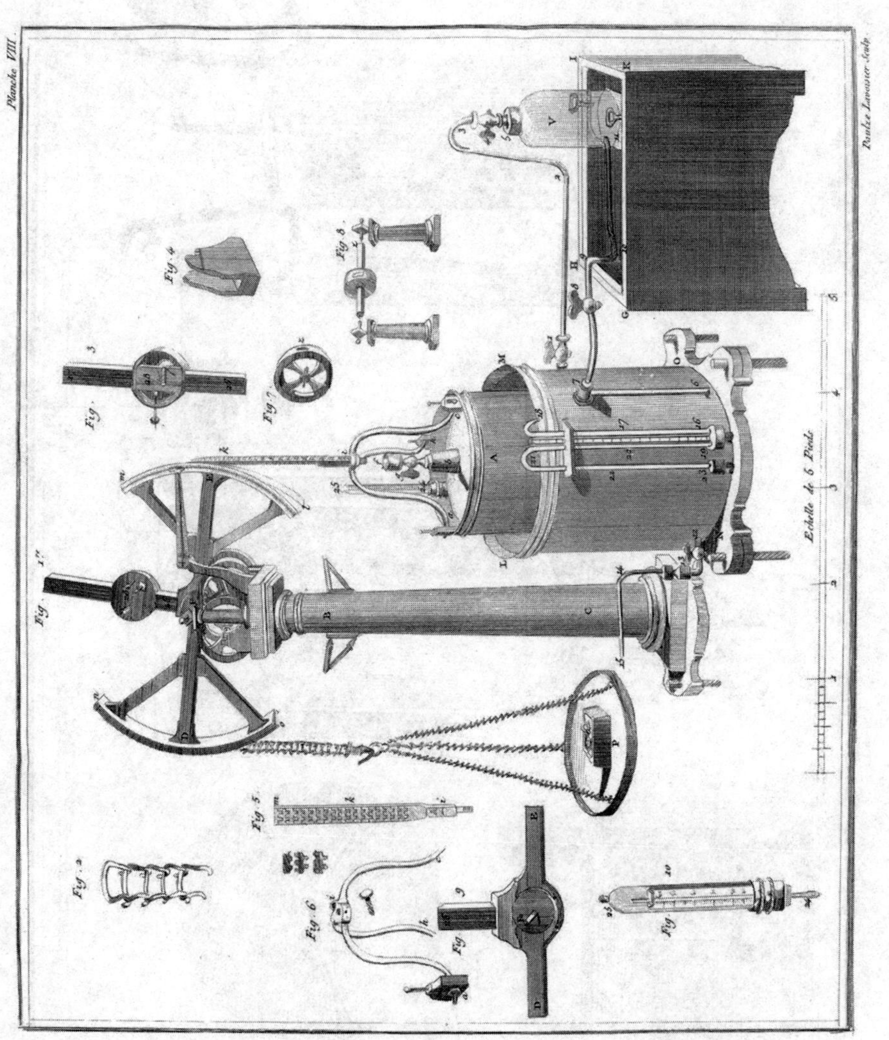
Planche VIII
Echelle de 5 Pieds
Paulze Lavoisier Sculp.

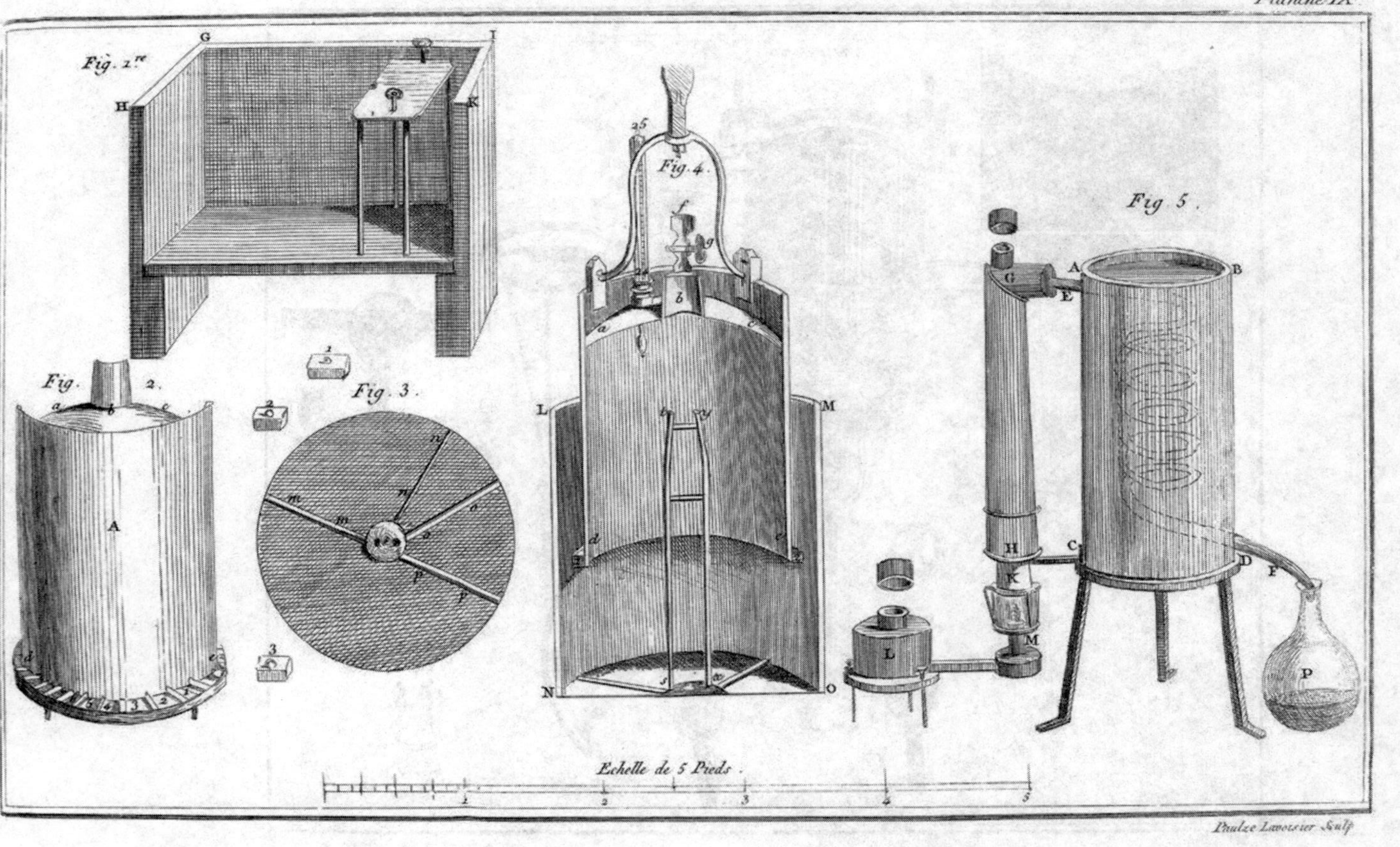
Planche IX
Fig. 1re
Fig. 2.
Fig. 3.
Fig. 4.
Fig 5.
Echelle de 5 Pieds.
Paulze Lavoisier Sculp.

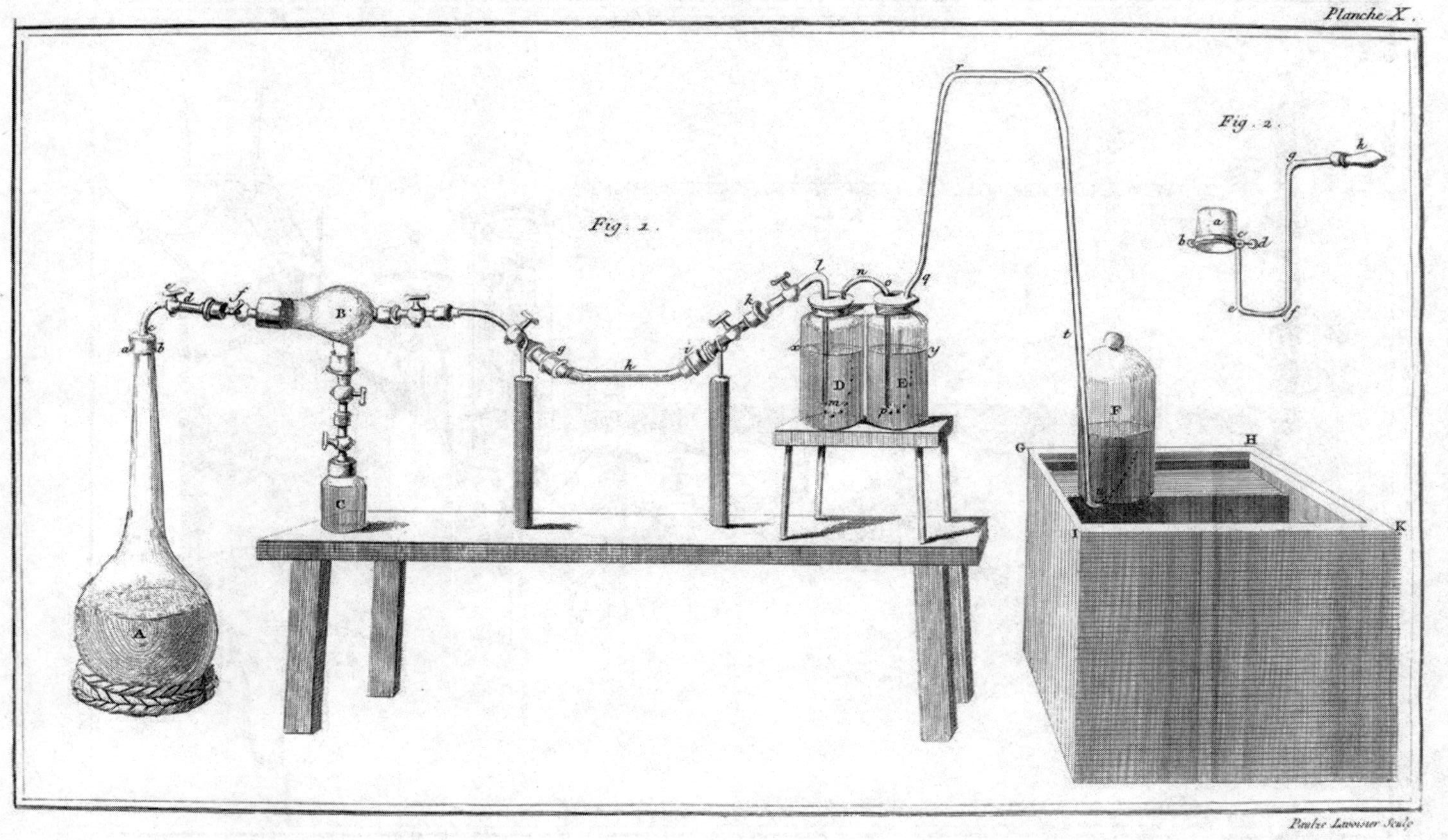
Planche X.
Fig. 1.
Fig. 2.
Paulze Lavoisier Sculp.

Planche XI.

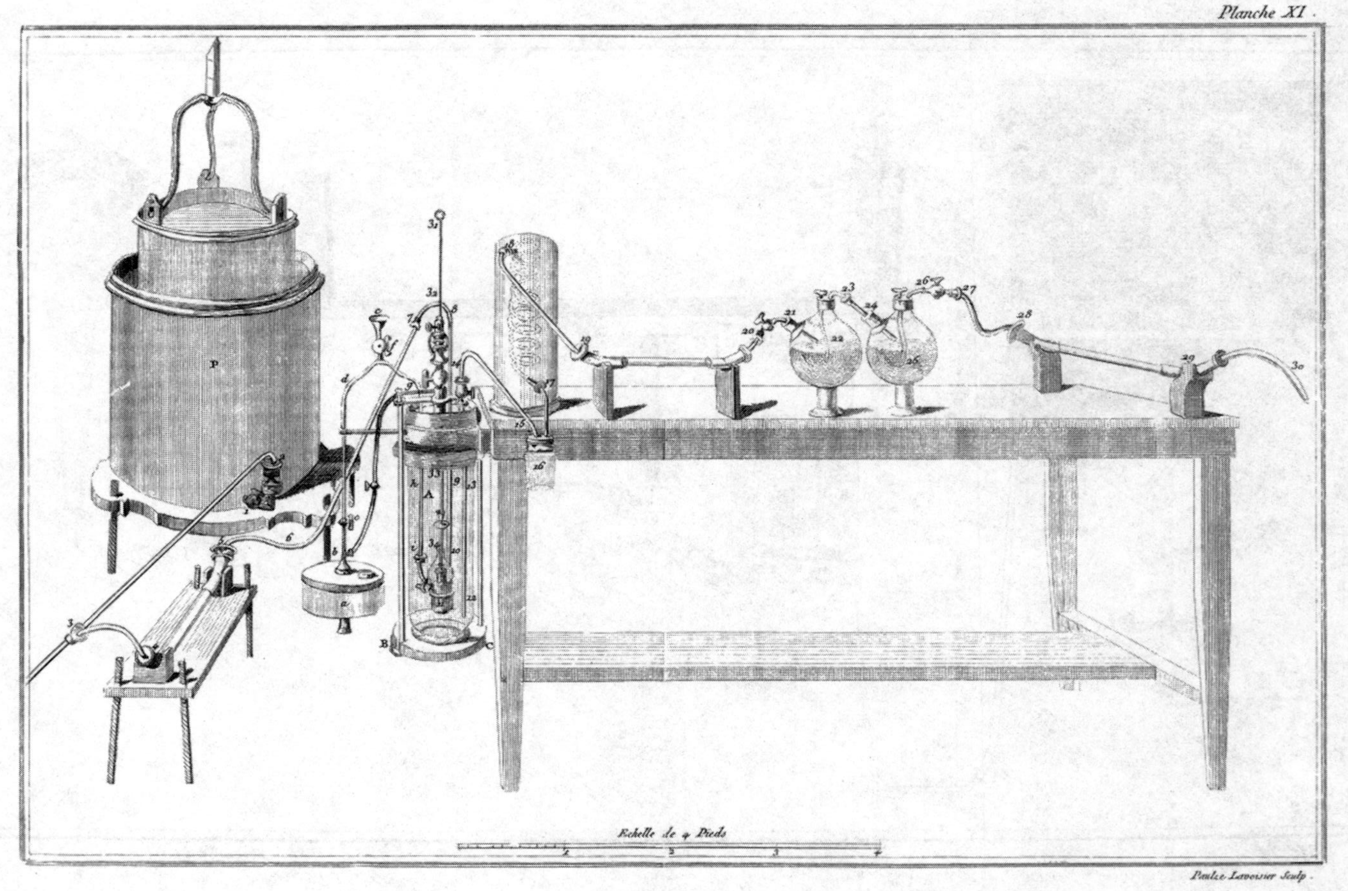

Paulze Lavoisier Sculp.

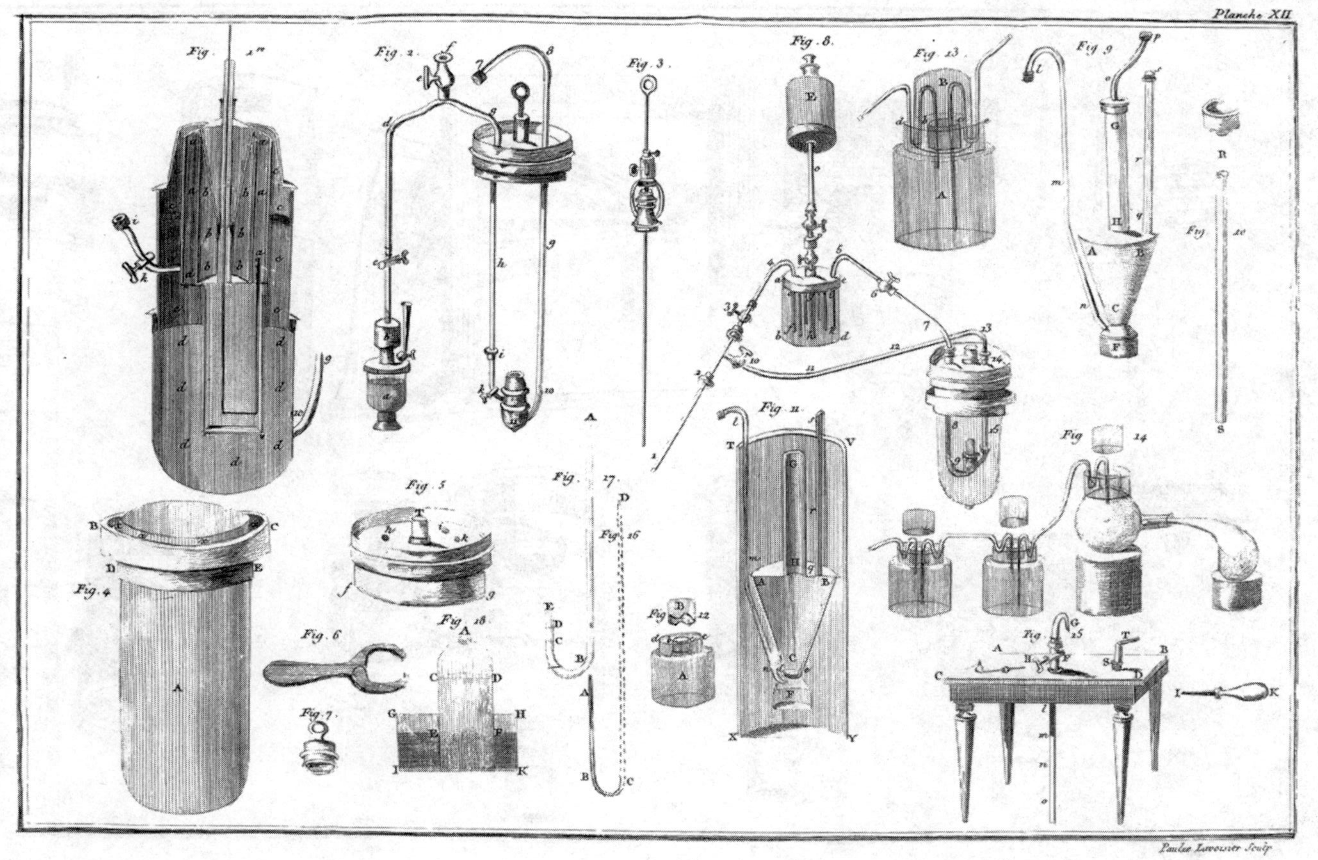
Planche XII
Fig. 1re
Fig. 2.
Fig. 3.
Fig. 4
Fig. 5
Fig. 6
Fig. 7.
Fig. 8.
Fig. 9
Fig. 10
Fig. 11
Fig. 12
Fig. 13
Fig. 14
Fig. 15
Fig. 16
Fig. 17.
Fig. 18
Paulze Lavoisier Sculp

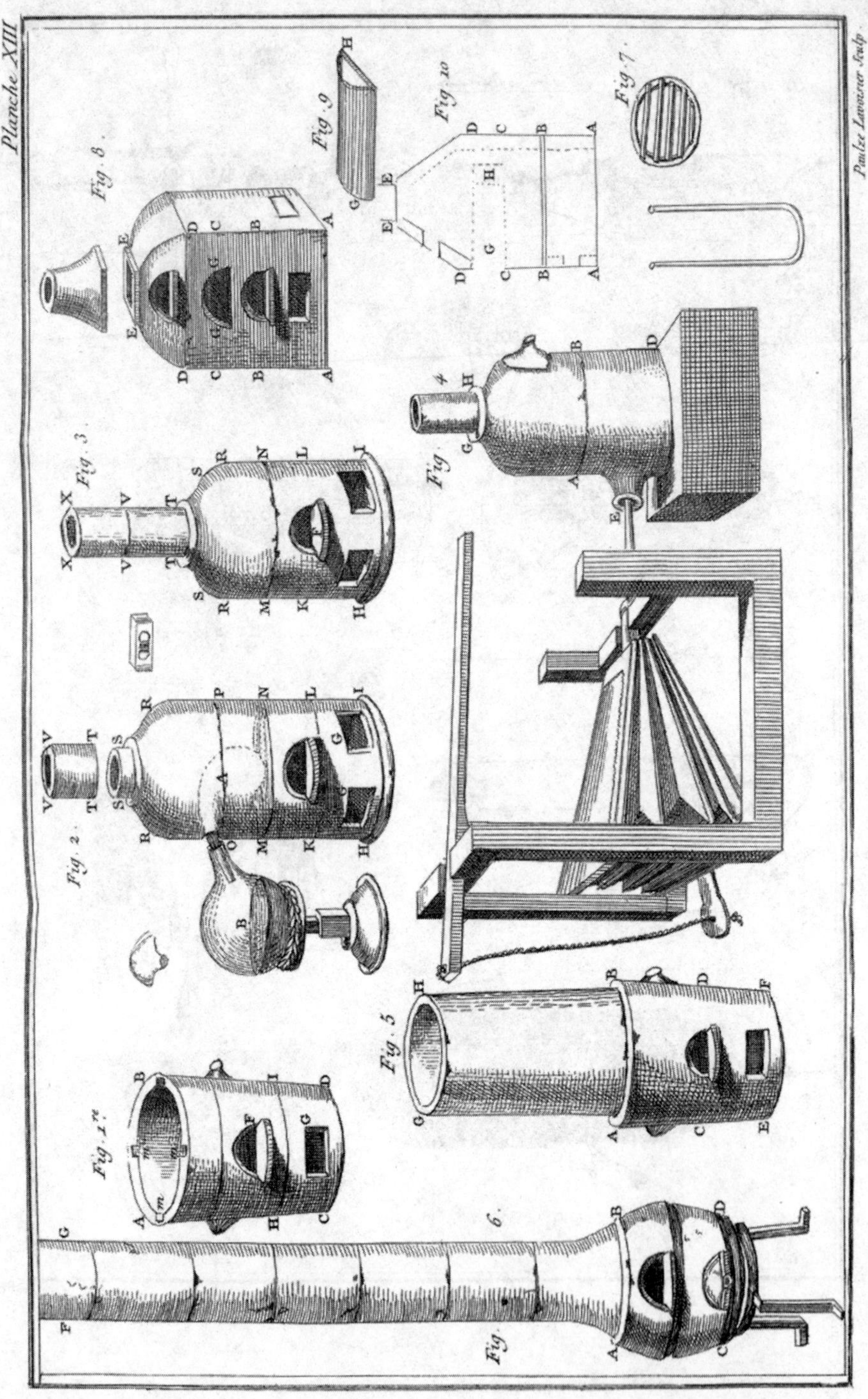
Planche XIII
Fig. 1re
Fig. 2
Fig. 3
Fig. 4
Fig. 5
Fig. 6
Fig. 7
Fig. 8
Fig. 9
Fig. 10
Paulze Lavoisier Sculp.

汉译者后记

《化学基础论》被誉为第一部真正的现代化学教科书，它是由法国著名化学家、被后世尊称为“现代化学之父”的安托万-洛朗·拉瓦锡（Antoine-Laurent de Lavoisier）编写的。它的出版是化学史上划时代的事件。在著作中，拉瓦锡提出了规范的化学命名法，氧化理论的建立更是造成了一场全面的“化学革命”。《化学基础论》正是这场革命的结晶，是拉瓦锡自己对他的发现以及他根据现代实验所创立的新理论思想的阐明。正如拉瓦锡在本书开头所说，创作这本书的目的是为化学初学者或者即将投身化学这门学科的人指引方向，因此相对于很多晦涩难懂的学术性书籍来说，本书的语言风格更加简洁精练。

这个译本以法语原著为底本。我在翻译这部著作的同时，有幸拜读了这部法语著作，阅读的过程中丝毫不觉得艰涩，相反简单易懂的文字让我对化学这门迷人的学科产生了浓厚的兴趣。我希望读者们也会像我一样，感受到化学的魅力。

在翻译过程中，我尽可能地保留作者的语言风格，跟进作者思路，力求向原著靠拢。书中的标题层级，注释、表格的内容格式及观察结果的表述方式等都完全尊重原著，以使读者能够通过这部著作更好地了解这场意义非凡的“化学革命”。希望各位读者能跟随拉瓦锡的脚步，一起步入化学殿堂！

许群珍

2022年9月6日